普通高等教育“十二五”规划教材

工程化学

王　毅　陈　丽　陈娜丽　主编

U0264428

中国石化出版社

内 容 提 要

针对非化学化工类专业化学课程学时少、化学理论与专业背景和工程实践结合不紧密的实际，本书浓缩了化学反应的基本原理，并将其渗透到与之密切相关的能源、给排水、土木、机械和材料等领域，注重知识应用能力及分析问题、解决问题能力的培养，强调理论联系实际、学科交叉，实现了理论与实践、基础与提高、传承与创新、素质教育与工程训练的统一，融基础理论、工程实践、素质教育为一体。

全书共13章，其中，第1章为绪论，主要介绍化学对人类生活的影响，激发学生的学习兴趣；第2～8章为基础理论，重点论述化学反应的基本原理、化学反应的调控及利用、物质的结构与性能；第9～13章为工程应用，强调基础理论在能源、给排水、材料、合成氨等领域的应用，各章与基础理论相对应，是基础理论的拓展与升华。

本书可作为高等院校非化学化工类专业的化学基础课程教材，也可作为工程技术人员的参考书。

图书在版编目(CIP)数据

工程化学/王毅,陈丽,陈娜丽主编.—北京:
中国石化出版社,2013.9(2024.8重印)
普通高等教育“十二五”规划教材
ISBN 978-7-5114-2321-4

Ⅰ.①工… Ⅱ.①王… ②陈… ③陈… Ⅲ.①工程化学—高等学校—教材 Ⅳ.①TQ02

中国版本图书馆CIP数据核字(2013)第192001号

中国石化出版社出版发行

地址:北京市东城区安定门外大街58号
邮编:100011 电话:(010)57512500
发行部电话:(010)57512575
http://www.sinopec-press.com
E-mail:press@sinopec.com
北京科信印刷有限公司印刷
全国各地新华书店经销

*

787×1092毫米 16开本 13印张 322千字
2013年9月第1版 2024年8月第7次印刷
定价:35.00元

前　言

化学作为一门中心科学，它不仅是人类认识生命过程和进化的工具，也是人类获得生存与自由的手段。化学在推动社会进步、提高人类认识和改造物质世界的能力、改善人类生活质量和健康水平，以及促进其他学科的发展等方面做出了巨大贡献，极大地影响和改变了人们的生活。现今，无论是高新技术的创新发展还是重大社会问题的解决几乎都离不开化学学科的参与。可以预言，随着学科进一步的交叉与融合，众多难题的解决必将是多学科知识综合运用的结果。因此，具有国际视野的复合型专业技术人才不仅应具有扎实的专业知识、正确的价值观、良好的思想道德修养与科学精神，而且还应具备广博的知识面、多学科的基础和理论联系实际的能力。

化学学科研究的对象宽广、生动有趣，研究过程有自己独特的语言和学科文化。对高等院校非化学化工类各工科专业学生进行工程化学的基础教育，不仅可使其掌握化学的基本理论知识，对自然界和专业知识的认知从“知其然”上升到“知其所以然”，而且也是其优化知识和能力结构、获得独特的、与数理截然不同的分析问题和解决问题的思维方法、培养严谨求实的工作作风和团结协作精神的必然途径，更是理论（化学知识）联系实际（工程应用）的一次重要实践。

本书是兰州理工大学多年教学实践经验和教学改革成果的结晶，充分反映了“夯实基础、瞄准前沿、结合专业、突出工程、因材施教”的教学理念。在基础理论知识的选取上，针对非化学化工类专业工程化学课程学时少的特点，针对性地重组了知识体系，浓缩了化学反应的基本原理，力图使其成为工程技术教育实施的载体。在工程应用内容的选取上，针对基础理论与专业背景和工程实践结合不紧密、学生学习兴趣不高的实际问题，围绕能源、给排水、土木、机械、材料、过程装备、腐蚀与防腐等大多数工科院校相关专业，深入浅出地介绍理论知识在上述专业领域的应用，注重知识应用能力及分析问题、解决问题能力的培养，强调理论联系实际和学科交叉，实现了理论与实践、基础与提高、传承与创新、素质教育与工程训练、基础课学习与专业课学习的统一，融基础理论、工程实践、素质教育为一体。

参加本书编写工作的有兰州理工大学王毅(编写第1、2、3、4、9、12章，合作编写第8章)，陈丽(第5、11章，合作编写第8章)，陈娜丽(第6、7章)，王坤杰(第10章)，冯辉霞(第13章)。附录由王毅、冯辉霞整理。研究生师欢、张瑜、杨伟华、雷娇娇、李俊青参与了部分内容的编写及相关资料的收集、整理和校核工作。全书的编写工作由王毅策划并统稿。本书的编写工作得到了中国石化出版社的大力帮助，得到了兰州理工大学的陈泳、王玉春、欧玉静、李思良等老师的支持，他们在审阅的基础上提出了许多有益的建议。本书在编写过程中，参阅了大量国内外有关书籍、期刊和网络上的信息，从中摘取了部分内容，对此，特向这些作者深表谢意！

限于编写时间的紧迫和编者水平，再加本书涉及多方面的知识及工程应用，书中定会有诸多不尽人意之处，恳请同行专家和读者不吝指正，以便我们在再版时进行修订。在此诚恳地致以谢意。

编　者

目　　录

第1章 绪　论

化学发展到今天,已经成为人类认识物质自然界,改造物质自然界,并从物质和自然界的相互作用得到自由的一种极为重要的武器。就人类的生活而言,农轻重,吃穿用,无不密切地依赖化学。在新的技术革命浪潮中,化学更是引人瞩目的弄潮儿。

——卢嘉锡

1.1 化学——我们的生活与未来

化学是一门在原子、分子层次上研究物质的组成、结构、性质及其变化规律的科学。化学研究的对象不仅包括原子、分子片、结构单元、分子、高分子、原子分子团簇、原子分子的激发态和过渡态以及分子和原子的各种不同维数、不同尺度和不同复杂程度的聚集态和组装态,也包括超分子、生物大分子、分子材料、分子器件和分子机器的合成与反应、制备与组装、分离和分析、结构和形态、物理性能和生物活性及其规律等。由于人类赖以生存的世界乃至于人本身都是由物质组成的,因此化学既是关于自然的科学,又是关于人的科学,它不仅是人类认识生命过程和进化的工具,也是人类生存和获得解放的手段。和其他自然科学一样,化学的最终目标是认识世界、改造世界和保护世界。100 多年来,化学为推动社会进步、提高人类认识和改造自然的能力、改善人类生活质量和健康水平,以及促进其他学科的发展等方面做出了巨大贡献,极大地影响和改变了人类的生活,现已经成为"一门满足社会各种需要的中心科学"和"人类继续生存的关键科学"。

1.1.1 化学的科学性——科学发展的助力器

19 世纪末 20 世纪初微观领域的重大发现,揭示了原子内部的结构和微观世界波粒二象性的普遍性,使经典力学上升为量子力学,阐明了化学键的本质,促使价键理论、分子轨道理论和配位场理论三大重要化学键理论的建立,使得人们对原子结合成分子的方式、依据和规律上升到了新的高度。在电子计算机和高精密度现代仪器的推动下,可以精密测量分子中电子云分布和成键状况的精密结晶学得到了充分的发展,使得人们可以深入研究原子、分子和晶体的结构以及结构与性能间的关系。随着分子轨道对称守恒原理的提出,分子轨道理论从分子静态的研究发展到化学反应体系的动态研究,并可以预言和解释化学反应的历程。可见,科学技术的迅猛发展极大地推动了化学学科自身的发展。

化学学科自身的发展使人们逐渐掌握了物质变化的规律和各类化学反应的机理,也使得人们在掌握化学反应规律基础上更深层次的认识化学过程并揭示变化的本质。同时,数学、物理学、计算机技术以及生物学,特别是生物技术不断渗入化学领域并引起了化学研究的革命性变革,这种相互融合趋势将着眼于分子变化的化学学科置于特殊的中心位置。因此,化学学科的发展必然带动其他相关学科的过程研究,同时,化学与之融合之后分化出了许多化学过程学科,如应用化学热力学、动力学的概念和方法与土壤学融合,研究土壤中物质转化和迁移规律,发展了土壤化学。随后土壤化学和水化学结合,在进一步解决水体、土壤中有害物质的转化和迁移问题上发挥重要作用,形成了环境化学的基础。

化学带动其他学科向分子层次发展最为明显的是生物学。20 世纪 50 ~ 60 年代,生命科学各个领域出现了一系列在分子层次上研究问题的新学科,如分子生物学等。其实,从 20 世纪 20 年代起生物小分子的化学结构研究(血红素、叶绿素、维生素等)就多次获得诺贝尔化学奖,而这仅仅是有机化学向生命科学逼近的第一步。随后关心结构问题的化学家利用研究小分子结构的理论和方法研究生物大分子,这使得生物大分子结构从 20 世纪 50 年代起出现了一系列重大突破。与此同时,复杂活性生物大分子的合成也成为攻关对象,伍德沃德(Woodward)就是因为合成维生素 B12 而荣获 1965 年诺贝尔奖。

从利用天然材料到创造和利用合成材料是合成化学发展的里程碑。20 世纪 40 年代,以模拟天然橡胶、蚕丝等天然材料为目标的高分子合成产业,以及作为其基础的聚合反应研究蓬勃发展并推动了功能材料、复合材料等新兴产业的建立和发展,而后者为电子、航天、通信等朝阳产业提供了高纯硅、光导纤维及能量转化等新型材料。可见,化学化工技术的发展和源头创新为朝阳产业的发展奠定了前期基础。同时,掌握材料结构 - 性能间的关系、合成和组装的化学过程是“随心所欲”设计所需材料的前期,而化学学科建立的物质结构和形态的理论、方法和实验手段,使人们认识了物质结构与性能之间的关系和规律,为设计各种特殊功能的材料提供了有效的方法和手段。而且,化学科学技术的发展使人类对材料有了更广的来源和更多的选择,如有了高分子材料就有了合成纤维,有了轮胎和塑料制品;有了荧光物质就有了电视;有了半导体材料就有了电子计算机和信息产业等,没有半导体材料,就没有作为集成电路的硅芯片材料的应用,计算机就只能像一座楼房那样庞大。

1.1.2 化学的应用性——美好生活的缔造者

1.1.2.1 生活必需品的制造者

20 世纪是科学发展突飞猛进的一个时期,化学也经历了使人眼花缭乱的一百年,基于化学过程的社会物质生产更是发生了飞跃性的发展。可以毫不夸张地说,没有化学科学创造的物质文明就没有人类的现代生活。在 20 世纪的 100 年中,化学取得了空前辉煌的成就。这个“空前辉煌”可以用一个数字来表达,就是 2285 万。1900 年在 Chemical Abstracts (CA)上登录的从天然产物中分离出来的和人工合成的已知化合物只有 55 万种。经过 45 年翻了一番,到 1945 年达到 110 万种。再经过 25 年,又翻一番,到 1970 年为 236.7 万种。以后新化合物增长的速度大大加快,每隔 10 年翻一番。所以在这 100 年中,化学合成和分离了 2285 万种新化合物、新药物、新材料、新分子来满足人类生活和高新技术发展的需要,而在 1900 年前的历史长河中人们只知道 55 万种。由此可以看出,化学是以指数函数的形式向前发展的。没有一门其他科学能像化学那样在过去的 100 年中创造出如此众多的新化合物,化学家几乎又创造出了一个新的自然界。

报刊上常说 20 世纪发明了六大技术:①包括无线电、半导体、芯片、集成电路、计算机、通信和网络等的信息技术;②基因重组、克隆和生物芯片等生物技术;③核科学和核武器技术;④航空航天和导弹技术;⑤激光技术;⑥纳米技术。实际上 20 世纪发明了七大技术,即化学合成

（包括分离）技术和上述六大技术，而且最重要的是化学合成技术。这是因为“化学家太谦虚”（源于 Nature 杂志在 2001 年的评论），不会向社会宣传化学与化工对社会的重要贡献，因此 20 世纪化学取得的辉煌成就并未获得社会应有的认可。从重要性上看，上述六大技术如果缺少一两个，人类照样生存。但如果没有合成氨、合成尿素和第一、第二、第三代新农药的技术的发明，世界粮食产量至少要减半，60 亿人口中的 30 亿就会饿死；没有合成抗生素和大量新药物技术的发明，人类平均寿命要缩短 25 年；没有合成纤维、合成橡胶、合成塑料技术的发明，人类生活要受到很大影响；没有合成大量新分子和新材料的化学工业技术，上述六大技术根本无法实现，这些都是无可争辩的事实。从人类对上述七大技术发明需要的迫切性来看，化学合成和分离技术应当排名第一，这不仅因为它是人类生存的绝对需要，而且它还为其余六大技术发明提供了不可或缺的物质基础。

1.1.2.2 生命和健康的守护神

化学是研究生命过程的基础，尤其是从原子和分子的水平上认识生命过程的奥秘。在过去的一个世纪里，化学家们揭示了 DNA 的双螺旋结构，破译了遗传密码，合成了一系列重要的具有生物学特性的物质，研究了大、小环境中不利因素的产生、转化和人体的相互作用，探索了许多重要的天然大分子（蛋白质、核酸和激素等）的结构并加以人工合成。

化学是调节生命过程和提高人体素质的重要手段，化学物质通过人体的吸收和排泄而处于大循环中，影响着人体的结构与功能。当化学物质进入人体后，不仅起营养作用，还起调节、控制作用，人的生老病死无不与化学物质密切相关。如缺少维生素会加速老化；乳酸在肌肉积累就会感到疲劳；钙的缺乏对儿童会造成骨质生长不良和骨化不全，成年人则易发生骨折、高血压等等。人体内的这些化学物质的缺乏或过剩可使一些生命物质激活或抑制，形成连锁式的化学反应和相应的生命过程，从而表现出各种各样的现象。

药物是人类战胜疾病的重要武器。现代化学的发展为药物的发展提供了一个极为宽广的后方基地，依靠化学可以研究药物的组成、结构，从本质上认识药物，进而在实验室内合成并进行大规模生产。1909 年德国化学家合成出了治疗梅毒的特效药物胂凡纳明，20 世纪 30 年代以来化学家创造出一系列磺胺药，使许多细菌性传染病特别是肺炎、流行性脑炎、细菌性痢疾等长期危害人类健康和生命的疾病得到控制。青霉素、链霉素、金霉素、氯霉素、头孢菌素等类型抗生素的发明，为人类的健康做出了巨大贡献。据不完全统计，20 世纪化学家通过合成、半合成或从动植物、微生物中提取而得到临床有效的化学药物超过 2 万种，常用的就有 1000 余种。可以毫不夸张地说，没有化学，就没有现代药物，就不会有现代医学。

化学在疾病诊断方面也起着核心的作用。磁共振成像技术的发明是核磁共振光谱应用于化学研究的结果，利用该方法可得到人脑断层成像，它可以帮助医生找到病变部位，指导医生手术工作。近年来开发的光纤化学传感器体积小、无毒、绝缘、化学稳定性、热稳定性及生物兼容性好，加之良好的柔韧性和不带电安全性，使之具有适用于临床医学的独特优势，它可以用来测量人体和生物体内有关医疗诊断的医学参量，为医疗诊断提供一个全新的角度。

在满足生存需要之后，不断提高生存质量和生存安全是现阶段的首要任务。生存质量和生存安全程度的高低取决于人与自然环境相互作用中外来物质和能量是否满足人体需要以及是否维持最佳状态。外来物质和能量（包括饮水、食物、空气、电磁波、放射性、热等）有的是有利于生存质量的提高，有的反而对健康形成威胁。优化物质利用，避害趋利是保证生存质量和安全的基础。生存质量不仅仅以个人满足感为依据，更应该考虑人以外的整个环境的改善。而化学的研究则可以从三个方面对保证、提高生存质量做出贡献：

（1）研究物质和能量生物效应（正面的和负面的）的化学基础，特别是搞清楚两面性的本质，寻求最佳利用条件。

（2）研究开发对环境无害的化学品和生活用品，研究对环境友好的生产方式，而这两方面恰好是绿色化学的主要内容。

（3）研究大环境和小环境（如室内环境）中不利因素的产生、转化及其和人体的相互作用，提出优化环境、建立洁净生活空间的途径。

1.1.2.3 粮食增产的贡献者

化学在解决日趋严重的粮食短缺问题上是最有成效、最实用的学科之一。农业要增产，农、林、牧、副、渔各业要全面发展，在很大程度上依赖于化学科学的成就；化肥、农药、植物生长激素和除草剂等化学产品不仅可以提高产量，而且可以改进耕作方法；高效、低毒新农药的研制，长效、复合化肥的生产，农、副业产品的综合利用也都需要化学知识。有专家指出，在过去的30年中，世界人口翻了一番，粮食增产了一倍，其中化学的作用约占50%～60%，也就是说解决粮食问题一半要靠化学。

19世纪中叶，人们认识到绿色植物从土壤中吸收的只是无机养分和水分，靠叶绿素进行光合作用合成有机物，这一发现为无机养分作为肥源归还土壤找到了科学依据，也为施肥奠定了理论基础，于是现代农业化学与化肥工业应运而生。化肥的问世，突破了利用作物秸秆还田的有机物循环模式，从而可以不依赖于作物茎秆、不受气候条件和耕地面积的限制也能不断向农业投入农作物必需的养分，不断提高集约化水平，强化农业生产。国外农业生产实践证明：充分、合理地使用化学肥料是促进作物增产，加速农业发展的一条行之有效的途径。前苏联学者普良尼斯尼柯夫根据对20世纪30年代一些欧美国家农业发展的统计结果认为，粮食产量主要与这些国家的化学指数（$N + P_2O_5 + K_2O$ 施用量）密切相关。

我国于1901年开始使用无机氮素化肥，从那时起化肥在我国农业生产中就发挥了巨大的作用。自1949～2000年，我国人口从4.5亿增至12亿多，同期粮食产量由1.3亿吨增到5亿吨。用占世界耕地面积9%的土地解决了占世界21%人口的温饱问题，取得这些成绩除了选育优良品种之外，另一个较大的贡献应该归功于使用化肥。目前，我国粮食产量增长速度一直保持高于人口增长的速度，发展农用化学品已经成为提高粮食单位面积产量、解决粮食危机的重要手段。

合理施用化肥可以提高农产品品质。大量的研究结果证明，养分的均衡供应可以明显地提高农产品品质，如在一定范围内合理增施氮肥可以提高籽粒作物的蛋白质含量，可以改善小麦的加工品质；氮、磷、钾肥的均衡供应可以显著提高水果的外观品质、风味和营养品质。科学施肥还可增加了留在土壤中的作物残体量，这对改善土壤理化性质，提高易耕性和保水性能，增强养分供应能力都有促进使用。有研究表明，在土壤中长期配合施用氮磷钾化肥，可以保持或提高土壤有机质、全氮和全磷含量，特别是对于低肥力土壤，这种增肥作用更为明显。另外，合理、平衡地施用化肥还可保持和增加土壤孔隙度和持水量，避免土壤板结。

在各类植物保护方法中，化学防治是用少量化学能换取大量太阳能的最有效方法。资料表明，如果农业生产上不使用杀虫剂，而用非化学防治的方法来代替，估计由害虫引起的作物损失要增加5%；停止使用杀菌剂，作物的损失估计要增加3%；如果停止使用除草剂，作物的损失将增加1%。可见农药的使用给人类带来了巨大的经济利益，为人类生存做出了重大贡献。另外，化学的发展为粮食的储藏、食品的运输及加工提供了各类防腐剂、助味剂、着色剂以及各种营养素的添加剂，已形成的天然有机化学、食品化学、味道化学等分支学科也在粮食、蔬菜等食物的增产、食品的功能化和多样化等领域中发挥着越来越大的作用。

在未来，不仅要增加粮食产量以保证人类生存，而且要保证食品品质以确保安全，还要改善农牧业生态环境，以保证可持续发展，然而这一切必须得到化学的支撑。化学将在设计、合成功能分子和结构材料以及从分子层次阐明和控制生物过程（如光合作用、动植物生长）的机理等方面，为研究开发高效安全肥料、饲料和饲料添加剂、农药、农用材料、环境友好生物肥料、生物农药等打下基础；在研究有预防性药理作用的成分、增加动植物食品的防病活性成分，提供安全、有疾病预防作用的食物和食品添加剂及改进食品存储加工方法等方面发挥重要作用。

1.1.3 化学的社会性——社会形成和进步的基础

1.1.3.1 化学是社会形成的关键

火是最常见、最普遍的一种化学现象，它是可燃物质与氧气发生的化学反应，反应过程中化学能转化为光和热。火的出现促成了人类合群而居、聚集在火堆周围，形成彼此熟悉、信任、互惠、分工合作的群体结构，建立了最早的人类社会。随着以火堆为中心“社区”的增多，文明社会也就从火堆中诞生了，有人还认为家庭的起源也归功于火的出现。

如果从社会的主体是人的角度审视，火的利用还促进了人类自身的进化。火的利用结束了茹毛饮血的生活，使人类的饮食发生了根本性的变革，扩大了人类食物的种类和范围，极大地改善了人类的生存条件和生存能力，提高了人体的消化能力和对营养素的摄取。更为重要的是，熟食促进了大脑智力的不断发展。研究表明：人类的“每一种精神活动都可追溯到脑的化学活动”。可见，人类在改造自然的过程中，大脑逐渐产生适应新环境的新化学物质，并将其部分地遗传给下一代，使得人脑中的化学物质种类和数量越来越多，结构和功能也日趋完善，这种“劳动——大脑化学物质进化——更复杂劳动——化学物质更高一级的进化”过程，实际上是人类大脑发展的社会化学模式。

火是人类打开化学大门第一把钥匙，也是人类利用能源的第一步。人们借助于火的巨大能量开始了自然界的改造。有了火黏土烧成了陶器、矿石冶炼成了金属。最早将热能转化为机械能的是蒸汽机，蒸汽机的产生导致了18世纪欧洲的产业革命，并产生了资本主义。陶器时代、青铜器时代、铁器时代、蒸汽机时代……依次产生。

1.1.3.2 化学是社会进步的基础

化学是当代科学技术和人类物质文明迅速发展的基础和动力，化学的核心知识应用于自然科学的方方面面，并与其他学科结合形成了人类认识和改造自然的强大力量。从古代化学知识的积累、近代化学独立学科的出现，到现代化学的飞速发展，化学始终与社会发展联系在一起。在原始社会，人们为了生存的需要，开始研究火的产生及火种的保存方法，从而发明了钻木取火。旧石器时代末期，人们为抵御外来侵略、猎获野兽和提高耕作效率的需要，发明了金属冶炼技术，迎来新石器时期的曙光。封建社会时期，为满足统治者渴求长生不老的要求，兴起了炼丹术。尽管炼丹术的出发点是错误的，其理论基础很多是牵强附会的，但炼丹过程中也积累了丰富的化学知识和经验。16世纪，随着欧洲资本主义生产方式的出现，城市不断扩大和人口大量集中，需要发展保健事业和开辟新的药源，这促使一些炼丹家转向以炼丹术的化学手段来制造化学药物，在化学发展史上形成了一个医学化学时期，标志着古代化学从炼金术向科学化学过渡的开始。20 世纪二、三十年代，二次世界大战爆发，为满足战争的需要，原子能工业和核化学得到空前发展，为第一颗原子弹的爆炸奠定了坚实的基础。20 世纪下叶，渴望世界处于一个相对和平的时期，随着生活水平的提高，人们更多地关注生活的环境和质量，希望绿色、和平的环境和健康的身体，因此化学研究的重点转移到环境的控制、净化和污染物质替代品的研究，以及生命自身过程、生命现象的探索上。可见，社会的发展离不开化学，化学的发展推动着社会的发展，化学为人类创造财富，改变着人类生存的环境，促进社会变革，化学是社会进步的基础。

1.1.3.3 化学文化是人类文化的重要组成

化学是科学文化的一种亚文化，是人类文化的重要组成部分，化学对社会文化发展起着重要作用。揭示生命体和人类形成的全过程，是生命化学的伟大使命，是人类文化中十分有意义的内容。人类对生命起源和人类起源的认识，既属于人文文化的内容，又属于化学文化的内容。恩格斯以“生命是蛋白质(体)的存在方式”为主要依据，得出了“生命起源必然是通过化学途径实现的”结论。生命的起源是化学物质“自组织”系统进化的结果，如核酸决定蛋白质的性质，蛋白质控制核酸的代谢，两者的相互作用构成一个自组织系统，从而导致生命活动出现。

化学文化是化学物质和化学精神相统一的高级文化。化学文化是由化学物质、化学变化、化学组织、化学活动、化学方法、化学语言、化学知识、化学理论以及化学思想等要素共同构成的科学文化。化学文化的价值就在于它的科学精神和应用的合理性，化学物质产品是化学文化的一种表现形式，其中蕴涵着化学家的思想智慧，具有丰富的化学知识，是化学精神的结晶。人类生活在千变万化的世界中，当人们缺乏化学知识时，就会对周围变化的化学现象感到深奥莫测。全社会文明程度的提高，决不能缺少化学文化。

化学的发展丰富、充实了人类对美的观念。元素周期表中元素化学性质周期性的变化表现了化学的丰富性；分子空间结构的对称性体现了化学的美学价值；分子轨道中的对称性问题及化学振荡反应中涉及的空间和时间的对称性问题反映了化学深邃的美，因为现代美学认为，保持一定的对称性是一种美，而将对称和非对称结合起来的化学美更是达到了美的更高境界。化学在解决环境问题上则体现了化学与时俱进、和平共处和融会贯通的和谐之美。

化学文化和人文文化是相互推进的，人类在它们相互结合和互动中得到全面发展。化学科学知识本是美的塑造品，与此同时，人们在化学实践中，要把化学的副作用降低到最低的水平或限制在最小的范围内，这将有利于创造完美的化学文化。

1.1.4 构筑辉煌未来——化学面临的挑战

量子力学的发展给化学带来了新的生机，完整理论体系的建立促使化学的发展日益完善。H. Eyring 建立了绝对反应速度理论，Semenov 发展了链式反应理论，M. Eigen 提出了弛豫法研究快速的化学反应，李远哲和 Herschbach 用交叉分子束研究态反应，W. Kohn 从理论上证明了电子云密度决定物质的所有性质……。虽然 20 世纪在宏观化学动力学、微观分子反应动态学以及物质结构与性能关系方面有很大发展，但离彻底了解化学反应的规律、结构和性能的定量关系等方面还有很大的距离。因此，建立化学理论和定律、彻底阐明物质结构与性能之间的定量关系、彻底了解人类和生物体内活性分子的运动规律，无疑是化学亟待解决的问题和面临的重大挑战。

21 世纪以来，人类赖以生存的最基本需求（诸如清洁的空气、安全的水资源、健康的食品、可靠的药物、先进的材料、生态友好的多样化产品和可持续的能源等）非但难以满足不断增长的需求，而且日益恶化。如何应对日益恶化的气候、匮乏的资源以及严重恶化的生态环境？人类必须依靠全球的共同努力，通过科学技术创新和产业结构的重组，以及社会管理体制的革新，彻底摆脱人们已习以为常的固有思维、旧习惯以及不合理的生活方式。虽然，以上难题的解决要依赖科学技术的进步和各个学科的通力合作，但在应对上述的诸多挑战中，化学可以为人类提供不可或缺的知识和技术，以及符合可持续发展要求的先进生产工艺。

科学问题的提出、确认和解决是科学发展的动力，上述化学学科自身科学问题的解决以及化学学科丰富多彩的研究对象必将使 21 世纪的化学发展更加辉煌。

1.1.5 化学的信任危机——春天也会寂静

科学技术是一把双刃剑。在过去的 100 年中，化学学科极大地满足了人类生活和高新技术发展的需要，为人类创造了大量的物质财富。然而，人类在享受丰富物质文明的同时已经发现自身深深陷入环境危机之中。

诞生于 1938 年的 DDT（Dichloro - diphenyl - trichloroethane，中文名“滴滴涕”，英文“D”是二的意思，“T”是三的意思，因此称为“二二三”）似乎对全世界的农民以及对诸如疟疾一类热带病流行的地区来说都是一个福音，因为在当时 DDT 是一种安全可靠的神经性毒剂，可有效杀除蚊虫。使 DDT 名声鹊起的是其在控制疟疾方面的巨大功效，它可以使美国士兵特别是处于热带地区的美国士兵免受可传染疾病的昆虫的侵袭，也一度使全球疟疾的发病得到了有效的控制。一时之间 DDT 功德无量，遍及全球。穆勒（Paul Mueller）也因为 DDT 的发明于 1948 年荣获诺贝尔生理与医学奖。相信穆勒在 1965 年也是非常自豪地、含着微笑离开了人世，因为他给人间留下了最为宝贵的财富。但是，穆勒做梦也想不到，他的所谓划时代的新发现会在他死后不久竟被人们“无情”的抛弃。穆勒发明的 DDT 挽救了成千上万人的生命，也挽救了濒临瘫痪的农业。但在《寂静的春天》一书中，美国海洋生物学家蕾切尔 · 卡尔逊运用近似报告文学的手法提出了让世人警醒的预见：DDT 进入食物链，会在动物体内富集，导致一些鸟类生殖功能紊乱、蛋壳变薄，最终濒临灭绝。此后经过系列的深入研究，人类认识了 DDT 的危害，DDT 也由解救人类的“天使”变成了将人送入地狱的“恶魔”。

面对化学污染造成的严峻局面，不少人忧心忡忡，一时间化学化工被当成“定时炸弹”，成为污染、有害的代名词。事实上，任何物质和能量以至于生物，对人类来说都具有双重性，无论是人类合成的还是自然界原有的物质都要合理使用。我们不能身着化学制品的服装，吃着色、香、味俱全的食品还在抱怨化学污染，并且心理还焦急地等待化学家合成新的药物以战胜癌症、艾滋病……现代文明离不开化学品，也不可能离开化工厂生产的“人造化学品”。由于人口剧增，人类日益增长的物质需求早已超越了大自然的承载极限，恰恰是化学家通过人工合成的办法弥补了这个缺口。反而言之，若人类不制造而是一味向自然界索取所谓“纯天然”物质，同样也是危险的，同样也会遭到大自然的报复。我们不能指望以生物为来源不断获取牛黄、麝香、维生素等药物，也不能指望热带雨林的橡胶来保证每一个汽车的四个轮子……我们更不能无限制地砍伐森林，因为我们不能破坏生态平衡，不能中断生态系统的食物链，也不能损害物种的多样性。

春光沐浴的田野本应是生机蓬勃、碧绿葱翠的,它可能一时承受灰暗,甚至蒙受灾难,但人类,这个大自然的园艺师,自有回天之术,将春光永留大地、永驻田野。事实上,环境污染并非是个别学科、技术领域或某类企业造成的,而是早期社会生产盲目发展的必然结果。化学学科能够帮助人们认识环境危机变化过程并指导人们正确的控制其发展,找到保护环境的途径。目前,许多化学家在积极开展治理污染的同时,致力于处理和利用废弃物,实现变废为宝;致力于建立高灵敏度、高选择性、快速、自动化程度高的监测、分析方法和方法标准化的研究;致力于开发新材料、新能源、利用洁净工艺代替经典工艺,并已提出绿色化学的奋斗目标。可见,化学不仅是人们认识世界、改造世界的手段,还是保护世界的工具。化学是环境的朋友、环境决策的参谋和污染治理的主力军。

1.2 工程化学的内涵及其内容

1.2.1 工程化学的内涵

从化学的发展史来看,化学最初的四大分支为:无机化学、有机化学、分析化学和物理化学。那么,何为工程化学,其内涵和外延又如何确定?

很多年来,化学一直被定义为"是研究物质的组成、结构和性质的一门科学","是研究分子层次范围内的物质结构和能量变化的科学","是物质科学的基础学科之一,是一门实用的创造性的科学"。在《21 世纪化学的前瞻》一文中,作者认为"化学是主要研究原子,分子片,分子,原子分子团簇,原子分子的激发态、过渡态、吸附态,超分子;生物大分子,分子和原子各种不同尺度和不同复杂程度的聚集态和组装态,直到分子材料,分子器件和分子机器的合成和反应,分离和分析;结构和形态,物理性能和生物活性及其规律和应用的自然科学"。由此可见,一致的观点认为化学是科学。

工程是将自然科学原理应用到工农业生产部门中去而形成各学科的总称。工程有广义和狭义之分。就狭义而言,工程定义为"以某组设想的目标为依据,应用有关的科学知识和技术手段,通过一群人的有组织活动将某个(或某些)现有实体(自然的或人造的)转化为具有预期使用价值的人造产品过程"。

自然科学、技术科学与工程科学的主要特征可参见表 1.1。由表 1.1 分析可以看出:科学是认识自然现象、探索物质运动的客观规律所形成的基本理论、概念或原理;技术是运用科学理论,为提高效率、节约资源和开辟新生产领域而发展的方法和手段;工程是综合运用科学技术和经验在生产实际中产生的设计、工艺、流程、装备和质量控制等。因此,可以将工程化学理解为化学的基本原理和方法在与之相关工程领域中的应用,是化学与工程技术的大融合。工程化学不是纯化学,其与化学工程和工业化学存在本质的区别,工程化学必须更重视化学的应用性,化学知识应用于实际生产的可行性、社会相容性和经济效益。

1.2.2 工程化学的内容

工程化学融化学理论和实践于一体,并与多门学科相互渗透,其最大的特点是内容的多分散性。虽然将化学应用的工程领域有所不同,但化学的基本理论是完全相同的。因此,工程化学课程的基本内容为化学基础理论和化学知识的应用实践。

表 1.1　自然科学、技术科学与工程科学的特征

研究性质	自然科学	技术科学	工程科学
	基础研究(BR)	应用研究(AR)	发展研究(DR+实践)
对象	天然客体	人工客体	现场工程问题
任务	探求真理、揭示规律 本质→发现 描述自然 自在→为我	发明 提供实用方法 为我→我控	提高生产效益 提供物质 我控→我用
性质	理论性、指导性		实用性
成果形态	概念、知识、论著	论文、专利	物质、专利、设计图
探索问题	是什么、为什么、可能否、条件	怎么做、如何用	如何控制
研究范围	大	较大	较小,但涉及学科面广
特性	基础性、理论性	实践性、指导性	实用性、具体性
选题	科学发展的内在逻辑、兴趣		实际需求
描述参数	一组自然参数	三组参数(自然参数+技术参数+结构参数)	五组参数(前面三组参数+经济参数+社会参数)
管理	柔性的、松散的		确定的、限期的
作用	发展自身理论	发展技术	提供设备、物质、财富
保密性	公开	保密	保密
历史价值	大,具有积累性、奠基性	指导性、普遍性	现实性、具体性
评价要求	深、广、无功利	新、实用	实用、效益、环境
创新难度	越来越难	参考资料多、较难	有现成公式、规格、图纸

化学反应是化学研究的核心,化学工作者在研究一个特定的化学反应时经常会考虑这样的一些问题:①这个反应能不能像热传导一样自发的进行?除了通过化学实验之外,能不能从理论上判断或预测反应的方向?②如果这个反应可以自发进行,那么反应速率是多少呢?③如果这个反应在特定条件下可以自发的进行,那么最终达到的平衡态如何?指定产物在平衡混合物中所占的比例有多大,即由原料转化成产物的转化率有多大?④有些反应速率很快,在瞬间完成,而有些反应则很慢,为什么有这样的差别?能否从结构的角度予以解释?如空气中有取之不尽的 N_2 和 O_2,能否利用其反应首先生成氧化氮,进而生产硝酸呢?不容置疑,这当然是不可能的。若可行,那么空气中将到处弥漫的是硝酸的气味。热力学研究证明该反应需要在高温条件下进行,创造高温条件的以空气为原料制备硝酸的研究也已经成功。又如汽车尾气 NO 是大气的主要污染源之一(内燃机工作时由空气中的氮气和氧气反应而产生)。同样的问题又产生了,既然氮气和氧气在常温常压下不能反应,那么 NO 能否在常温常压下分解为空气中的组分呢?回答是肯定的,可以回归自然,而且反应进行得很完全。但为何没有付诸于实践呢?这是因为该反应的反应速率太慢、活化能太高。如何降低活化能,提高反应速率成为大家关注的问题。因此,研制该反应的催化剂成为当今人们感兴趣的课题,当然这需要用到物质结构的知识。

化学工作者关心的上述问题涉及化学热力学、化学动力学、化学平衡等化学反应的基本原理和物质结构的知识,即工程化学的基础理论。将上述化学反应的基本原理和物质结构的知识应用到酸碱反应、沉淀生成和溶解反应、氧化还原反应、配位反应并对其加以控制和利用,或将其应用到各个工程领域,从化学的角度尝试解决其存在的问题和探讨解决的办法,并考虑化学知识应用的可行性、社会相容性和经济效益就构成了本课程的知识应用篇。

1.2.3 学习工程化学的重要性

对于新世纪的大学生来说,其知识结构不仅应包含专业知识,而且还应包括一定的人文知识和管理知识。而在专业知识中,宽厚扎实的自然科学知识是掌握和熟练应用专业知识的基础,是在专业领域展现开拓能力和创造能力的前提。化学知识是自然科学知识中必不可少知识之一,它对自然界的理解和观察有独到的地方。同时,随着学科的进一步融合和化学中心学科地位的凸显,传统的学科界限已经被打破,学科在分化的基础上综合化已经成为一种趋势,人们面临的课题往往需要综合运用多种学科的知识才能解决。因此,作为一名高级工程技术人员,仅仅具备本专业所需的专业知识是远远不够的,还必须具备多方面广博的知识,如在设计、施工、生产中能否运用化学的观点考虑物质在特定环境中可能发生的化学反应及其影响,并采取适当的措施加以预防是反映工程技术人员素质的一个重要方面。可见,化学及其相关科学的学习是优化工程技术人才知识结构、培养复合性人才的必要途径。

化学学科研究的对象生动有趣,既有宏观的也有微观的。化学研究过程有自己独特的"语言"和"学科文化"。恩格斯说"化学可以称为研究物体由量的构成变化而发生质变的科学"。化学学科相关内容的学习,学习者不仅可可获得相关的化学知识,而且可以了解化学学科的发展过程、发展特点和发展趋势,获得独特的、与数理截然不同的分析问题和解决问题的思维方法。如化学家运用了一系列的科学思维方法把量子力学引入化学中,成功地探讨了分子结构并创立了量子化学。显然,借助物理学科的量子力学理论与方法研究分子结构而形成量子化学是化学移植法运用的结果。其次,利用描述微观粒子一般性运动规律的量子力学理论来描述分子内微观粒子的特殊性运动规律,即把量子力学的一般性理论演绎到化学领域进行逻辑推理完美的体现了化学演绎法,显示了理论演绎的解释功能。最后,量子化学在处理分子中的多电子体系时,对于指定电子暂时把其他电子"凝固"起来,并将它们按一定方式"涂抹"成电子云,然后再把指定电子看成是在这种电子云和核所形成的势场中运动,最后再通过叠加逐步把一个个电子的行为合成为一体。这种处理方法先把研究对象分解为部分、单元或要素,暂时割裂开来加以考察;然后再把化学分析的结果联结起来,复原为整体再认识,即化学分析方法与化学综合方法的综合运用。

受传统教育理念的影响,大部分工科院校存在重技术轻人文、科学教育与人文教育分离现象,而化学相关课程的学习不仅可使受教育者掌握相关化学科学知识,使其对自然界的认知从"知其然"上升到"知其所以然",并在今后的工作生活中,从自己的知识宝库中产生创新和创造的力量。而且在学习过程中还可使其接受人文精神的熏陶,以史为鉴、以史明理、以史立志,可通过化学反应过程中的力、热、声、光、电、色等运动美,分子结构和物质结构的艺术和结构美,周期表的和谐美、统一美和有序美,使受教育者发现美、欣赏美、创造美,以美激情,以美求真,以美探新。更重要的是,工程化学将理论(化学知识)和实践(工程)紧密结合的特点可使受教育者将科学、技术、社会中的实际问题与知识结构有机地结合起来,是理论联系实际的一次重要实践,有利于增强工程技术人员的社会责任感和解决实际问题的能力。

第2章　化学反应的能量关系

虽然化学主要研究物质的化学运动，但物质在发生化学运动时往往伴随着热、光、电等物理运动，因此研究与之相关的物理变化就显得很重要。

化学热力学（chemical thermodynamics，thermodynamics 由希腊文中的意为“热”或“能”的“therme”与意为“力”的“dynamics”组合而成）是研究在化学反应中伴随发生的能量转换和传递的学科。热力学研究大量质点所组成的集合体的宏观性质，只着眼于变化过程中的起始状态和最终状态，所得的结论具有统计意义，不涉及物质内部结构以及化学反应的速率和机理。由于热力学研究不涉及反应的机理、速率和微观性质，只讨论可能性，不涉及现实性，因而热力学具有一定的局限性。尽管如此，热力学定律是人类在生产活动中反复实践经验的总结，具有高度的可靠性，它对生产实践和科学研究都具有重要的指导意义。

2.1　基本概念

2.1.1　系统与环境

物质世界是无穷无尽的，人们研究问题只能考虑其中的一部分。为研究方便，人们常把研究的那部分物质或空间与其周围的部分划分开来，把研究的对象称为体系，而与体系有着紧密联系的部分则称为环境。体系与环境之间可以有确定的界面，也可以存在假想的界面；体系可随研究对象的改变而改变。体系和环境之间既可以传递物质也可以传递能量，按传递的情况的不同将体系分为三类：

（1）敞开体系：体系与环境之间既有物质交换，又有能量交换。

（2）封闭体系：体系与环境之间没有物质交换，只有能量交换。

（3）孤立体系：体系与环境之间既没有物质交换，也没有能量交换。

例如一敞开的盛满热水的杯子，降温过程中体系向环境放出热量，且不断有水分子变为水蒸气逸出。若以热水为体系则是一敞开体系，若在杯上加一个盖子避免体系与环境间的物质交换，便可得到一个封闭体系，若将杯子换成一个理想保温杯杜绝了能量交换，就得到一个孤立体系，如图2.1所示。

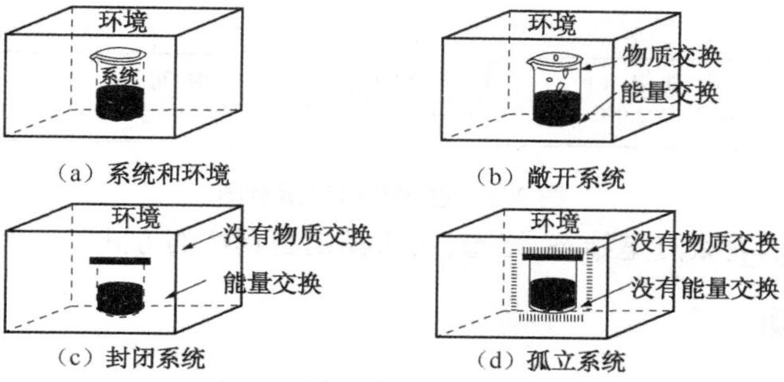

（a）系统和环境　（b）敞开系统　（c）封闭系统　（d）孤立系统

图2.1　体系与环境

2.1.2　状态与状态函数

从化学热力学角度看,一个具体的体系不仅包含确切的物质,还包含这些物质所处的状态。体系的状态是指体系所有物理性质和化学性质的总和,而物质所处的状态可由一系列的物理量来表示。因此为了准确描述一个体系所处的状态,必须确定它的一系列的宏观性质,也就是说体系的一切宏观性质的确定决定了体系的状态。反之,体系的状态确定后,各种宏观性质也就有了确定的数值,热力学中把这些确定体系状态的宏观性质的参数称之为状态函数。简而言之,状态就是由一系列表征体系的物理量所确定的体系的存在形式,状态函数就是借以确定体系状态的物理量。

状态函数实际上是描述状态的一些参数,因而也可称之为状态参数,但由于状态参数有易测物理量和不易测物理量之分,一些不易的测物理量可由易测的物理量通过函数的形式来描述,故一般称之为状态函数。状态函数具有以下特性:

(1) 状态函数的变化值取决于体系所处的始态和终态,而与变化的具体途径没有关系。即状态函数具有“状态一定值一定、状态变化值变化、异途同归变值等、周而复始变值零”的特征。

(2) 状态函数在数学上具有全微分的性质。

(3) 确定状态的状态函数有多个,但通常只需确定其中的几个状态函数值,其余的可以通过各状态函数间的制约关系来加以确定。

2.1.3　过程与途径

体系由某一状态变化到另一状态时,状态变化的经过称之为过程。如果体系是在温度恒定的情况下发生变化,则该变化过程称为恒温过程。同样,如果变化在压力或体积相同的条件下进行,则分别称为恒压过程或恒容过程;若过程中体系和环境间没有热量交换则称为绝热过程。

要使体系由某一状态变化到另一状态(即完成某一过程),可以采用不同的方式,这种由同一始态到同一终态完成变化过程的具体步骤称为途径。体系由始态变化到终态,经历一个过程,但完成这一过程可以采用不同的方式,即完成这一过程可采用不同的具体步骤、途径。譬如100g水由始态(25℃,l)变化为终态(100℃,g),此过程可以通过不同的途径来完成,如图2.2所示。图中气体和液体分别用g和l表示。

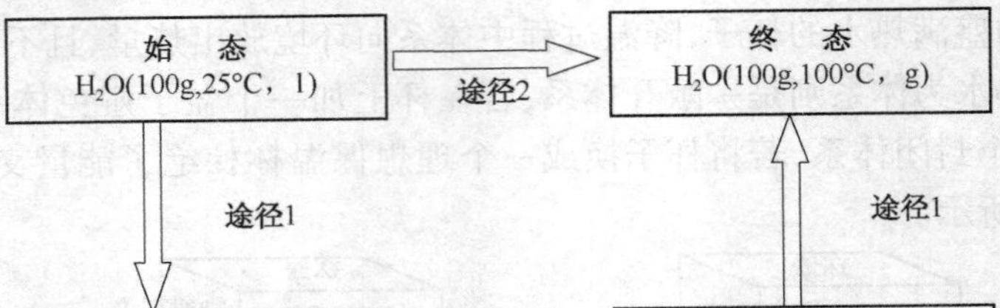

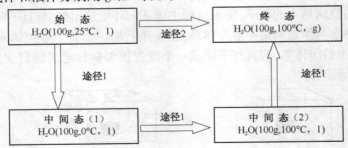

图2.2　过程与途径示意图

可以看出,过程的着眼点是始态、终态,而途径则是具体的方式。

2.1.4　热与功

热和功是体系状态变化时与环境交换能量的两种不同方式,它们均具有能量的单位。

热是体系与环境之间由于温度差的存在而传递的能量，以 Q 表示，国际单位为 J。热是物质运动的一种表现形式，是一种传递中的能量，它总是与大量分子的无规则运动紧密联系。分子无规则运动的强度越大，则表征强度大小的物理量——温度就越高，所以热实质上是系统与环境间因内部粒子无序运动强度不同而交换的能量。热不是体系的性质，所以，热不是体系的状态函数。热力学规定，体系吸热，$Q>0$；体系放热，$Q<0$。

功是体系与环境的另一种能量传递形式，以 W 示之，国际单位为 J。由于功也是能量的一种传递方式，并不是体系自身的性质，所以功也不是状态函数。热力学规定，体系对环境做功，$W<0$；环境对体系做功，$W>0$。

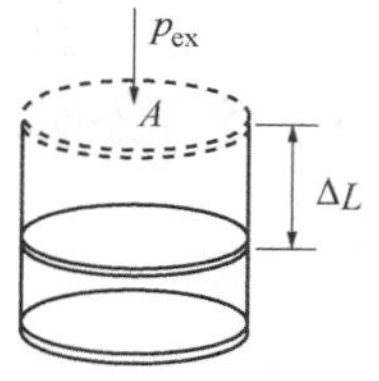

图 2.3　体系做功示意图

功有体积功（W_f）和非体积功（W'）之分。体积功是指由于体系体积变化而与环境交换的能量；非体积功则是除体积功之外的其他所有形式的功，如电功、表面功等。本课程中主要涉及体积功，体积功可以通过如图 2.3 所示的圆筒反应器计算得到。设圆筒截面积为 A，圆筒上有一无重力、无摩擦的活塞，活塞上方的恒定外压为 p_{ex}，则体系受到的外力为 $F_{ex}=p_{ex}A$，若反应时体积增大使活塞移动的距离为 ΔL，则体系反抗外力所做的体积功为

$$W_f=-F_{ex}\cdot\Delta L=-p_{ex}\cdot\Delta L\cdot A=-p_{ex}\Delta V \qquad (2-1)$$

2.1.5　热力学能

体系的能量由三部分构成，即体系整体运动的动能、体系在外场中的势能和体系内部的能量。若将盛有一定量水的导热容器加热，设有 Q 的能量以热的形式传递给了水，那么，以热的形式传递的这部分能量变成了系统的什么能量？当然转化成体系内部的能量——内能或称热力学能。

热力学能是体系内部的能量，即体系中所有微观粒子全部能量之和。它具有能量的单位，符号为 U，它包括体系中分子的平动能、转动能、振动能、电子运动能、原子核内的能量以及系统内部分子之间的相互作用位能等，但不包括体系整体运动的动能和体系处于外力场中具有的位能。在定态下，体系的能量应该具有确定的值，即对于任意一个给定的系统，在状态一定时系统的内能具有确定的值，也就是说内能是状态函数。

由于体系内部质点运动及其相互作用十分复杂，迄今为止人们对物质所有的运动形态还没有完全认识。因此，体系内能的绝对值目前还无法得知。但由于热力学能是状态函数，其相对值只与体系的始态、终态有关，而与过程无关，所以热力学能的变化值可以通过体系与环境交换的能量来量度。

2.1.6　热力学第一定律

人们经过长期实践证明："在任何过程中，能量不会自生自灭，只能从一种形式转化为另一种形式，在转化过程中，能量的总值不变"，这就是热力学第一定律，也称为能量守恒定律。热力学第一定律是人类经验的总结，还没有发现从热力学第一定律所导出的结论与实践相矛盾的实例，这就有力地证明了此定律的正确性。人们设想制造一种机器，它既不靠外界供给能量，本身也不减少能量，却能不断地对外工作，这种假想的机器称为第一类永动机。因此，热力学第一定律也可以表述为：第一类永动机是不可能制造出来的。

当一个封闭体系由内能 U_1 的始态经过一个变化过程到内能为 U_2 的终态时，体系的内能的变化值：

$$\Delta U = U_2 - U_1$$

因为体系与环境之间进行的能量交换或传递只有热和功两种形式。设在此过程中，体系与环境传递的热量为 Q，同时环境对体系做的功为 W，根据热力学第一定律，体系的内能变化值 ΔU 为

$$\Delta U = Q + W \tag{2-2}$$

式(2-2)是热力学第一定律的数学表达式。其物理意义是：封闭体系从一个状态变化到另一个状态时，其内能的变化值等于体系与环境间交换的热量与环境对体系所做的功之和。

2.2 热效应

体系发生物理或化学变化时总是伴随能量的吸收或放出，这种能量的变化对体系来讲是十分重要的。按照体系与环境间热交换方式的不同，热效应可以分为显热、潜热（相变焓）和化学反应热。通常仅把因系统温度改变而与环境交换的能量称为显热，如在一定条件下，将水从 25 ℃升温至 100 ℃所需的热即为显热。体系中物理性质和化学性质完全一样的部分称为相，在一定温度、压力下体系发生相变化时与环境交换的能量称为相变焓或潜热，如水在 100℃、101.325 kPa 下变成 100 ℃、101.325 kPa 的水蒸气时所吸的热即为潜热（相变焓）。若温度恒定且不作非体积功，体系发生化学反应过程中与环境交换的热则称为化学反应的热效应。

与化学反应有关的工业生产或各种科学研究过程绝大多数是在恒温、恒容或恒温、恒压条件下进行的，因此将热力学第一定律应用于非体积功为零的恒容或恒压过程有着重要的实际价值。

2.2.1 恒容热效应和恒压热效应

若反应（过程）在体积恒定的条件下进行即称为恒容反应（过程）；恒容过程中所伴随的热量变化称为恒容反应热，以 Q_v 表示。如果反应是在压力恒定的条件下进行的，就称为恒压反应；恒压过程中所伴随的热量变化称为恒压反应热，以 Q_p 表示。

对于恒容的封闭系统，假设体系不做非体积功，则有 $\Delta V = 0$，$W_f = -p_{ex}\Delta V = 0$，根据热力学第一定律，则

$$\Delta U = Q_v \tag{2-3}$$

式(2-3)仅说明在恒容反应过程中，体系吸收的热量全部用来改变体系的内能。特别需要注意的是，不能从式(2-3)得出恒容热效应是状态函数的错误理解，也不能得出恒容热效应和热力学能在概念和性质上相同的结论。如果反应放热 Q_v 为负值，说明反应的热效应使体系的内能降低；如果反应吸热，Q_v 为正值，则说明反应的热效应使体系的内能升高。

对于恒压的封闭系统，假设体系不做非体积功，则 $W_f = -p_{ex}\Delta V$，根据热力学第一定律有

$$\Delta U = Q_p + W_f$$

$$Q_p = (U_2 + pV_2) - (U_1 + pV_1)$$

令 $H = U + pV$，则

$$Q_p = H_2 - H_1$$

若 $\Delta H = H_2 - H_1$ 则

$$Q_p = \Delta H \tag{2-4}$$

在热力学上将“H”定义为焓，ΔH 称为焓变，单位为 kJ。若 $\Delta H > 0$，则 $Q_p > 0$，表明体系从

环境吸收热量，是吸热反应；若 $\Delta H<0$，则 $Q_p<0$，则表明体系向环境释放热量，是放热反应。

由于 U、p、V 都是状态函数，它们的组合 $(U+pV)$ 一定也具有状态函数的性质，因而焓是状态函数。因此，式(2－4)表示封闭系统在恒压和只做体积功的条件下，体系吸收或放出的热量(恒压热效应)在数值上等于体系焓值的改变。可见，式(2－4)的意义在于将特定条件下反应的热效应与体系焓值的变化建立起了联系，由于焓是状态函数，与变化的途径无关，从而使恒压热效应的计算变得简单方便。

焓和热力学能、体积等物理量一样是系统的性质，因而在特定的状态下每一种物质都具有确定的焓值，但由于内能的绝对值无法确定，因此焓的绝对值也无法确定，只能确定其在特定条件下的相对值。

在恒压、封闭体系中

$$\Delta H=\Delta U+p_{ex}\Delta V$$

对于无气体参加的反应，体系的体积 ΔV 变化不大，$\Delta V\approx 0$，故

$$\Delta U\approx\Delta H$$

对于有气体参加的反应，由于 $p\Delta V=\Delta nRT$(Δn 是化学反应方程式中产物气体分子数与反应物气体分子数之差)，则

$$\Delta H=\Delta U+\Delta nRT$$

从 $Q_v=\Delta U$、$Q_p=\Delta H$ 可以看出，虽然无法获得系统内能、焓的绝对值，但在特定条件下可以从系统和环境间能量的传递来衡量系统的内能和焓的变化。这种认识事物的方法在热力学中经常使用。

2.2.2 热效应的测定

化学反应的热效应可通过热量计进行测定。恒压反应热、液相反应的反应热、溶解热和中和热等热效应通常采用如图 2.4 所示的杯式量热计测定，气体以及有机化合物的燃烧等恒容反应热通常采用如图 2.5 所示的弹式量热计测定。两种热量计的测定依据都是热力学第一定律，即反应放出的热量使热量计及其内容物从初始温度升高到反应后的温度。测得温度改变值 ΔT，即可采用式(2－5)计算出反应过程中的热效应。

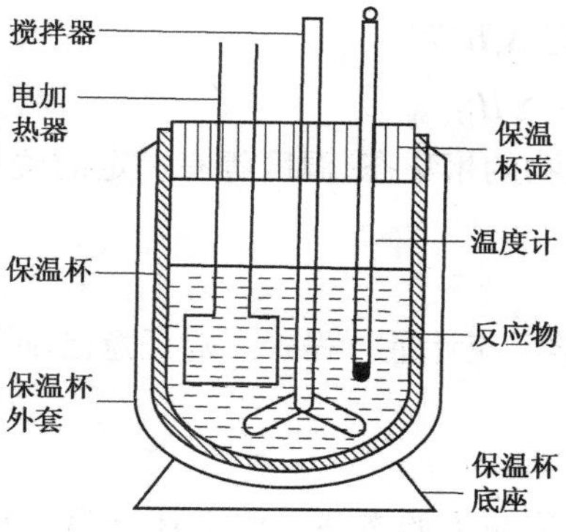

图 2.4　杯式量热计

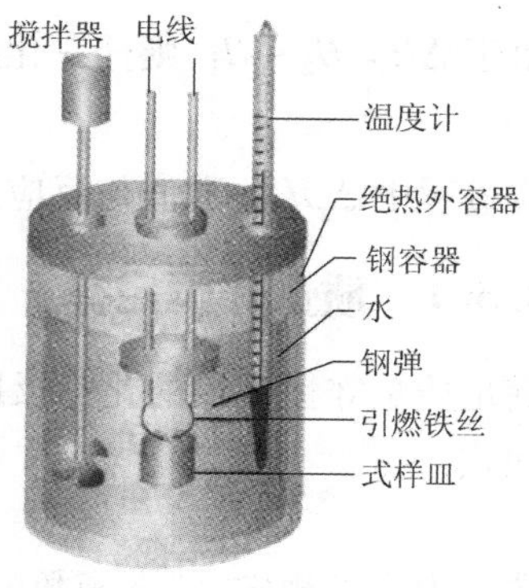

图 2.5　弹式量热计

$$Q=\Delta T\cdot c \tag{2－5}$$

式(2－5)中 c 是比热容，表示热量计及其内容物升温 1K 所需要的热量，T 为热力学温度。需要注意的是反应所放出的热量并未全部被水吸收，如在弹式量热计中，化学反应的反应热可

以分为两部分，一部分是水所吸收的热量，以 $Q_{水}$ 表示则

$$Q_{水}=c_{水}m\Delta T$$

式中，$c_{水}$ 为水的比热容，代表将 1g 水温度升高 1℃（或 1K）所需要的热量，数值为 $4.184 J \cdot g^{-1} \cdot K^{-1}$，$m$ 为水的质量，T 为热力学温度。

另一部分是钢弹及其内部物质和钢质容器所吸收的热量，以 $Q_{钢}$ 表示。若用 $c_{钢}$ 表示钢弹及其组件温度每升高 1℃（或 1K）所需要的热量（热容），则钢弹所吸收的热量为

$$Q_{钢}=\Delta T c_{钢}$$

显然，反应的热效应应为

$$Q=-(Q_{水}+Q_{钢})=-(c_{水}m\Delta T+\Delta T c_{钢})$$

【例 2-1】 将 0.500g 苯甲酸在盛有 1210 g 水的弹式量热计的钢弹（即氧弹）内完全燃烧，温度由 23.20 ℃上升到 25.44 ℃，试计算 1 mol 苯甲酸完全燃烧反应的热效应。已知系统的热容 c_s 为 $848.0 J \cdot K^{-1}$，水的比热容为 $4.18 J \cdot K^{-1} \cdot g^{-1}$，$C_6H_5COOH$ 的摩尔质量 $122.5 g \cdot mol^{-1}$）。

解：量热计内水吸收的热量：

$$\begin{aligned}Q_{水}&=c_{水}\cdot m_{水}\cdot\Delta T\\&=4.18 J\cdot g^{-1}\cdot K^{-1}\times 1210 g\times 2.24 K\\&=11329.47 J\approx 11.33 kJ\end{aligned}$$

弹式量热计系统所吸收的热量：

$$Q_s=c_s\cdot\Delta T=848 J\cdot K^{-1}\times 2.24 K=1899.52 J\approx 1.90 kJ$$

$$Q=-(Q_{H_2O}+Q_s)=-(11.33kJ+1.90)kJ=-13.23kJ$$

1mol 苯甲酸完全燃烧反应的热效应 Q 为

$$Q=\frac{M}{m}\times Q=\frac{122.5g\cdot mol^{-1}}{0.5g}\times(-13.23)kJ=-324kJ\cdot mol^{-1}$$

2.3 热化学

由于 $\Delta H=H_2-H_1$，则任一化学反应前后的焓变 $\Delta_r H$ 为

$$\Delta_r H=\sum H_{生成物}-\sum H_{反应物}$$

在反应过程中 $\Delta_r H$ 的数值与反应进行的程度、反应物的聚集态、温度等有一定的关系。

2.3.1 质量守恒定律

满足质量守恒定律的化学反应方程式称为化学反应计量方程式。对任意已配平的化学反应方程式：

$$aA+bB=lL+mM$$

按热力学的规定，状态函数的变化值应是终态值减去始态值。将上述计量方程式始态物质移项，得

$$lL+mM-aA-bB=0$$

或写成

$$\sum_B \upsilon_B B=0 \qquad (2-6)$$

式(2-6)中B为化学反应方程式中任一反应物或生成物的化学式,v_B为该物质的化学计量数,是出现在化学反应方程式中的物质B的化学式之前的系数,是化学反应方程式特有的物理量。热力学规定反应物的化学计量数为负值,生成物的计量数为正值。它的SI单位为一,$|v|$可以是整数,也可以是分数。化学反应方程式中的化学计量数,它仅表示反应过程中各物质的量之间转化的比例关系,即反应物的消耗和生成物的生成都是按照化学计量数的比例进行,并不说明在反应进程中各物质所转化的量。

2.3.2 反应进度

反应进度顾名思义即反应进行的程度,通常用符号ξ表示。对反应进行程度通常的判断是观察反应体系是否真实地发生了由反应物向生成物的转化,但由于反应中各物种(反应物和产物)的化学计量系数不尽相同,特定时刻各物种物质量的变化量也就不尽相同,这给直接利用反应物或生成物物质量的改变量来描述反应进度带来了困难,也就是说反应进度和反应物的计量数有关。因此,采用任一反应物或生成物在反应进行到任一时刻时物质量的改变与其化学计量数的商来定义反应的进度,即

$$d\xi = dn_B/v_B$$

或

$$\xi = \frac{n_B(\xi) - n_B(0)}{v_B} = \frac{\Delta n_B}{v_B} \tag{2-7}$$

式(2-7)中$n_B(0)$、$n_B(\xi)$分别表示反应进行到0时刻和ξ时刻B物种的物质的量,由于B物质的量的单位为mol,所以ξ的单位为mol。如反应$2H_2(g) + O_2(g) = 2H_2O(g)$,当反应进行到$\xi$时刻,假定消耗掉1.0mol的氢气[即$\Delta n(H_2) = -1.0mol$],则按照反应方程式可知,消耗掉的氧气为0.5mol,生成了1.0mol的水。计算得到反应进度ξ为

$$\xi = \frac{\Delta n(H_2)}{v(H_2)} = \frac{\Delta n(O_2)}{v(O_2)} = \frac{\Delta n(H_2O)}{v(H_2O)} = 0.5mol$$

即反应进行的程度为0.5mol。

若将化学计量方程式改为$H_2(g) + 1/2O_2(g) = H_2O(g)$,当反应进行到反应进度$\xi$时,假定也消耗掉1.0mol的氢气,消耗掉0.5mol的氧气,生成了1.0mol的水,此时计算得到的反应进度则ξ则为1.0mol,可见,对于同一反应,ξ的数值与化学计量方程式密切相关,所以在计算ξ或指定ξ时,必须指明对应的化学计量方程式。

2.3.3 标准态

为了比较热力学函数的相对值,需要规定一个状态作为参比标准(它相当于一个公认的基线,正如高度的标准基线选择0℃和压力101.325kPa的海平面作为高度的零点)。热力学为使同一物质的热力学函数在不同的化学反应中具有相同的数值,规定了参考状态,即标准状态,简称标准态。标准态的选用原则上是任意的,只要合理并为大家接受即可,但必须考虑实用性。IUPAC物理化学部热力学委员会指定在温度为T和标准压力$p^{\ominus}$(100.00kPa)下物质的状态为标准态。对于具体的系统而言:

(1)对于纯理想气体而言,其标准态就是该气体的压力为$p^{\ominus}$时的状态,对于理想混合气体而言,标准态就是每种组分气体的分压都等于$p^{\ominus}$时的状态。

(2)对于纯液体、固体而言,当该物质处于$p^{\ominus}$时就处于标准状态。

(3)对于单一理想溶液而言，处于 $p^{\ominus}$、$c^{\ominus}$($1\text{mol}\cdot\text{L}^{-1}$)时为标准态，对于理想混合溶液而言，处于 $p^{\ominus}$、并且每一种组分溶液的浓度都为 $c^{\ominus}$ 即为标准态。

应当指出，在标准态的规定中并没有规定统一的温度标准，因而温度改变就会有多个标准态，但 IUPAC 推荐优先选用 298.15K 作为参考温度。

2.3.4 热化学反应方程式

若某一化学反应在反应进度为 ξ 时的焓变为 $\Delta_r H$，则该反应的摩尔焓变 $\Delta_r H_m$ 为

$$\Delta_r H_m = \frac{\Delta_r H}{\xi}$$

即 $\Delta_r H_m$ 就是给定反应在反应进度为 1mol 时的焓变。若该反应还在标准状态下进行，则该反应的摩尔焓变 $\Delta_r H_m$ 就称为标准摩尔反应焓变，其符号为 $\Delta_r H_m^{\ominus}$。符号 $\Delta_r H_m^{\ominus}$ 中，"r"代表反应(reaction)，"m"代表摩尔反应进度(mol)，"$\ominus$"代表反应在标准态进行。

表示化学反应与热效应关系的方程式称为热化学方程式。氢气和氧气的热化学方程式可以写为：

$$H_2(g) + 1/2O_2(g) = H_2O(g) \quad \Delta_r H_m^{\ominus}(298.15\text{K}) = -241.82\text{kJ}\cdot\text{mol}^{-1}$$

该热化学方程式表明在 298.15K，100.00kPa 下，当 1mol 纯 $H_2(g)$ 和 1/2mol 纯 $O_2(g)$ 反应生成 1mol $H_2O(g)$ 时，放出的热量为 241.82 kJ。

因为化学反应的热效应不仅与反应进行时的条件有关，而且与反应物和生成物的物态、数量有关，所以在书写热化学方程式时应注意：

(1)化学反应的热效应与反应条件有关。不同反应条件下的热效应有所不同，所以应注明反应的温度和压强(T,p)。但在标准压力、298K 条件下进行的反应，反应条件一般不需注明。

(2)化学反应的热效应与物质的形态有关。同一化学反应，反应物的形态不同反应热效应有明显的差别。因此，在书写热化学方程式时必须注明反应物和生成物的聚集状态，气体、液体和固体分别用 g，l 和 s 表示；固体具有不同晶态时，还需将晶态注明，如 S(斜方)、S(单斜)、C(石墨)和 C(金刚石)等。若参与反应的物质是溶液，则需用 aq 表示水溶液。

(3)同一反应以不同计量数书写时其反应热效应数据不同。例：

$$H_2(g) + 1/2O_2(g) = H_2O(g) \quad \Delta_r H_m^{\ominus}(298.15\text{K}) = -241.82\text{kJ}\cdot\text{mol}^{-1}$$

$$2H_2(g) + O_2(g) = 2H_2O(g) \quad \Delta_r H_m^{\ominus}(298.15\text{K}) = -483.64\ \text{kJ}\cdot\text{mol}^{-1}$$

2.4 化学反应热的计算

2.4.1 由热化学反应方程式的组合计算化学反应的热效应

化学反应的热效应一般可以通过实验测定得到，但有些复杂反应是难以控制的，其反应的热效应只能通过间接的办法求得，如在恒温、恒压条件下炭不完全燃烧生成一氧化碳反应的热效应。

1840 年俄国化学家盖斯(G. H. Hess)在总结了大量的热数据的基础上提出"任何在恒温、恒压条件下进行的化学反应所吸收或放出的热量，仅决定于反应的始态和终态，与反应是一步

或者分为数步完成无关”，即化学反应不管是一步完成的，还是多步完成的，其热效应总是相同的，该结论称为盖斯(Hess)定律。Hess 定律是热化学的普遍原理之一，Hess 定律的提出略早于热力学第一定律，但它实际上是第一定律的必然结论，同时也是“内能和焓是状态函数”这一结论的进一步体现。也就是说，在恒容或恒压、系统只做体积功的条件下，反应的热效应(内能或焓变)只与反应的始终态有关，而与反应所经历的途径无关。

利用 Hees 定律可以间接计算难于测定或不能测定的反应的热效应。

【例 2－2】 在 298.15K 标准状态下

(1) C(石墨) + O_2(g) = CO_2(g)　　$\Delta_r H_m^\ominus(1) = -393.5\text{kJ}\cdot\text{mol}^{-1}$

(2) CO(g) + $\frac{1}{2}O_2$(g) = CO_2(g)　　$\Delta_r H_m^\ominus(2) = -283.0\text{kJ}\cdot\text{mol}^{-1}$

请计算反应：

(3) C(石墨) + $\frac{1}{2}O_2$(g) = CO(g)的标准摩尔反应焓变。

解：生成 CO_2 的反应可以设计为经过以下两种途径：

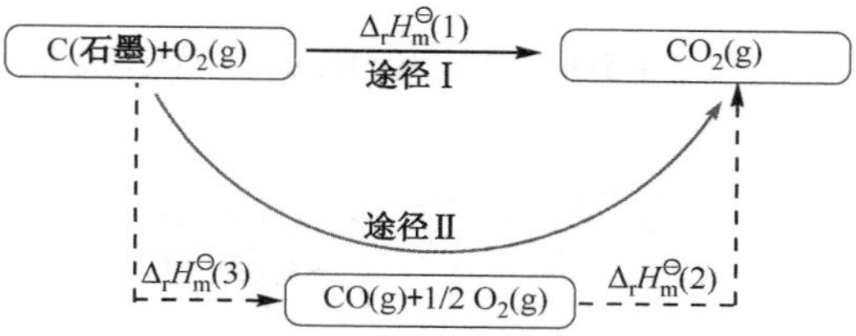

由 Hess 定律知：

$\Delta_r H_m^\ominus(1) = \Delta_r H_m^\ominus(2) + \Delta_r H_m^\ominus(3)$

$\Delta_r H_m^\ominus(3) = \Delta_r H_m^\ominus(1) - \Delta_r H_m^\ominus(2)$

$= -393.5 - (-283.0) = -110.5\text{kJ}\cdot\text{mol}^{-1}$

Hess 定律的重要意义在于能使热化学方程式像普通代数式那样进行加减运算。在例题 2－2中，

(1) C(石墨) + O_2(g) = CO_2(g)　　$\Delta_r H_m^\ominus(1)$

－　(2) CO(g) + $\frac{1}{2}O_2$(g) = CO_2(g)　　$\Delta_r H_m^\ominus(2)$

---

(3) C(石墨) + $\frac{1}{2}O_2$(g) = CO_2(g)　　$\Delta_r H_m^\ominus(3)$

即反应方程式(1)减去反应方程式(2)即为反应方程式(3)，而根据 Hess 定律得到的结论为 $\Delta_r H_m^\ominus(3) = \Delta_r H_m^\ominus(1) - \Delta_r H_m^\ominus(2)$。由此可见，如果一个化学反应可以由其他化学反应相加减而得，则这个化学反应的热效应也可由这些反应的热效应相加减而得到。

2.4.2　由标准摩尔生成焓计算化学反应的标准摩尔焓变

由单质生成化合物 B 的反应称为该化合物 B 的生成反应。例如

$$H_2(g) + 1/2O_2(g) = H_2O(g)$$

是水蒸气的生成反应。

在温度为 T、参与反应的各物质均处于标准态的条件下，由稳定相单质生成 1mol β 相化合物 B 的标准摩尔反应焓，称为化合物 B(β)在温度 T 下的标准摩尔生成焓，以符号 $\Delta_f H_m^\ominus$(β,

T)表示。其中“f”代表生成反应(formation),“m”代表 mol,“$\ominus$”代表标准态(standard state),β 表示化合物 B 的相态。$\Delta_f H_m^{\ominus}$ 的单位为 $kJ \cdot mol^{-1}$。如反应

$$2C(\text{石墨}) + 3H_2(g) + 1/2O_2(g) = C_2H_5OH(l)$$

$$\Delta_r H_m^{\ominus}(298.15K) = \Delta_f H_m^{\ominus}(C_2H_5OH, l, 298.15K) = -276.98\ kJ \cdot mol^{-1}$$

上述热化学反应方程式表明,在 298.15K、标准状态条件下,由稳定相的单质 C(石墨)与 $H_2(g)$、$O_2(g)$ 生成 1mol $C_2H_5OH(l)$ 的 $\Delta_r H_m^{\ominus}$ 称为 298.15K 时 $C_2H_5OH(l)$ 的标准摩尔生成焓,表示为 $\Delta_f H_m^{\ominus}(C_2H_5OH, l, 298.15K)$。298.15K 时,常见物质的 $\Delta_f H_m^{\ominus}(298.15K)$ 见附录 3。

对于标准摩尔生成焓的使用需要注意:(1)根据标准摩尔生成焓的定义,在任何温度下,稳定单质的标准摩尔生成焓为零。例如,碳在 298.15K 下有石墨、金钢石与无定形三种相态,其中以石墨为最稳定,石墨的标准摩尔生成焓为零;(2)$\Delta_f H_m^{\ominus}$ 是一个相对的焓值;(3)物质 B 的化学计量系数为 1;(4)通过比较同类型化合物的 $\Delta_f H_m^{\ominus}$ 数值,可以推断化合物的稳定性。一般地,物质 B 生成时放热越少,物质 B 越不稳定,越容易分解。

利用标准摩尔生成焓变也可以计算标准摩尔反应焓变,如可设计如图 2.6 所示的过程,通过 $\Delta_f H_m^{\ominus}$ 计算反应

$$C_3H_8(g) + 5O_2(g) = 3CO_2(g) + 5H_2O(l)$$

的反应热。

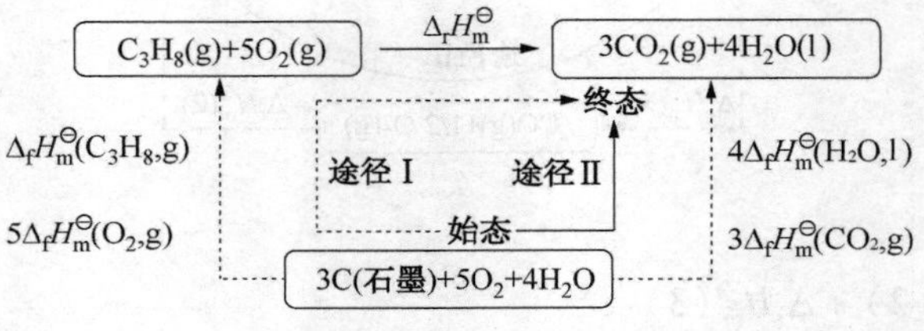

图 2.6 利用标准摩尔生成含计算反应热示意图

由图 2.6 可以看出:

$$\Delta_r H_m^{\ominus}(298.15K) = 4\Delta_f H_m^{\ominus}(H_2O, l, 298.15K) + 3\Delta_f H_m^{\ominus}(CO_2, g, 298.15K) - \Delta_f H_m^{\ominus}(C_3H_8, g, 298.15K) - 5\Delta_f H_m^{\ominus}(O_2, g, 298.15K)$$

$$\Delta_r H_m^{\ominus}(T) = \sum_B \upsilon_B \Delta_f H_m^{\ominus}(\text{反应物}, T) + \sum_B \upsilon_B \Delta_f H_m^{\ominus}(\text{产物}, T) = \sum_B \upsilon_B \Delta_f H_m^{\ominus}$$

对于任意化学反应:

$$\sum_B \upsilon_B B = 0$$

其标准摩尔反应焓变为

$$\Delta_r H_m^{\ominus}(T) = \sum_B \upsilon_B \Delta_f H_m^{\ominus}(B, \text{相态}, T) \tag{2-8}$$

【例 2-3】求反应 $2Na_2O_2(s) + 2H_2O(l) = 4NaOH(s) + O_2(g)$ 的热效应。

解:查表得到有关物质的标准生成焓如下:

	$Na_2O_2(s)$	$H_2O(l)$	$NaOH(s)$	$O_2(g)$
$\Delta_f H_m^{\ominus}/kJ \cdot mol^{-1}$	−285.9	−285.83	−425.59	0

$$\Delta_r H_m^{\ominus} = 4\Delta_f H_m^{\ominus}(NaOH, s) + \Delta_f H_m^{\ominus}(O_2, g) - 2\Delta_f H_m^{\ominus}(H_2O, l) - 2\Delta_f H_m^{\ominus}(Na_2O_2, s)$$

$$= [4 \times (-425.59) + 0 - 2 \times (-285.9) - 2 \times (-285.83)]\ kJ \cdot mol^{-1}$$

$$= -558.9 kJ \cdot mol^{-1}$$

2.4.3 由标准摩尔燃烧焓计算化学反应的标准摩尔焓变

在温度为 T、参与反应的各物质均处于标准态的条件下，1mol β 相的化合物 B 完全燃烧生成指定产物时的标准摩尔反应焓变，称为该化合物 B(β)在温度 T 时的标准摩尔燃烧焓，用符号 $\Delta_c H_m^\ominus$ 表示，单位是 $kJ \cdot mol^{-1}$，符号中"c"代表 combustion，"m"代表 mol，"$\ominus$"代表 standard state。根据标准摩尔燃烧焓的定义，$\Delta_c H_m^\ominus(H_2O,l,T)=0$，$\Delta_c H_m^\ominus(CO_2,g,T)=0$。

根据盖斯定律，利用标准燃烧焓计算标准摩尔反应焓的计算公式为：

$$\Delta_r H_m^\ominus(T)=\sum_B(-\upsilon_B)\Delta_c H_m^\ominus(B,相态,T) \tag{2-9}$$

【例 2-4】 已知反应

$$(COOH)_2(s)+2CH_3OH(l)=(COOCH_3)_2(l)+2H_2O(l)$$

$\Delta_c H_m^\ominus/kJ \cdot mol^{-1}$ -246.0 -726.5 -1678 0

计算反应在 25℃ 时该反应的标准摩尔焓变。

解：根据式(2-9)，有

$$\begin{aligned}\Delta_r H_m^\ominus(298.15K)&=2\Delta_c H_m^\ominus(CH_3OH)+\Delta_c H_m^\ominus[(COOH)_2]-\Delta_c H_m^\ominus[(COOCH_3)_2]\\&=[-246.0+2(-726.5)-(-1678)]\ kJ\cdot mol^{-1}\\&=-21.0kJ\cdot mol^{-1}\end{aligned}$$

2.4.4 由键焓计算化学反应的标准摩尔焓变

化学反应从本质上说是原子或原子团的重新排列和组合，其过程就是旧键的断裂和新键的形成过程，过程中的能量变化就是反应产生热效应的根本原因。因此，反应的热效应也可通过体系中各物质的键能来计算。

标准状态下，断裂 1mol 气态分子 AB 的化学键形成气态中性原子 A、B 时所吸收的热量称为 A-B 键的键能或键焓，用符号 $\Delta_b H_m^\ominus$ 表示标准键焓，一些化学键的键能见附录 1。根据 Hess 定律，可通过反应过程中化学键变化的情况估算反应的焓变。

$$\Delta_r H_m^\ominus=\sum_B(-\upsilon_B)\Delta_b H_m^\ominus(B) \tag{2-10}$$

【例 2-5】 试由键能估算反应 $CH_3-CH_3(g)=CH_2=CH_2(g)+H_2(g)$ 的焓变。已知：

化学键	C—C	C—H	C═C	H—H
键能/ $kJ \cdot mol^{-1}$	331	415	620	436

解：反应过程中有 1 个 C-C、6 个 C-H 断裂而吸收能量，有 1 个 C═C、4 个 C—H、1 个 H—H 形成而放出能量，因此

$$\begin{aligned}\Delta_r H_m^\ominus&=\Delta_b H_m^\ominus(C—C)+6\Delta_b H_m^\ominus(C—H)-[\Delta_b H_m^\ominus(C═C)+4\Delta_b H_m^\ominus(C—C)+\Delta_b H_m^\ominus(H—H)]\\&=[(331+6\times415)-(620+4\times415+436)]kJ\cdot mol^{-1}\\&=105kJ\cdot mol^{-1}\end{aligned}$$

第3章 化学反应的自发性

金属钛在航空工业中是一种重要的金属材料，它具有耐高温、强度大、密度小等优越性能。金红石（TiO_2）是一种常见的钛矿石，那么能不能像炼铁一样直接用焦炭使其还原为Ti，即反应 $TiO_2(s)+C(s)=Ti(s)+CO_2(g)$ 能否进行？此类的问题，在今后工作中会经常遇到，也是本章重点讨论的内容。

3.1 自发过程

自然界发生的所有过程（无论是物理变化还是化学变化）都具有一定的方向。如两个温度不同的物体相互接触后，热就会自动从高温物体传向低温物体，直到两个物体的温度相等，而其逆过程不能自动进行；又如钢铁在潮湿的空气中可以自动的被氧化腐蚀，而被氧化腐蚀了的金属却永远不会自动的还原为金属。这种在一定条件下不需外界帮助而能自发进行的过程称为自发过程，反之只有借助外界帮助或做功才能进行的过程称为非自发过程。对化学反应来说，在一定条件下不需要外界帮助就能够自动进行的反应叫自发反应，反应自发进行的特性称为反应的自发性。

自发反应具有一定的方向性，其逆过程为非自发反应，自发反应和非自发反应都是可能进行的，两者都遵循热力学第一定律，其区别在于自发反应可以自动的进行，而要使非自发反应得以进行则必须借助一定方式的外部作用，如常温下水虽然不可自发地分解但可以通过电解的方式进行。

自发反应和非自发反应都是相对而言的，在条件改变时也可能发生转化。如碳酸钙的分解反应在常温下为非自发反应，而在温度高于1183K时便可自发进行，且进行的最大限度也是达到化学平衡态。

自发反应不受时间的约束，与反应的速率无关，但这种自发性只代表一种可能性，并不具有现实性。如在某一条件下，物质A和B可自发的反应生成物质C，但实际上当真正把A和B放在一起时则有可能因为反应速率缓慢而观察不到反应的进行，如常温下氧气和氢气生成水的反应速率很小，易被认为是非自发反应，但实际上只要加入微量的催化剂，点燃即可发生剧烈的爆炸反应。

3.2 焓与自发过程

对于简单的自发过程，可用体系状态函数作为自发过程方向与限度的判据，如用温度（T）可以判断传热过程的方向与限度；用气体的压力（p）可以判断气体流动的方向与限度等等。但对于复杂的物理化学过程，采用什么状态函数可作为自发过程方向与限度的判据呢？焓变能否作为反应自发进行的判据？长期以来，人们发现很多自发进行的反应都伴随着能量的放出，即自发进行的体系有倾向于系统能量最低的趋势。1867年贝特洛（Bethelot M）等人认为在恒温、恒压下，$\Delta_r H_m < 0$ 的过程自发进行，$\Delta_r H_m > 0$ 的反应非自发进行，因为系统放出热量，其内部的能量必然降低，称之为“最低能量原理”。

实际上，在恒温、恒压和只做体积功的条件下，大多数放热反应都趋向于自发，但并不是全部，而某些反应虽然吸热，但依然可以自发进行。如 NH_4HCO_3 的分解过程需要吸收热量，但在加热的条件下却很容易分解。

$$NH_4HCO_3(s) \rightleftharpoons NH_3(g) + H_2O(g) + CO_2(g) \qquad \Delta_r H_m^{\ominus}(389K) = +185kJ \cdot mol^{-1}$$

贝特洛的说法在一定范围内具有一定的正确性，但并不具备普适性，这说明放热虽然有利于自发反应的进行，但并不是决定反应自发与否的唯一因素。也就是说，焓变不能作为判断反应能否自发进行的判据。

从 NH_4HCO_3 分解的实例不难看出：该反应虽然吸热，但生成物分子的热运动范围扩大了，或者说反应朝无序的方向自发进行。这种由有序向无序自发进行的过程，好比将装有整齐排列的黑球和白球的盒子摇动后就会变得杂乱无章，但无论如何摇动都不可能恢复到原来整齐有序的状态。也就是说，自然界中自发进行的过程都趋向于体系混乱度的增加。关于此结论的实例不胜枚举，如巍峨的大山历经自然的沧桑最终变为一对乱石、碳酸钙的分解等。

3.3　熵与自发过程

3.3.1　熵变与反应的自发性

与体系混乱程度或无序程度相关的函数是熵，常以符号 S 表示。1872 年玻尔兹曼从分子运动论的角度解释了熵的微观本质，认为“在大量微粒（分子、原子、离子等）所构成的体系中，熵代表了这些微粒之间无规则排列的程度，或者说熵代表了体系的混乱度”，体系的熵或混乱度与体系的微观状态数存在式（3－1）所示关系

$$S = k\ln\Omega \qquad (3-1)$$

式（3－1）中，Ω 是系统中的热力学几率，亦即系统总的微观状态数，Ω 体现了系统的混乱程度，k 是玻尔兹曼常数。

处于确定状态的体系具有确定的熵值。因此，熵是状态函数，体系的状态改变，熵值亦随之改变。对于任一过程，当体系熵值的改变量 $\Delta S > 0$ 时，则体系的混乱度增大，当 $\Delta S < 0$ 时，则体系的混乱度增减小。前已述及，自发进行的过程，体系的混乱度（熵）趋于增加。那么，熵和自发过程具有什么样的关系？能否采用熵变做为反应自发进行的判据呢？

热力学第二定律表明：对于任何自发过程，体系和环境的总熵变总是增加的，即

$$\Delta S(\text{总}) = \Delta S(\text{体系}) + \Delta S(\text{环境}) > 0$$

通常也称为熵增原理。热力学第二定律和第一定律一样，都是人类经验的总结，其正确性不能用数学逻辑来证明，但由它推演出的无数结论，无一与实验事实相违背，因而其可靠性是毋庸置疑的。需要说明的是，热力学第二定律关于某过程不能自发进行的断言是肯定的，而关于某过程能自发进行的结论则仅指自发反应的可能性。

对于隔离系统而言，其与环境之间不存在物质和能量的交换和传递，因而系统熵值的改变量即为总熵值的改变量。但对于封闭体系，系统和环境之间存在能量的传递，其各自熵值的改变量如何计算？能否知道单位物质量的特定物质在标准态的熵值呢？如果回答是肯定的，就可通过状态函数的特性计算过程熵值的改变量。

3.3.2 绝对熵和标准熵

体系从状态 1 变化到状态 2 时，体系熵值的变化即为 $\Delta S = S_2 - S_1$。但由于熵的绝对值无法获得，因此只能计算状态改变前后熵值的改变量。

如何选择参考基准？热力学第三定律回答了这一问题。热力学第三定律是低温实验规律的总结，有各种不同的表述方法。普朗克于 1927 年基于在 0K 时任何完整无损的纯净晶体其组分都处于完全有序的排列状态而提出假设：温度趋于 0K 时，任何完美晶体的熵值都等于零，即

$$\lim_{T \to 0K} S(T) = 0 \tag{3-2}$$

应当指出，这个零点不是人为指定的，而是在大量事实的基础上经严格逻辑推理而得到的，其可靠性和科学性被众多实验事实所证明。

所谓完美晶体是指晶格结点上排布的粒子（分子、原子、离子等）只以一种方式整齐排列，若以两种或更多方式排列的晶体均不是完美晶体。按式（3－1），0K 时，完美晶体中的粒子的排列方式只有一种，$\Omega = 1$，所以 $S = k \ln 1 = 0$。

根据热力学第三定律，完整有序的某纯物质从 0K 升高温度至 TK，该过程熵的改变为 ΔS：

$$\Delta S = S_T - S_0 = S_T \tag{3-3}$$

S_T称为该物质的规定熵或绝对熵。在某温度下（通常为 298K），某纯物质 B 在标准压力下的规定熵称为标准摩尔熵，以符号$S_m^\ominus$（B，相态，T）表示之，单位为 $J \cdot mol^{-1} \cdot K^{-1}$。常见物质在 298.15K 时的标准摩尔熵见附录 3。

标准摩尔熵随物质聚集状态、温度、分子结构的不同而有所不同。通过对常见物质标准摩尔熵的分析，可以看出：

① 物质的聚集状态不同，熵值亦有所不同。同种物质的熵值$S_m^\ominus(g) > S_m^\ominus(l) > S_m^\ominus(s)$。如在 298K 时 $H_2O(g)$、$H_2O(l)$ 和 $H_2O(s)$的$S_m^\ominus$ 分别为 188.7 $J \cdot mol^{-1} \cdot K^{-1}$、69.9 $J \cdot mol^{-1} \cdot K^{-1}$ 和 39.3 $J \cdot mol^{-1} \cdot K^{-1}$。

② 分子结构相似，相对分子质量相近的物质熵值相近，相对分子质量不同的物质（如同系物），熵值随相对分子质量的增加而增大。如 CO 和 N_2 的$S_m^\ominus$ 分别为 197.7 $J \cdot mol^{-1} \cdot K^{-1}$ 和 191.6 $J \cdot mol^{-1} \cdot K^{-1}$，气态 F_2、Cl_2、Br_2、I_2的$S_m^\ominus$ 分别为 203 $J \cdot mol^{-1} \cdot K^{-1}$、223 $J \cdot mol^{-1} \cdot K^{-1}$、245 $J \cdot mol^{-1} \cdot K^{-1}$和 261 $J \cdot mol^{-1} \cdot K^{-1}$。

③ 结构、相对分子质量都相近的，结构越复杂的物质具有更大的熵值，如 $C_2H_5OH(g)$ 和 $CH_3O\,CH_3(g)$的$S_m^\ominus$ 分别为 282.6 $J \cdot mol^{-1} \cdot K^{-1}$和 266.3 $J \cdot mol^{-1} \cdot K^{-1}$。

④ 对于同一物质而言，温度越高，熵值越大。这是因为动能随温度的升高而增大，导致微粒运动的自由度增大。例如水在 298K、400K 和 1000K 时的熵值分别为 188.7 $J \cdot mol^{-1} \cdot K^{-1}$、198.6 $J \cdot mol^{-1} \cdot K^{-1}$和 232.6 $J \cdot mol^{-1} \cdot K^{-1}$。

3.3.3 化学反应的熵变

对任一化学反应，反应前后体系的状态发生了改变，体系的熵值亦随之改变。熵和焓一样也是状态函数，只与过程的始、终态有关，而与途径无关。正如同化学反应的焓变计算一样，Hess 定律同样适用于反应熵变的计算。利用 298.15K 下参与反应各物种的标准摩尔熵可利用式（3－4）计算化学反应的标准摩尔熵变：

$$\Delta_r S_m^\ominus(298.15K) = \sum_B \upsilon_B S_m^\ominus(B, 相态, 298.15K) \tag{3-4}$$

【**例 3－1**】计算 298.15K 反应：$NH_4HCO_3(s) = CO_2(g) + NH_3(g) + H_2O(g)$ 的标准摩尔熵变。

解：由附录 3 查出 298.15K 下各反应物和产物的标准摩尔熵为

	$NH_4HCO_3(s)$	=	$CO_2(g)$	+	$NH_3(g)$	+	$H_2O(g)$
$S_m^\ominus / J \cdot mol^{-1} \cdot K^{-1}$	121		213.74		192.45		188.825

根据式(3－4)：

$$\begin{aligned}\Delta_r S_m^\ominus(298.15K) &= \sum_B \nu_B S_m^\ominus(B,相态,298.15K)\\ &= [213.74 + 192.45 + 188.825 + (-1) \times 121]\,J \cdot mol^{-1} \cdot K^{-1}\\ &= 474.15\,J \cdot mol^{-1} \cdot K^{-1}\end{aligned}$$

通过式(3－4)计算得到的标准摩尔熵变 $\Delta_r S_m^\ominus(298.15K)$，实际上是体系的熵变。对于隔离体系以外的其他体系，若要根据热力学第二定律判断化学反应进行的方向，则还需要计算环境的熵变。热力学研究结果表明，对于定温定压下进行的化学反应，环境的熵变正比于反应的焓变，反比于环境的热力学温度，即：

$$\Delta S(环境) = -\frac{\Delta H(体系)}{T} \tag{3-5}$$

事实上同时考虑体系和环境的熵变，这对化学工作者来说是不大习惯的。相对而言，他们对研究的对象——体系更感兴趣。

3.4 Gibbs 函数与自发过程

3.4.1 Gibbs 函数(变)判据

根据热力学第二定律和式(3－5)，可以得到：在定温定压条件下

$$\Delta S(总) = \Delta S(体系) - \frac{\Delta H(体系)}{T}$$

此式同时体现了“焓因素”和“熵因素”对自发过程的制约。公式乘以热力学温度的负值，得

$$-T\Delta S(总) = \Delta H(体系) - T\Delta S(体系) = \Delta H - T\Delta S \tag{3-6}$$

令 $\Delta G = -T\Delta S(总)$，则

$$\Delta G = \Delta H - T\Delta S \tag{3-7}$$

式(3－7)被称为 Gibbs 公式，Gibbs 函数定义为

$$G \equiv H - TS$$

G 又被称为 Gibbs 自由能，ΔG 为 Gibbs 函数变或 Gibbs 自由能变。Gibbs 自由能具有能量的单位，是状态函数，具有状态函数的性质，Gibbs 自由能和焓一样无法确定其绝对值，只能得到其相对值(变化值)。

根据式(3－6)和热力学第二定律可得到 Gibbs 函数(变)判据：在不做非体积功和恒温、恒压的条件下，任何自发变化总是趋于系统的 Gibbs 函数减小，即

$\Delta G < 0$，反应正向自发进行；

$\Delta G = 0$，反应处于平衡状态；

$\Delta G > 0$，反应正向非自发进行，逆向自发进行。

Gibbs 函数(变)判据的实质是热力学第二定律。对于在恒温、恒压、不做非体积功的条件

下进行的化学反应，Gibbs 自由能变可以表示为$\Delta_r G$。对于在标准态下，反应进行程度为 1mol 的反应，则其 Gibbs 自由能变可称为标准摩尔 Gibbs 函数（变），表示为$\Delta_r G_m^\ominus$。根据式(3－7)有

$$\Delta_r G_m^\ominus(\mathrm{T}) = \Delta_r H_m^\ominus(\mathrm{T}) - T\Delta_r S_m^\ominus(\mathrm{T}) \qquad (3-8)$$

式(3－8)称吉布斯－赫姆霍兹方程式，它说明化学反应的热效应只有一部分用于做有用功，而另一部分则用于维持体系的温度和增加体系的熵值，也就是说恒温恒压条件下反应的热效应不能全部用来做有用功。从能量和做功的角度来看，ΔG 是反应在恒温恒压条件下进行时可用来做非体积功的那部分能量，也就是化学反应的推动力。随反应的进行，以 $\Delta_r G_m$ 为量度的体系做功能力减小，直至达到平衡态，这个体系便不具备对外做功的能力，于是 $\Delta_r G_m = 0$。当 $\Delta_r G_m = 0$ 时，反应达到平衡态，体系的 Gibbs 自由能降低到最小值。因此，自由能判据有时也称为自由能最小原理。

需要注意的是吉布斯函数判据有三个先决条件：(1)必须为封闭体系，反应过程中系统与环境间无物质的交换，不存在反应物的加入和取出；(2)体系必须不做非体积功（或者不受外界的影响）；(3)Gibbs 判据只给出了某温度、压力条件（而且要求始终态各物质的温度、压力相等）过程进行的可能性，而不能说明其他温度、压力条件下过程进行的可能性，其原因是 Gibbs 自由能受温度影响显著。此影响可分以下四种情况讨论。

①当 $\Delta_r H_m < 0$，$\Delta_r S_m > 0$，则 $\Delta_r G_m < 0$，即该反应在任何温度下都可以正向自发进行，如 $H_2(g) + Cl_2(g) = 2HCl(g)$。

②当 $\Delta_r H_m > 0$，$\Delta_r S_m < 0$，则 $\Delta_r G_m > 0$，即该反应在任何温度下都不可能正向自发进行，如 $3O_2(g) = 2O_3(g)$。

③当 $\Delta_r H_m < 0$，$\Delta_r S_m < 0$，则该反应只有在低温下才可正向自发进行，如 $2NO(g) + O_2(g) = 2NO_2(g)$。

④当 $\Delta_r H_m > 0$，$\Delta_r S_m > 0$，则该反应只有在高温下才可正向自发进行，如 $CaCO_3(s) = CaO(s) + CO_2(g)$。

可以看出，在以上四种情况下，$\Delta_r H_m$和 $\Delta_r S_m$作用方向一致的只有(1)和(2)，而在(3)和(4)两种情况下，$\Delta_r H_m$和 $\Delta_r S_m$作用方向相反，他们对于降低自由能的贡献为低温时 $\Delta_r H_m$占主要地位；高温下 $\Delta_r S_m$占主导地位。$\Delta_r G_m$的正负值随温度的变化而发生转变，当 $\Delta_r G_m$由正值变负值或由负值变正值时总是经过平衡态($\Delta G = 0$)。如果忽略温度、压力对焓值、熵值的影响，则反应方向发生逆转的转变温度($T_{转}$)为

$$T_{转} = \frac{\Delta_r H_m^\ominus(298\mathrm{K})}{\Delta_r S_m^\ominus(298\mathrm{K})} \qquad (3-9)$$

3.4.2 标准摩尔 Gibbs 函数(变)的计算

3.4.2.1 利用标准摩尔生成 Gibbs 函数计算

与标准摩尔生成焓一样，物质 B 的标准摩尔生成 Gibbs 函数（变）$\Delta_f G_m^\ominus$(B，相态，T)被定义为：在温度 T 下，由参考状态的单质生成物质 B（相态，$\upsilon_B = +1$）时的标准摩尔 Gibbs 函数（变），单位为 $kJ \cdot mol^{-1}$。所规定的参考状态与前面讨论标准摩尔生成焓时的定义完全一致。在任何温度下，参考状态单质的标准摩尔生成 Gibbs 函数均为 0。判断溶液中某个反应能否自

发进行，需要有关离子的热力学数据，因而规定水合氢离子的标准摩尔生成吉布斯函数为零。附录3列出了常见物质在298K时的标准摩尔生成Gibbs自由能的数据。由于标准摩尔生成Gibbs自由能与物质所处的状态有关，因而查表时应注意物质的聚集状态。

Gibbs函数也是状态函数，Hess定律也适用于化学反应Gibbs函数（变）的计算，即

$$\Delta_r G_m^\ominus(298K) = \sum_B v_B \Delta_f G_m^\ominus(B,相态,298K) \quad (3-10)$$

【例3-2】 已知水煤气生产反应中各物质的标准摩尔生成Gibbs自由能变如下：

	$C(石墨)$ +	$H_2O(g)$ =	$CO(g)$ +	$H_2(g)$
$\Delta_f G_m^\ominus/kJ \cdot mol^{-1}$	0	-228.6	-137.2	0

计算标准状态、298.15K时该反应的标准摩尔反应Gibbs自由能变，并说明该条件下反应进行的可能性。

解：

$$\begin{aligned}\Delta_r G_m^\ominus(298K) &= \sum_B v_B \Delta_f G_m^\ominus(B,相态,298K)\\ &= 1\times\Delta_f G_m^\ominus(CO)+1\times\Delta_f G_m^\ominus(H_2)+(-1)\times\Delta_f G_m^\ominus(C)+(-1)\times\Delta_f G_m^\ominus(H_2O)\\ &= [-137.2-(-228.6)]kJ\cdot mol^{-1}\\ &= 91.4kJ\cdot mol^{-1}\end{aligned}$$

由于标准摩尔反应Gibbs函数变$\Delta_r G_m^\ominus(298K)$大于零，根据Gibbs函数判据该反应在298.15K时不能正向自发进行。事实上，水煤气的实际生产是在高温条件下进行。

3.4.2.2 利用标准摩尔焓变和标准摩尔熵变计算

由于温度对焓变和熵变的影响较小，通常可近似认为焓变和熵变与温度无关，即$\Delta_r H_m^\ominus(T) \approx \Delta_r H_m^\ominus(298.15K)$，$\Delta_r S_m^\ominus(T) \approx \Delta_r S_m^\ominus(298.15K)$。根据式(3-8)有

$$\begin{aligned}\Delta_r G_m^\ominus(T) &= \Delta_r H_m^\ominus(T) - T\Delta_r S_m^\ominus(T)\\ &\approx \Delta_r H_m^\ominus(298K) - T\Delta_r S_m^\ominus(298K)\end{aligned} \quad (3-11)$$

【例3-3】 (1)在298.15 K、标准压力下，赤铁矿能否转化为磁铁矿？(2)在1000K、标准压力下，赤铁矿能否转化为磁铁矿？(3)在标准压力、何温度下赤铁矿能转化为磁铁矿？

解：赤铁矿转化为磁铁矿的化学计量方程式及相关数据如下：

	$6Fe_2O_3(s)$ =	$4Fe_3O_4(s)$ +	$O_2(g)$
$\Delta_f G_m^\ominus/kJ\cdot mol^{-1}$	-742.2	-1015.4	0
$\Delta_f H_m^\ominus/kJ\cdot mol^{-1}$	-824.2	-1118.4	0
$S_m^\ominus/J\cdot mol^{-1}\cdot K^{-1}$	87.4	146.4	205.2

(1) $$\begin{aligned}\Delta_r G_m^\ominus(298K) &= \sum_B v_B \Delta_f G_m^\ominus(B,相态,298K)\\ &= [4\times(-1015.4)+(-6)\times(-742.2)]kJ\cdot mol^{-1}\\ &= 391.6kJ\cdot mol^{-1}\end{aligned}$$

由于$\Delta_r G_m^\ominus(298K)>0$，故在298.15 K、标准压力下，赤铁矿不能自发的转化为磁铁矿。

(2) $$\begin{aligned}\Delta_r H_m^\ominus(298K) &= \sum_B v_B \Delta_f H_m^\ominus(B,相态,298K)\\ &= [4\times(-1118.4)+(-6)\times(-824.2)]kJ\cdot mol^{-1}\\ &= 471.6kJ\cdot mol^{-1}\end{aligned}$$

$$\Delta_r S_m^{\ominus}(298K) = \sum_B v_B S_m^{\ominus}(B,相态,298K)$$
$$= [4 \times 146.4 + 1 \times 205.2 + (-6) \times 87.4] J \cdot mol^{-1} \cdot K^{-1}$$
$$= 266.4 J \cdot mol^{-1} \cdot K^{-1}$$

忽略温度对焓变和熵变的影响,则有

$$\Delta_r G_m^{\ominus}(1000K) \approx \Delta_r H_m^{\ominus}(298K) - T\Delta_r S_{mm}^{\ominus}(298K)$$
$$= [471.6 - 1000 \times 266.4 \times 10^{-3}] kJ \cdot mol^{-1}$$
$$= 205.2 kJ \cdot mol^{-1}$$

由于 $\Delta_r G_m^{\ominus}(1000K) > 0$,故在1000K、标准压力下,赤铁矿也不能自发的转化为磁铁矿。

(3)根据 $\Delta_r G_m^{\ominus}(1000K) \approx \Delta_r H_m^{\ominus}(298K) - T\Delta_r S_{mm}^{\ominus}(298K)$,当 $\Delta_r G_m^{\ominus}(1000K) = 0$ 时

$$T \approx \frac{\Delta_r H_m^{\ominus}(298K)}{\Delta_r S_m^{\ominus}(298K)} = \frac{471.6 \times 10^3}{266.4} K = 1770K$$

因此,在标准压力、温度大于1770K时赤铁矿能转化为磁铁矿。

3.4.3 非标准态摩尔 Gibbs 函数(变)的计算

标准摩尔吉布斯函数变 $\Delta_r G_m^{\ominus}(T)$ 只能用于特定温度、标准状态下化学反应进行方向的判断。而实际应用中,反应混合物很少处于相应的标准态,而且反应进行时,气体物质的分压和溶液中溶质的浓度均处于不断的变化中。因此,掌握和计算任意条件下化学反应的摩尔吉布斯函数变 $\Delta_r G_m(T)$,并通过 Gibbs 函数判据判断反应进行的方向是十分重要的。

3.4.3.1 分压及分压定律

若气体分子可假设成几何上的一个点,且气体分子只有位置而本身不占体积,同时气体分子间没有相互作用力,该假想的气体被定义为理想气体。事实上,一切气体分子本身都占有一定的体积,而且分子间存在相互作用力,所以理想气体只不过是一种抽象,是实际气体的一种极限情况。低压、高温下实际气体的性质非常接近于理想气体。当气体的体积很大(压力很小),而且大大超过分子本身的体积时,分子本身的体积可以忽略不计;当气体分子与分子之间的距离较大时,分子与分子之间的相互吸引力与气体分子本身的能量相比,亦可忽略不计。因此,这种情况下的实际气体可看成为理想气体。

对于一定物质的量的理想气体,温度、压力和体积之间存在式(3-12)所示的关系:

$$pV = nRT \tag{3-12}$$

式(3-12)中 p 为理想气体的压力,单位为 Pa;V 为理想气体的体积,单位为 m^3;n 为理想气体物质的量,单位为 mol;T 为理想气体的温度,单位为 K;R 为理想气体常数,数值为 8.314 $Pa \cdot m^3 \cdot mol^{-1} \cdot K^{-1}$。

实际工况中遇到的气体大多是混合气体,如空气是氮气、氧气及惰性气体等组成的气体混合物。若该混合气体满足理想气体的假定条件,则该混合气体可看为理想混合气体,其温度、压力和体积之间依然存在如式(3-12)所示的关系。

组成混合气体的每一种气体称为组分气体,组分气体在混合气体所处温度条件下单独占有整个混合气体的容积时所呈现的压力称为该组分气体的分压。混合气体的总压力等于各组分气体分压的代数和,即

$$p_{总} = p_1 + p_2 + p_3 + \cdots = \sum_i p_i$$

根据理想气体状态方程有

$$p_{总}V = (p_1 + p_2 + p_3 + \cdots)V = (n_1 + n_2 + n_3 + \cdots)RT$$

即

$$p_{总}V = n_{总}RT$$

由于

$$p_1V = n_1RT \qquad p_2V = n_2RT \quad \cdots$$

因此

$$\frac{p_1}{p_{总}} = \frac{n_1}{n_{总}} \qquad \frac{p_2}{p_{总}} = \frac{n_2}{n_{总}} \quad \cdots$$

令 $\frac{n_i}{n_{总}} = x_i$，x_i 为物质的量的分数，则

$$p_i = x_i p_{总} \tag{3-13}$$

式(3－13)称为分压定律，是 Dalton 在 1807 年提出来的，所以也称 Dalton(道尔顿)分压定律。

3.4.3.2 反应商

对任一化学反应，参与反应的各物种有可能处于标准态也可能偏离标准态。实际状态对标准态的偏离程度可近似地用相对浓度或相对压力来描述。对于任一物质，若其实际浓度或压力(仅用于气体，因为凝聚态物质受压力的影响很小)为 c_i 或 p_i，则相对浓度或相对压力分别为 $c_i/c^{\ominus}$ 或 $p_i/p^{\ominus}$。相对浓度或相对压力是一个量纲为一的量，它描述了物质所处的实际状态与标准态的偏离程度，相对浓度或相对压力的值越接近 1，说明该物质所处的状态越接近标准态。

对于任一实际反应

$$a\text{A(g)} + b\text{B(aq)} \rightleftharpoons x\text{X(g)} + y\text{Y(aq)}$$

则 $(p_i(\text{X})/p^{\ominus})^x \times (c_i(\text{Y})/c^{\ominus})^y$ 和 $(p_i(\text{A})/p^{\ominus})^a \times (c_i(\text{B})/c^{\ominus})^b$ 分别描述了实际状态下反应物和产物偏离标准状态的程度。因此，在特定温度下，当可逆反应进行到任意时刻 i 时，各物质的相对浓度或相对压力以其化学计量数为幂次的乘积就描述了 i 时刻反应所处状态与标准态的偏离程度，即

$$Q = (p_i(\text{X})/p^{\ominus})^x (c_i(\text{Y})/c^{\ominus})^y (p_i(\text{A})/p^{\ominus})^{-a} (c_i(\text{B})/c^{\ominus})^{-b}$$

或

$$Q = \frac{(p_i(\text{X})/p^{\ominus})^x (c_i(\text{Y})/c^{\ominus})^y}{(p_i(\text{A})/p^{\ominus})^a (c_i(\text{B})/c^{\ominus})^b} \tag{3-14}$$

式(3－14)中的 p_i 和 c_i 是参与反应的各物种在任意时刻(i)的实际压力或实际浓度，Q 为化学反应的反应商。需要注意的是：

(1)在反应商的表达式中，气态物质以相对分压表示，溶液中的溶质以相对浓度表示，对纯固体或纯液体的浓度则不包括在表达式中，如任一多相反应

$$a\text{A(g)} + b\text{B(aq)} + c\text{C(s)} \rightleftharpoons x\text{X(g)} + y\text{Y(aq)} + z\text{Z(l)}$$

其反应商的表达式依然为式(3－14)，表达式中不出现 C 和 Z 物质。

(2)反应商的表达式必须与具体的反应计量方程式相对应。同一化学反应以不同的计量方程表达时，反应商的表达式、数值均不相同。例如，合成氨反应：

$$N_2(g) + 3H_2(g) \rightleftharpoons 2NH_3(g)$$

$$Q_1 = \frac{(p(NH_3)/p^{\ominus})^2}{(p(N_2)/p^{\ominus})(p(H_2)/p^{\ominus})^3}$$

$$\frac{1}{2}N_2(g) + \frac{3}{2}H_2(g) \rightleftharpoons NH_3(g)$$

$$Q_2 = \frac{p(NH_3)/p^{\ominus}}{(p(N_2)/p^{\ominus})^{\frac{1}{2}}(p(H_2)/p^{\ominus})^{\frac{3}{2}}}$$

3.4.3.3　范特霍夫等温式

对于任意状态的化学反应

$$aA(g) + bB(aq) + cC(s) \rightleftharpoons xX(g) + yY(aq) + zZ(l)$$

假设其可按图 3.1 所示的途径进行。

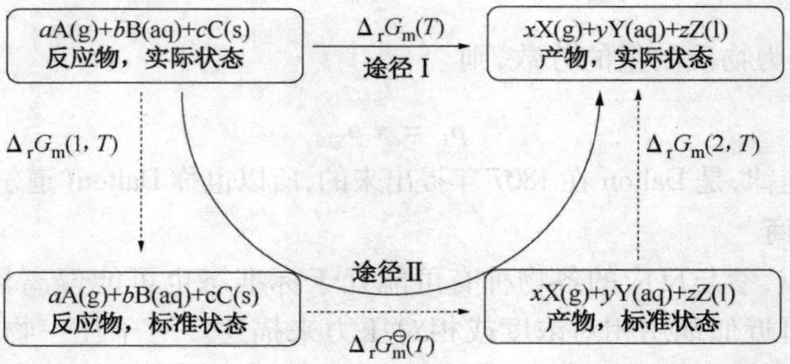

图 3.1　任意条件下化学反应的摩尔吉布斯函数变

根据状态函数的性质可得：

$$\Delta_r G_m(T) = \Delta_r G_m^{\ominus}(T) + \Delta_r G_m(1,T) + \Delta_r G_m(2,T)$$

其中，$\Delta_r G_m^{\ominus}(T)$ 是化学反应在 T 温度下的标准摩尔吉布斯函数变；而 $\Delta_r G_m(1,T)$ 和 $\Delta_r G_m(2,T)$ 则代表了反应物和产物偏离标准态所引起的摩尔吉布斯函数变，其改变值与反应商具有确定的联系。范特霍夫通过等温箱模拟了图 3.1 给出的过程，得到了在恒温恒压、任意状态下化学反应的 $\Delta_r G_m(T)$ 和 $\Delta_r G_m^{\ominus}(T)$ 的关系为

$$\Delta_r G_m(T) = \Delta_r G_m^{\ominus}(T) + RT\ln Q \qquad (3-15)$$

式(3-15)即为范特霍夫等温式，式中 $\Delta_r G_m(T)$ 和 $\Delta_r G_m^{\ominus}(T)$ 分别为反应在实际状态和标准态时的摩尔吉布斯函数变，Q 是反应商，T 为反应的温度，R 为理想气体常数。可见，利用式(3-15)便可计算任意条件下化学反应的摩尔吉布斯函数变，并可根据 Gibbs 函数判据判断化学反应进行的方向。

【例 3-4】　某合成氨塔入口气体组成为 $\varphi(H_2) = 72.0\%$，$\varphi(N_2) = 24.0\%$，$\varphi(NH_3) = 3.0\%$，$\varphi(Ar) = 1.0\%$。请计算合成氨：(1) 在标准压力、673 K 下能否自发进行？(2) 在 12.0MPa、673 K 的条件下能否自发进行？

解：查阅附录 3，合成氨反应各物质在 298K 时的热力学数据如下

	$3H_2(g)$	$+ N_2(g)$	$= 2NH_3(g)$
$\Delta_f H_m^{\ominus}/kJ \cdot mol^{-1}$	0	0	-46
$S_m^{\ominus}/J \cdot mol^{-1} \cdot K^{-1}$	131	192	193

(1) $\Delta_r H_m^{\ominus}(298K) = \sum_B v_B \Delta_f H_m^{\ominus}(B,\text{相态},298K)$

$= [2 \times (-46)] kJ \cdot mol^{-1}$

$= -92 kJ \cdot mol^{-1}$

$\Delta_r S_m^{\ominus}(298K) = \sum_B v_B S_m^{\ominus}(B,\text{相态},298K)$

$$= [2 \times 193 + (-3) \times 131 + (-1) \times 192]\,J \cdot mol^{-1} \cdot K^{-1}$$
$$= -199 J \cdot mol^{-1} \cdot K^{-1}$$

忽略温度对焓变和熵变的影响,则有

$$\Delta_r G_m^{\ominus}(673K) \approx \Delta_r H_m^{\ominus}(298K) - T\Delta_r S_{mm}^{\ominus}(298K)$$
$$= [(-92) - 673 \times (-199) \times 10^{-3}]\,kJ \cdot mol^{-1}$$
$$= 41.9 kJ \cdot mol^{-1}$$

可见该反应为放热、熵减的反应,应在低温条件下进行。温度升高,Gibbs 增大,不利于氨的合成。由于 $\Delta_r G_m^{\ominus}(673K) > 0$,故在 673K、标准压力下,合成氨不能自发进行。

(2)入口气体总压力 12.0MPa,则

$$Q = \frac{(p(NH_3)/p^{\ominus})^2}{(p(N_2)/p^{\ominus})(p(H_2)/p^{\ominus})^3}$$
$$= \frac{(12.0 \times 10^3 \times 0.030/100)^2}{(12.0 \times 10^3 \times 0.720/100)^3 \times (12.0 \times 10^3 \times 0.240/100)}$$
$$= 6.98 \times 10^{-7}$$

$$\Delta_r G_m(673\ K) = \Delta_r G_m^{\ominus}(673\ K) + RT\ln Q$$
$$= [41.9 + 8.314 \times 673 \times 10^{-3} \times \ln(6.98 \times 10^{-7})]\,kJ \cdot mol^{-1}$$
$$= -37.4 kJ \cdot mol^{-1}$$

在 12.0MPa、673 K 的条件下,$\Delta_r G_m(673K) < 0$,因此反应可自发进行。

3.4.4 几种热力学函数间的关系

前述内容已介绍了焓(H)、熵(S)和吉布斯自由能(G)等状态函数,其化学反应过程的标准摩尔焓变($\Delta_r H_m^{\ominus}$)、标准摩尔熵变($\Delta_r S_m^{\ominus}$)标准摩尔吉布斯自由能变($\Delta_r G_m^{\ominus}$)可通过生成反应的相对热力学数据($\Delta_f H_m^{\ominus}$ 和 $\Delta_f G_m^{\ominus}$)和标准摩尔熵($S_m^{\ominus}$)来进行计算。这些热力学数据之间存在本质上的区别,但可通过图 3.2 的关系式建立起数值上的联系。

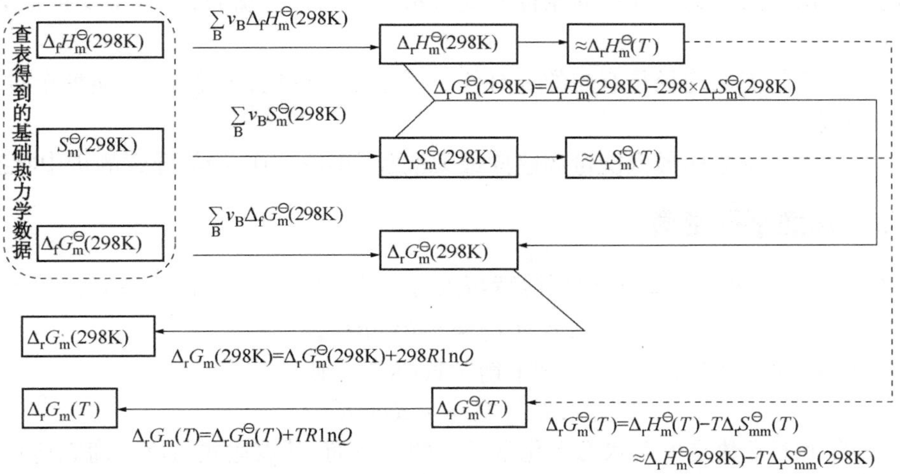

图 3.2 几种热力学函数间的关系

第4章　化学反应的现实性

在研究化学反应的过程中，除了预测化学反应的方向外，研究化学反应进行的限度和速率是至关重要的。也就说，只有对由反应物向产物转化是可能的反应，才有可能改变或者控制外界条件，使其以一定的速率达到反应的最大限度（化学平衡）。但化学反应的可能性和化学反应进行的限度是热力学研究的内容，而反应实际上能否发生、达到平衡状态需要多长时间则是化学动力学研究的范畴。如：

$$2\,NO_2(g) \rightleftharpoons N_2O_4(g) \qquad \Delta_r G_m^{\ominus}(298K) = -2.8kJ \cdot mol^{-1}$$

该反应自发进行的趋势和平衡转化率均很小，但实际上此反应的速率相当快，实现平衡需要较短的时间。

4.1　化学反应的程度及其转化率的提高

4.1.1　平衡状态

对于任一化学反应，当其进行到最大限度，若不改变外界条件，该体系的状态就会无期限的保持下去，这种相对稳定的状态就是平衡状态，即 $\Delta G = 0$ 的状态。相对于 $\Delta G = 0$ 的状态，$\Delta G < 0$ 和 $\Delta G > 0$ 的状态都是不稳定的，都会自发的转化为 $\Delta G = 0$ 的状态，即任何系统都有向平衡状态接近的趋势。对于包括化学平衡在内的所有平衡系统具有以下四个特征：

(1)平衡是动态的。系统各组分无期限保持恒定的事实意味着反应朝正、逆两个方向进行的速率相等。

(2)趋向平衡是自发的。在外界条件改变后系统会离开平衡态，一旦平衡被破坏，系统会自发地回到平衡态。

(3)达到平衡状态的途径是双向的。对任一可逆化学反应，无论从正、逆那个方向都能到达同一平衡状态。

(4)平衡态是系统趋向最低能量和趋向最大混乱度两种相反趋势导致的折中状态。

4.1.2　标准平衡常数

对于处于平衡态的化学反应，根据范特霍夫等温式（式3-15），由于 $\Delta_r G_m(T) = 0$，则

$$\Delta_r G_m^{\ominus}(T) = -RT\ln Q_{平衡}$$

将平衡状态下特定的反应商定义为标准平衡常数（$K^{\ominus}$），则

$$\Delta_r G_m^{\ominus}(T) = -RT\ln K^{\ominus} \qquad (4-1)$$

可见，标准平衡常数是平衡状态下化学反应的反应商，其表达式与反应商表达式在形式上无任何区别，只不过代入表达式的是平衡时刻的浓度、压力的数值。也正是由于二者在表达式形式上的相同，导致标准平衡常数表达式也与反应计量方程式的书写形式相关。

由于 $\Delta_r G_m^{\ominus}(T) = -RT\ln K^{\ominus}$，而 ΔG 受温度影响较大，因此标准平衡常数是温度的函数。对于确定的化学反应，在特定温度下，$K^{\ominus}$ 是一个常数［式(4-1)中 $\Delta_r G_m^{\ominus}(T)$、$R$、$T$ 都是定值］，

是一个量纲一的量(无量纲);当温度改变时,将 $\Delta_r G_m^\ominus(T) = \Delta_r H_m^\ominus(T) - T\Delta_r S_m^\ominus(T)$ 代入式(4-1),则

$$\Delta_r H_m^\ominus(T) - T\Delta_r S_m^\ominus(T) = -RT\ln K^\ominus(T)$$

$$\ln K^\ominus(T) = -\frac{\Delta_r H_m^\ominus(T)}{RT} + \frac{\Delta_r S_m^\ominus(T)}{R}$$

忽略 $\Delta_r H_m^\ominus$、$\Delta_r S_m^\ominus$ 受温度的影响,则

$$\ln K^\ominus(T) = -\frac{\Delta_r H_m^\ominus(298\text{K})}{RT} + \frac{\Delta_r S_m^\ominus(298\text{K})}{R} \tag{4-2}$$

令 $a = -\frac{\Delta_r H_m^\ominus(298\text{K})}{R}$,$b = \frac{\Delta_r S_m^\ominus(298\text{K})}{R}$,则

$$\ln K^\ominus = a\frac{1}{T} + b \tag{4-3}$$

可见,$\ln K^\ominus$ 与 1/T 呈直线关系,直线的斜率为 $-\Delta_r H_m^\ominus/R$,截距为 $\Delta_r S_m^\ominus/R$。当温度由 T_1 升温到 T_2 时,标准平衡常数 $K_1^\ominus$ 和 $K_1^\ominus$ 之间的关系为

$$\ln\frac{K_2^\ominus}{K_1^\ominus} = \frac{\Delta_r H_m^\ominus}{R}\left(\frac{1}{T_1} - \frac{1}{T_2}\right) \tag{4-4}$$

当多个反应方程式的线性组合可以得到一个总反应方程式时,根据式(4-1)有

(1) A + B = C + D　　$\Delta_r G_m^\ominus(1) = -RT\ln K_1^\ominus$

(2) C + D = E + F　　$\Delta_r G_m^\ominus(2) = -RT\ln K_2^\ominus$

则式 $A + B = E + F$ 的标准平衡常数为

$$\Delta_r G_m^\ominus(1) + \Delta_r G_m^\ominus(2) = \Delta_r G_m^\ominus(3)$$

$$K_1^\ominus \times K_2^\ominus = K_3^\ominus$$

即:如果多个反应的计量式经过线性组合得到一个总的化学反应计量式,则总反应的标准平衡常数等于各反应的平准平衡常数之积或商,此结论被称为多重平衡原理。

4.1.3 常见的标准平衡常数

4.1.3.1 水的解离平衡常数

在纯水中,水分子、水合氢离子和氢氧根离子总是处于平衡状态,其自身解离平衡及平衡常数表达式为

$$H_2O(l) + H_2O(l) = H_3O^+ + OH^-$$

$$K^\ominus = c(H_3O^+)/c^\ominus \times c(OH^-)/c^\ominus$$

通常简写为

$$K_w^\ominus = c(H_3O^+) \times c(OH^-)$$

$K_w^\ominus$ 被称为水的离子积常数。298K 时,$K_w^\ominus = 1.0 \times 10^{-14}$。

4.1.3.2 弱酸碱的解离平衡常数

弱酸、碱在水溶液中存在解离反应。当其解离达到平衡时同样具有特征的平衡常数。

对于一元弱酸 HA,当其解离达到平衡时:

$$HA + H_2O \rightleftharpoons H_3O^+ + A^-$$

$$K^\ominus = \frac{c(H_3O^+) \times c(A^-)}{c(HA)}$$

此时,标准平衡常数表示弱酸 HA 的解离平衡,因此被称为弱酸 HA 的解离常数或酸常数,一般用 $K_a^\ominus$(HA) 表示。

对于一元弱碱 B, 当其解离达到平衡时:

$$B + H_2O \rightleftharpoons HB + OH^-$$

$$K^\ominus = \frac{c(HB) \times c(OH^-)}{c(B)}$$

此时的标准平衡常数特征的表示弱碱 B 的解离平衡,因此被称为弱碱 B 的解离常数或碱常数,一般用 $K_b^\ominus$(B) 表示。

由于一元酸碱的解离是一步完成的,而多元酸碱的解离过程是分步进行的。因此,多元酸碱的每一步解离均可按照一元酸碱的解离平衡对待,其每一步解离均具有相应的解离常数,如 $K_{a1}^\ominus(H_2CO_3)$ 和 $K_{a2}^\ominus(H_2CO_3)$ 分别为碳酸的一级、二级解离常数。

298.15K 时,一些常见弱酸、弱碱的标准解离平衡常数见附录 2。

4.1.3.3 沉淀 - 溶解平衡的标准平衡常数

任何难溶电解质的溶解和沉淀过程都是可逆的。在一定条件下,当难溶电解质的溶解和沉淀速率相等时,便可建立一种动态的多相离子平衡。如:

$$BaSO_4(s) \underset{沉淀}{\overset{溶解}{\rightleftharpoons}} Ba^{2+}(aq) + SO_4^{2-}(aq)$$

$$K^\ominus = c(Ba^{2+}) \times c(SO_4^{2-})$$

该沉淀 - 溶解平衡的标准平衡常数被称为沉淀 - 溶解平衡的溶度积常数,简称为溶度积,一般用 $K_{sp}^\ominus$ 表示。常见难溶电解质在 298K 时的溶度积常数见附录 4。

4.1.3.4 配位平衡的标准平衡常数

化学平衡的一般原理同样适用于配位平衡。配离子在水溶液中像弱电解质一样能逐步结合或解离出其组成组分。以 $[Ag(NH_3)_2]^+$ 为例讨论其生成和解离过程。在其生成过程中:

$$Ag^+(aq) + NH_3(aq) \rightleftharpoons [Ag(NH_3)]^+(aq) \qquad K_{f1}^\ominus = \frac{c\{[Ag(NH_3)]^+\}}{c(Ag^+)c(NH_3)}$$

$$[Ag(NH_3)]^+ + NH_3(aq) \rightleftharpoons [Ag(NH_3)_2]^+(aq) \qquad K_{f2}^\ominus = \frac{c\{[Ag(NH_3)_2]^+\}}{c(NH_3)c\{[Ag(NH_3)]^+\}}$$

总的生成反应为

$$Ag^+ + 2NH_3(aq) \rightleftharpoons [Ag(NH_3)_2]^+(aq) \qquad K_f^\ominus = \frac{c\{[Ag(NH_3)_2]^+\}}{c(Ag^+)c\{(NH_3)\}^2}$$

其中 $K_{f1}^\ominus$ 和 $K_{f2}^\ominus$ 为 $[Ag(NH_3)_2]^+$ 的分步生成平衡常数, $K_f^\ominus$ 为 $[Ag(NH_3)_2]^+$ 总的生成平衡常数,亦称为稳定常数。根据多重平衡原理有:

$$K_f^\ominus = K_{f1}^\ominus \times K_{f2}^\ominus$$

同样,对于生成反应的逆反应:

$$[Ag(NH_3)_2]^+(aq) \rightleftharpoons NH_3(aq) + [Ag(NH_3)]^+(aq) \quad K_{d1}^\ominus = \frac{c(NH_3) \times c\{[Ag(NH_3)]^+\}}{c\{[Ag(NH_3)_2]^+\}}$$

$$[Ag(NH_3)]^+(aq) \rightleftharpoons NH_3(aq) + Ag^+(aq) \quad K_{d2}^\ominus = \frac{c(NH_3) \times c(Ag^+)}{c\{[Ag(NH_3)]^+\}}$$

总的解离反应：

$$[Ag(NH_3)_2]^+(aq) \rightleftharpoons 2NH_3(aq) + Ag^+(aq) \quad K_{d2}^{\ominus} = \frac{c(NH_3)^2 \times c(Ag^+)}{c\{[Ag(NH_3)_2]^+\}}$$

其中，$K_{d1}^{\ominus}$ 和 $K_{d2}^{\ominus}$ 为$[Ag(NH_3)_2]^+$的分步解离平衡常数，$K_{d}^{\ominus}$ 为$[Ag(NH_3)_2]^+$总的解离平衡常数，亦称为不稳定常数。

常见配离子的稳定常数、不稳定常数数据见附录 6。

4.1.4 标准平衡常数的应用

化学反应的标准平衡常数是表明反应系统处于平衡状态的一种数量标志，利用标准平衡常数可以判断反应程度（限度）、预测反应方向和计算平衡组成。

4.1.4.1 判断反应程度

在一定条件下，化学反应达到平衡状态时，平衡组成不再改变，即在该条件下反应物向产物转化达到了最大限度。若该反应的平衡常数很大，其表达式的分子（产物的相对浓度或相对压力）比分母（反应物的相对浓度或压力）要大很多，这表明大部分反应物转换为产物，反应进行得比较完全。反之，若反应的平衡常数很小，则说明反应进行得很不完全，正向进行的程度很小。

在工业上常用平衡转化率 α 来衡量反应进行的程度。某物质 B 的平衡转化率 $\alpha(B)$ 被定义为

$$\alpha(B) = \frac{n_0(B) - n_{eq}(B)}{n_0(B)} \tag{4-5}$$

式(4-5)中 $n_0(B)$ 和 $n_{eq}(B)$ 分别为反应开始时和平衡时物质 B 的物质的量。标准平衡常数越大，往往 $\alpha(B)$ 也越大。

4.1.4.2 预测反应方向

由于

$$\Delta_r G_m(T) = \Delta_r G_m^{\ominus}(T) + RT\ln Q$$

将 $\Delta_r G_m^{\ominus}(T) = -RT\ln K^{\ominus}$ 代入，则

$$\Delta_r G_m(T) = RT\ln \frac{Q}{K^{\ominus}} \tag{4-6}$$

式(4-6)是范特霍夫规则的另一种表达方式，该式表明了反应商和标准平衡常数的相对大小对反应方向的影响。当 $Q < K^{\ominus}$ 时，产物的相对浓度或压力比平衡时小，相应正反应的速率大于逆反应的速率，反应的主导方向是正向进行，$\Delta_r G_m < 0$；当 $Q > K^{\ominus}$ 时，产物的相对浓度或压力比平衡时大，反应的主导方向是逆向进行，$\Delta_r G_m > 0$；当 $Q = K^{\ominus}$ 时，$\Delta_r G_m = 0$，反应处于平衡态。此即化学反应进行方向的反应商判据。对照反应商判据和 Gibbs 自由能判据，可总结为

$Q < K^{\ominus}$，$\Delta_r G_m < 0$，反应正向自发进行

$Q = K^{\ominus}$，$\Delta_r G_m = 0$，反应处于平衡态

$Q > K^{\ominus}$，$\Delta_r G_m > 0$，反应逆向自发进行

4.1.4.3 计算平衡组成

若已知系统的开始组成，利用标准平衡常数即可计算出平衡时系统的组成。反而言之，若能够测定某温度下平衡时各组分的浓度或分压，就能很容易的计算出反应的标准平

衡常数。

【例 4-1】 光气($COCl_2$,亦称为碳酰氯、氯代甲酰氯),是一种重要的有机中间体,在农药、医药、工程塑料、聚氨酯材料以及军事上都有重要的用途,可由 CO 和 Cl_2反应制得:

$$CO(g) + Cl_2(g) \rightleftharpoons COCl_2(g),\ K^{\ominus}(373K) = 1.5 \times 10^8$$

若该反应在定温定容条件下进行,且开始时 $c_0(CO) = 0.0350 mol \cdot L^{-1}$, $c_0(Cl_2) = 0.0270 mol \cdot L^{-1}$, $c_0(COCl_2) = 0$。试计算 373K 达到平衡时各物种的分压及 CO 的平衡转化率。

解:由于反应在定温定压条件下进行,压力的变化正比于物质量的变化,所以可以直接由开始的分压减去转化了的分压而得到平衡时的分压。因此,由开始各组分的浓度计算相应分压:

$$p_0(CO) = c(CO)RT = (0.0350 \times 8.314 \times 373) kPa = 108.5 kPa$$

$$p_0(Cl_2) = c(Cl_2)RT = (0.0270 \times 8.314 \times 373) kPa = 83.7 kPa$$

由于该反应的标准平衡常数很大,而且反应中 CO 过量,因此可推测反应进行的很完全,因此可假设 Cl_2完全转化为 $COCl_2$,并将完全反应后各物种的分压作为初始分压。假设 $COCl_2$分解的分压力为 xkPa,则:

	$CO(g)$	$+ Cl_2(g)$	$\rightleftharpoons COCl_2(g)$
开始浓度/($mol \cdot L^{-1}$)	0.0350	0.0270	0
开始分压/kPa	108.5	83.7	0
反应后的分压/kPa	24.8	0	83.7
平衡分压/kPa	$24.8 + x$	x	$83.7 - x$

$$K^{\ominus} = \frac{p(COCl_2)/p^{\ominus}}{[p(CO)/p^{\ominus}][p(Cl_2)/p^{\ominus}]}$$

$$1.5 \times 10^8 = \frac{\frac{83.7 - x}{100}}{\frac{24.8 + x}{100} \times \frac{x}{100}}$$

标准平衡常数很大,估计逆向分解的 x 很小,假设 $24.8 + x \approx 24.8$, $83.7 - x \approx 83.7$,计算得到

$$x = 2.3 \times 10^{-6}$$

即平衡时 $p(CO) = 24.8 kPa$, $p(Cl_2) = 2.3 \times 10^{-6} kPa$, $p(COCl_2) = 83.7 kPa$

$$\alpha(CO) = \frac{p_0 - p_{eq}}{p_0} = \frac{108.5 - 24.8}{108.5} \times 100\% = 77.1\%$$

4.1.5 化学平衡的移动及其应用

化学平衡是一种有条件的动态平衡,当维持平衡的外界条件发生改变,原来的平衡状态就会被破坏,反应得以继续进行直至新的平衡建立。这种受外界条件的影响而使化学反应从一种平衡态转变为另一种平衡态的过程称为化学平衡的移动。影响化学平衡的外界因素有压力、浓度、温度。

4.1.5.1 浓度对化学平衡的影响

对于任意化学反应,达到平衡时 $Q = K^{\ominus}$。在温度不变的情况下,改变系统内物质的浓度,反应商 Q 随之改变,导致 $Q \neq K^{\ominus}$,平衡发生移动,平衡移动的方向由 Q 和 $K^{\ominus}$ 的相对大

小(反应商规则)决定。工业上常利用浓度对化学平衡的这种影响,采取增加廉价、易获得原料的用量来提高另一反应物的转化率,或采用从反应体系分离产物的办法来提高体系转化率。例如,在合成氨工业中,可采取增加 N_2 的用量以提高 H_2 的转化率。

4.1.5.2 压力对化学平衡的影响

压力对液相、固相反应的平衡影响不大,但对于有气体参与的反应影响较大。若在恒温、恒容条件下改变某一或多种反应物的分压(即部分物种的分压),其对平衡的影响与浓度对平衡的影响完全一致。若在恒温、恒容条件下引入与反应体系无关的气体(不参加反应的气体),气体的引入对平衡无影响。若在恒温、恒压条件下引入与反应体系无关的气体,则此气体的引入使反应体积增大,导致各组分气体的分压减小,化学平衡朝气体分子数增加的方向移动。若改变反应的总压力,针对反应方程式两边气体分子数目的情况,影响不尽相同,如对可逆反应:

$$a\mathrm{A}(\mathrm{g}) + b\mathrm{B}(\mathrm{g}) \rightleftharpoons y\mathrm{Y}(\mathrm{g}) + z\mathrm{Z}(\mathrm{g})$$

在恒温条件下将体系的总压力增加到原来的 $x(x\neq 0,)$ 倍,则:

$$Q = \frac{\{xp(\mathrm{Y})/p^{\ominus}\}^{y}\ \{xp(\mathrm{Z})/p^{\ominus}\}^{z}}{\{xp(\mathrm{A})/p^{\ominus}\}^{a}\ \{xp(\mathrm{B})/p^{\ominus}\}^{b}} = x^{\Sigma v_{\mathrm{B}}}K^{\ominus} \qquad (4-7)$$

由式(4-7)可见:(1)对气体分子数增加的反应($\Sigma v_B>0$),增大压力($x>1$),$Q>K^{\ominus}$,平衡逆向移动(向气体分子数减小的方向移动);减小压力($x<1$),$Q<K^{\ominus}$,平衡正向移动(向气体分子数增加的方向移动);(2)对气体分子数减小的反应($\Sigma v_B<0$),当 $x>1$ 时,平衡正向移动;当 $x<1$ 时,$Q>K^{\ominus}$,平衡逆向移动;(3)对于反应前后气体分子数不变的反应($\Sigma v_B=0$),$Q=K^{\ominus}$,平衡不发生移动。

4.1.5.3 温度对平衡移动的影响

温度对化学平衡的影响与浓度、压力两个因素有本质的区别,温度对化学平衡的影响是通过改变标准平衡常数而使平衡发生移动的。根据式(4-4)

$$\ln\frac{K_2^{\ominus}}{K_1^{\ominus}} = \frac{\Delta_r H_m^{\ominus}}{R}\left(\frac{1}{T_1}-\frac{1}{T_2}\right)$$

(1)对于放热反应($\Delta_r H_m^{\ominus}<0$),升高温度($T_2>T_1$)时,$K_2^{\ominus}<K_1^{\ominus}$,$Q>K^{\ominus}$,平衡逆向移动(吸热方向);(2)对于吸热反应($\Delta_r H_m^{\ominus}>0$),升高温度($T_2>T_1$)时,$K_2^{\ominus}>K_1^{\ominus}$,$Q<K^{\ominus}$,平衡正向移动(吸热方向)。即升高温度,平衡向吸热反应方向移动。同样分析可得到降低温度,平衡向放热反应方向移动。

4.1.5.4 催化剂和化学平衡

对于任一确定的可逆反应来说,由于反应前后催化剂的组成、质量不变,因此无论是否使用催化剂,反应的始、终态均相同,即反应的标准吉布斯函数变 $\Delta_r G_m^{\ominus}$ 相等。根据 $\Delta_r G_m^{\ominus}(T) = -RT\ln K^{\ominus}$,在一定温度下,$K^{\ominus}(T)$ 也不变,说明催化剂不会影响化学平衡状态。虽然催化剂不影响化学的平衡态,但催化剂的加入可在不改变温度的条件下改变反应达到平衡的时间,这在工业上无疑是有利于提高生产效率的。

综合浓度、压力、温度对化学平衡的影响,1884 年法国化学家 Le Châtelier 在大量实验的基础上归纳总结了一条关于平衡移动的普遍规律:当体系达到平衡后,若改变平衡状态的任一条件(浓度、压力、温度),平衡就向着能减弱其改变的方向移动。此规律称为 Le Châtelier 原理,不仅适用于化学平衡体系,同时也适用于物理平衡体系。

4.2 化学反应的速率及其控制

化学反应种类繁多，反应速率也千差万别。有些化学反应进行得很快（如炸药爆炸、酸碱中和反应几乎可在瞬间完成），而有些反应却进行得很慢（如煤炭在地壳中的形成历时几十万年）。就同一反应而言，不同的条件下反应速率也不相同（如钢铁的腐蚀）。合理、有效地调控化学反应速率可趋利避害，更大限度的使之为人类服务。

4.2.1 化学反应速率的表示方法

化学反应过程中，反应物和生成物物质的量随时间发生变化。因此，可以用反应物或生成物物质的量随时间的改变量来表示速率，也就是说反应速率是单位时间内反应物的减少量和生成物的增加量。由于反应物和生成物的物质的量的改变和化学反应计量式中的系数相联系，为消除此影响，国际上普遍采用单位体积内反应进度随时间的变化率来表示化学反应的速率，即

$$v = \frac{1}{V}\frac{d\xi}{dt} \tag{4-8}$$

式(4-8)中：v 为反应的速率，ξ 为反应进度，V 为体积。根据反应进度的定义，恒容时：

$$v = \frac{1}{V}\frac{dn_B}{v_B dt} = \frac{dc_B}{v_B dt} \tag{4-9}$$

可见，基于反应进度定义的反应速率，无论选择反应中任何物质作为观察对象，得到的反应速率都是相同的，即一个反应只有一个速率值。但反应速率与计量数有关，表示反应速率时必须写明相应的化学计量方程式。

4.2.2 影响化学反应速率的因素

反应速率的快慢首先决定于反应物的本性，如无机物间的反应一般都比有机物间的反应进行得快。除反应物的本性外，反应速率还与温度、反应物的浓度（或压力）、催化剂等因素有关。

4.2.2.1 浓度对反应速率的影响

化学反应式是反应始、终态的体现，仅说明了反应的反应物和产物，并不能真实体现化学反应经历的途径或历程。如氢与碘生成碘化氢的气相反应实际上要经过以下三步才能完成：

(1) $I_2 + M^* \rightleftharpoons 2I\cdot + M^0$

(2) $2I\cdot + H_2 \rightleftharpoons 2HI$

(3) $2I\cdot + M^0 \rightleftharpoons I_2 + M^*$

反应物分子（也泛指原子、离子）在碰撞中一步直接转化为生成物的反应称为基元反应，如上述反应的式(1)~(3)均为基元反应。而经过多步或若干个基元反应才能完成的反应称为复杂反应或非基元反应。可见，基元反应是化学反应的基本单元，复杂反应由若干个基元反应组成。

1867 年，挪威学者 Guldberg 和 Wagge 在研究平衡常数的动力学性质时提出：一定温度下，基元反应的速率与各反应物的浓度乘积成正比，浓度的方次是化学计量式中的系数，这一规律称为质量作用定律。对于一般的基元反应：

$$aA + bB + \cdots = lL + mM + \cdots$$

其反应速率与反应物浓度间的定量关系为：

$$v = kc_A^a c_B^b \tag{4-10}$$

对于常见的任意的非基元反应：

$$aA + bB \longrightarrow yY + zZ$$

其速率方程为

$$v = kc_A^{\alpha} c_B^{\beta} \tag{4-11}$$

式(4-11)中 c_A、c_B分别为反应物 A、B 的物质的量浓度，单位为 $mol \cdot L^{-1}$，α、β 分别为 c_A、c_B的指数，称为 A 和 B 的分反应级数，$\alpha+\beta$ 称为反应的级数，通常 $\alpha \neq a$、$\beta \neq b$。若 $\alpha = 1$ 表示对 A 物种来说为一级反应，$\beta = 0$ 则表示对 B 物种来说为零级反应，若 $a + b = 1$，称为一级反应。k 称为反应速率常数或比速率常数，为单位物质的量浓度下的反应速率，其单位随反应的级数而改变。

需要注意的是，无论是对基元反应还是非基元反应，其速率方程式中不必列入固体、纯液体的浓度。非基元反应速率方程中 α、β 需要通过实验进行确定，即使某反应的速率方程恰好符合质量作用定律，也不能说明该反应就是基元反应，如 $H_2 + I_2 = 2HI$ 的速率方程为 $v = k_c c_{H_2} c_{I_2}$，从形式上看，它符合质量作用定律，但实际上该反应不是基元反应。

4.2.2.2 温度对反应速率的影响

温度对化学反应速率的影响比较复杂，但对绝大多数化学反应来说，温度升高，化学反应的速率增大，如面团在室温下比在冰箱里更容易发酵。由于温度对反应速率常数 k 的影响远大于温度对浓度的影响，因此可以把温度对反应速率的影响归结到温度对反应速率常数 k 的影响。一般地，温度升高，k 随之增大，但 $k-T$ 不呈线性关系。

1889 年瑞典化学家 Arrhenius 在研究蔗糖水解速率与温度的关系时得出了温度与反应速率的定量关系式——Arrhenius 方程：

$$k = k_0 e^{-\frac{E_a}{RT}} \tag{4-12}$$

式(4-12)中 E_a为反应的活化能，单位为 $kJ \cdot mol^{-1}$；k_0为指前因子（又称频率因子）；R 为气体常量；T 为绝对温度；e 为自然对数的底（$e = 2.718$）。对指定的反应来说，E_a和 k_0都是与反应系统物质本性有关的经验常数，当温度变化不大时可视为与温度无关。

对 Arrhenius 方程式取对数得到

$$\ln k = \ln k_0 - \frac{E_a}{RT} \tag{4-13}$$

式(4-13)表明 $\ln k - 1/T$ 存在直线关系，如果以 $\ln k$ 为纵坐标，$1/T$ 为横坐标作图，得到直线的斜率为 $-E_a/R$，截距为 $\ln k_0$。动力学研究中常采用式(4-13)计算反应的活化能。

不同温度下同一反应具有不同的速率常数，根据式(4-13)

$$\ln k_1 = \ln k_0 - \frac{E_a}{RT_1}$$

$$\ln k_2 = \ln k_0 - \frac{E_a}{RT_2}$$

两式相减得到：

$$\ln \frac{k_2}{k_1} = \frac{E_a}{R}\left(\frac{1}{T_1} - \frac{1}{T_2}\right) \tag{4-14}$$

利用式(4-14),在已知 T_1时的速率常数 k_1,T_2时的速率常数 k_2的情况下也可计算反应的活化能。同时,由式(4-14)可以看出:对于同一反应来说,升高一定温度,在高温区(T_2、T_1较大),k 值增大倍数较小,而在低温区,升高相同温度时 k 值增大倍数较大,即对于在较低温度下进行的反应,采用升温的方法可显著提高反应速率;对于不同的反应,升高相同的温度,活化能较大的反应 k 值增大倍数较大,活化能较小的反应 k 值增大倍数较小,即升高相同温度对反应进行的慢的反应将起到明显的加速作用。

4.2.3 催化剂对反应速率的影响

催化剂是指能够显著改变反应速率,而自身的组成、质量和化学性质在反应前后基本不变的物质。根据催化剂的状态可把催化剂分为均相催化剂和异相催化剂(多相催化剂)两大类,根据催化剂的作用(加快、减缓反应速率)可把催化剂分为正催化剂和负催化剂两大类。通常所说的催化剂一般指能够加速化学反应的正催化剂。

有催化剂参加的反应称为催化反应。在催化反应中,有些催化剂并没有直接参与化学反应,而只是提供了一种活化中心,或者是提供了一种更有利于反应物分子间接触、相互反应的局部优化条件;也有些催化剂直接参与了化学反应,是活化络合体组成的一部分,但由于活化中间体转化为最终产物时催化剂又被重新释放出来,继续参与下轮反应循环,在整个反应完成后,催化剂仍与反应前保持一致,从净结果来看,就像从未参加过反应一样。但无论催化剂是否参与了化学反应,催化剂的加入改变了反应的历程,使反应循着活化能较低的过程进行。

(1) 均相催化

催化剂与反应物均在同一相中的催化反应称为均相催化。均相催化的原因是催化剂参与了化学反应,并与反应物先形成一种中间产物,中间产物再转化为产物,从而改变反应历程、降低反应的活化能、提高反应速率。

过氧化氢在 Br^- 作用下催化分解是均相催化典型的实例,加入催化剂 Br_2,可以加快 H_2O_2 分解,分解反应的机理为:

$$H_2O_2(aq) + Br_2 \longrightarrow 2H^+(aq) + O_2(g) + 2Br^-(aq)$$

$$\underline{+\quad H_2O_2(aq) + 2H^+(aq) + 2Br^-(aq) \longrightarrow 2H_2O(l) + Br_2}$$

$$2H_2O_2(aq) \longrightarrow O_2(g) + 2H_2O(l)$$

在催化反应中,若产物之一对反应本身有催化作用的称之为自催化反应,简称自催化。如在 H_2O_2中加入 $KMnO_4$的酸性溶液,开始时几乎观察不到 $KMnO_4$溶液颜色的变化,但经过一段时间后,反应速率增加,$KMnO_4$的颜色会很快褪去。这是因为反应生成的 Mn^{2+} 对该反应具有催化作用。

(2) 非均相催化

催化剂与反应物不是处于同一物相的反应称为非均相催化,又称多相催化。非均相催化通常是固体催化剂与气体或液体反应物相接触,反应在固相催化剂表面的活性中心上进行。如合成氨反应所需的活化能为 335kJ · mol^{-1},反应速率极慢。但在高温(550 ~600℃)、高压($1\times10^4 \sim 2\times10^4$kPa),使用铁催化剂,同时加入 Al_2O_3和 K_2O 作助催化剂的条件下,活化能可降低到 167 kJ · mol^{-1},反应速率提高 10^{17}倍。该催化过程的催化机理为:N_2首先吸附在铁催化剂的表面,化学键减弱并断裂为 N 原子。N 原子与气相中 H_2在催化剂表面作用逐步生成 NH_3。

由于多相催化与表面吸附有关,所以表面积越大催化效率越高。工业上,催化剂往往制成极细的粉末或将其附着于一些不活泼的多孔介质上。常见的不活泼载体有硅藻土、分子筛、硅酸等。如汽车尾气(NO 和 CO)的催化转化：

$$2NO(g) + CO(g) \xrightarrow{Pt,Pd,Rh} N_2(g) + CO_2(g)$$

反应在固相催化剂表面的活性中心上进行,催化剂分散在陶瓷载体上,其表面积很大,活性中心足够多,尾气可与催化剂充分接触。

(3) 酶催化反应

生物催化剂和仿生催化剂是催化剂家族中的后起之秀。酶是生物体自身合成的一种特殊蛋白质,具有高效的催化作用,是重要的生物催化剂。在生物体内进行的各种复杂反应,如蛋白质、脂肪、碳水化合物的合成、分解等基本上都是酶催化反应。酶催化剂和化学催化剂相比具有更强的选择性,如分解蛋白的酶对脂肪和糖并无作用;分解糖类的酶对脂肪和蛋白也无作用。

酶催化反应可以看做是介于均相与非均相催化反应之间的一种催化反应,其主要作用也是降低了反应的活化能。酶催化普遍接受的机理为:作为底物或基质的反应物分子被酶上的特殊活性位置吸附,形成酶-底物配合物,然后催化底物转化为为产物并从酶上释放。具体催化过程如图 4.1 所示。酶与底物的作用可形象的比喻为锁和钥匙的关系,当底物(钥匙)结构与活性中心(酶)的几何排列相适应时,此钥匙可开此锁。当然此关系也是造成酶中毒的主要因素之一。当有与反应物分子构型相似的物质存在时,他也可能被酶吸附而使主反应不能进行。

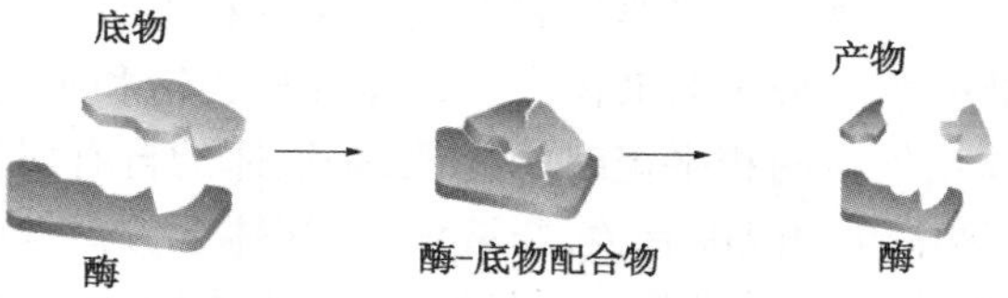

图 4.1　酶催化过程

仿生催化剂是指人类模仿天然生物催化剂的结构、作用特点而设计、合成出来的一类催化剂。它的特点是不但具有和天然生物催化剂相似的性能特点,而且具有比天然生物催化剂更好的稳定性,能在恶劣的条件下工作。但目前这方面的研究尚处于起步阶段。

第5章 溶液与胶体

溶液、胶体等分散体系内涵广阔，既涉及化学中最基础的理论，又具有广泛的实用性，在生产、生活及科学研究中极其重要。

5.1 液体

液体的性质介于固体与气体之间，无固定的外形、没有明显的膨胀性，不易压缩；具有一定的体积、流动性、可掺混性、蒸气压、表面张力、沸点和凝固点。

5.1.1 液体的蒸气压与大气湿度

5.1.1.1 液体的蒸气压

液体分子处于不断的运动之中。液体表面的高能分子克服其他分子的吸引作用，逸出液体表面汽化成为蒸气分子的过程称为蒸发。蒸发是吸热过程，蒸发过程的汽化热称为蒸发热。一定温度下，蒸发成为气体、处于液面上方的蒸气分子受到外界压力的作用或液面分子的吸引而重新回到液面的过程称为凝结。当蒸发和凝结的速率相等时，气液两相平衡共存，蒸气分子的含量达到最大值。此时蒸气分子对液体产生的压强称为饱和蒸气压，简称蒸气压。

蒸气压是单组分体系气液两相平衡时的特征，是液体的自有属性，其大小表示液体分子向外逸出的趋势，仅与液体本性和温度有关，与液体量、液体上方蒸气的体积无关。例如，在密闭容器中装满液体，液体没有空间形成蒸气，但做为液体本质属性的蒸气压依然存在。同一温度条件下，不同的液体有不同的蒸气压；同种液体，温度不同时蒸气压也不相同。由于蒸发是吸热过程，所以升高温度，液体分子中能量高、运动速率快的分子数增多，表层分子逸出的机会亦随之增加，因此蒸气压随温度的升高而增大。表5.1列出了不同温度下水的蒸汽压数值。

表5.1 不同温度下水的蒸汽压

温度/℃	蒸汽压/kPa	温度/℃	蒸汽压/kPa	温度/℃	蒸汽压/kPa
10.0	1.228	60.0	19.92	110.0	143.3
20.0	2.338	70.0	31.16	120.0	198.6
30.0	4.243	80.0	47.34	130.0	270.2
40.0	7.376	90.0	70.10	140.0	361.5
50.0	12.33	100.0	101.325	150.0	476.2

5.1.1.2 大气湿度

蒸发现象的存在使得大气含水量发生不断地变化。由于水分的蒸发和凝结过程总是伴随着吸热和放热，因此大气中水汽的多少不但影响大气的温度，还会影响大气的湿度。湿度是描述大气中水汽含量多少或空气潮湿程度的物理量，通常用下列物理量表示：

(1)绝对湿度：又称水汽密度，即单位体积大气中所含水汽的质量，单位为 g/m^3。绝对湿度大，水汽含量多，绝对湿度小，水汽含量少。

(2)水汽压:指大气中水汽的分压力,单位与气压单位相同。水汽压大,水汽含量多,水汽压小,水汽含量少。

(3)饱和水汽压:指空气达到饱和时的水汽压。饱和空气中的水汽压是温度的函数,随着温度的升高而增大。它表示空气"吞食"水汽的能力,不反映空气中水汽含量的多少。

(4)相对湿度:指空气中的实际水汽压与同温度下的饱和水汽压的百分比。它表示空气距离饱和的程度,不直接反映空气中水汽含量的多少。在一定气温下,大气中相对湿度越小,水汽蒸发越快;反之,大气中相对湿度越大,水汽蒸发也就越慢。

(5)饱和差:指同温度下的饱和水汽压与空气中的实际水汽压的差值,单位与气压的单位相同。

(6)露点温度:指空气中水汽含量不变且气压一定时,降低温度使其空气达到饱和时的温度,单位为℃。它表示空气中水汽含量的多少。水汽含量多,露点温度高,水汽含量少,露点温度低。

实际生活中,春冬季空气干燥、夏季天气闷热的现象都是大气湿度变化作用的结果。许多与大气湿度有关的现象,如农作物的生长、人体对湿度的感觉等,都与大气的绝对湿度没有直接关系,而主要与大气中的水汽离饱和状态的远近程度有关。比如同样的绝对湿度,夏天使人感到干燥;在初冬的傍晚,由于水汽压接近当时的饱和水汽压,使人感到潮湿。

5.1.2 液体的沸点

沸腾是在一定温度下液体表面和内部同时发生的剧烈汽化现象。液体沸腾时的温度称为沸点。通常,液体内部和器壁上有许多小气泡,其中的蒸气处于饱和状态。升高温度,小气泡中的饱和蒸气压相应增加,气泡不断胀大。当饱和蒸气压增加到与外压相等时,气泡骤然胀大,在浮力的作用下迅速上升到液面并放出蒸气。所以,沸点也就是液体的饱和蒸气压等于外压时的温度。每种液体仅当温度达到沸点,且要继续吸热才会沸腾。

在相同的外压下,不同的液体具有不同的沸点。这是因为饱和蒸气压与液体的种类有关。当液体中含有溶质后,液体的沸点升高,这是由于溶质的存在使液体的蒸气压下降,要使饱和蒸气压与大气压相等,必须提高沸点。

液体的沸点与外界压强有关,外压增大,液体的沸点升高;外压减小,液体的沸点降低。例如,在高海拔地区,水易沸腾,但饭不易煮熟就是由于水的沸点随外压的降低而下降的结果。

沸腾与蒸发在相变上并无根本区别,都是汽化现象,都需要吸收热量。但蒸发只是在液体表面发生的平和的汽化现象,可在任何温度下进行;而沸腾则是在液体表面和内部同时发生的剧烈汽化现象,只有在温度达到沸点时才能进行。

5.1.3 液体的溶解性

溶解性是指一种物质能够被溶解的程度。被溶解的物质称为溶质,溶解他物的液体称为溶剂或分散媒,生成的混合物称为溶液。溶质在溶剂中的溶解符合"溶其所似"的规律,即极性分子易溶于极性溶剂中,非极性分子易溶于非极性溶剂中。此规律是大量事实的总结,也称为相似相溶原理。例如 Br_2、I_2等非极性分子易溶于 CCl_4、苯等非极性溶剂中,而在极性溶剂 H_2O 中的溶解度很小;同理,NaCl 等离子化合物或 HCl 等可以离解成离子的化合物是强极性分子,易溶于极性溶剂 H_2O 而难溶于 CCl_4。根据相似相溶原理,可以定性地比较各物质溶解度的大小。

在一定的温度和压力下,某物质在 100g 溶剂里(通常为水)达到饱和状态时所能溶解的质量称为该物质在这种溶剂中的溶解度。每种物质在某一溶剂中都有一定的溶解度，但不同物质的溶解度存在差异。根据溶解度的不同，可以把物质分为四类，即易溶物质、可溶物质、微溶物质和难溶物质。

(1)易溶物质：常温下溶解度大于 10g 的物质为易溶物质，如 NaCl、KNO_3等；

(2)可溶物质：溶解度在 10 ~ 1 g 之间的物质为可溶物质，如硼酸；

(3)微溶物质：溶解度在 1 ~ 0.01g 之间的物质为微溶物质，如 $CaSO_4$；

(4)难溶物质：溶解度小于 0.01g 的物质为难溶物质，如 AgCl、$BaSO_4$等。

自然界中绝对不溶的物质是不存在的。温度对物质溶解度的影响取决于溶解过程的热效应，若溶解过程吸热，则溶解度随温度的升高而增大；若溶解过程放热，则溶解度随温度的升高而减小。大多数盐类在水中的溶解为吸热过程，故多数盐的溶解度随温度的升高而增大，如 KNO_3；少部分固体溶解度受温度的影响不大，如 NaCl；极少数物质的溶解度随温度的升高反而减小，如 $Ca(OH)_2$。

利用不同物质在同一溶剂中的不同溶解度，可以纯化含有杂质的化合物。

5.1.4 液体的表面张力

5.1.4.1 表面能

对于凝聚相物质，由于界面层分子与体相内部分子的受力情况不同，导致物质表面的性质与体相内部的性质在结构、能量方面亦有所不同。

在体相内部，任一分子都处于同种分子的包围中，所受周围分子的作用力是对称的，其合力为零，因而分子在液体内部任意移动而不消耗功。对液体表面层中的分子而言，下方受到的是邻近液体分子的吸引力，上方受到的是气体分子的吸引力。由于液相分子对界面层分子的引力远大于气相分子对它的引力，导致界面层分子所受的作用力是不对称的，合力指向液体内部，因而液体表面的分子总是趋于向液体内部移动，导致液相表面积有自动缩小的倾向，如图 5.1 所示。

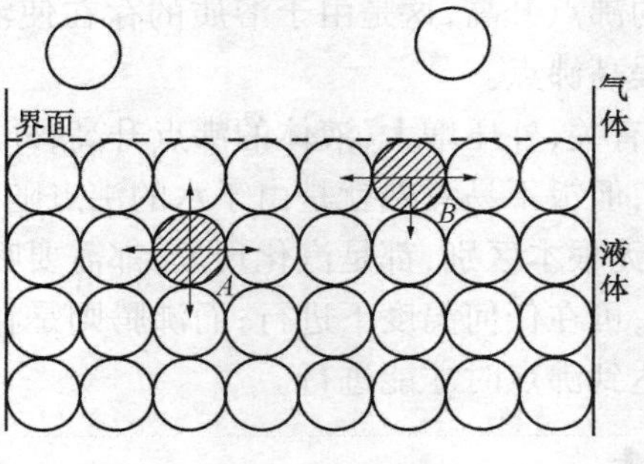

图 5.1 液体表面分子和内部分子的受力示意图

从能量角度分析，若将分子从液相内部迁移到界面，就必须克服体系内部分子间的引力而对体系做功。处在体系界面或表面层上的分子，其能量高于体系内部分子的能量。当增加体系的界面或表面积时，相当于把更多的分子从内部迁移到表面层上，体系的能量增大。为了使体系处于低能量的稳定状态，体系的表面积总是要尽可能处于最小值。这就是小液滴自动呈球形的原因。

在温度、压力和液体组成恒定时，扩展液体表面所需消耗的功 W 与增加的表面积 ΔA 成正

比，即

$$W = -\gamma \cdot \Delta A \tag{5-1}$$

γ 称为比表面能，单位为 $J \cdot m^{-2}$，其物理意义是：等温等压条件下，增加单位表面积所引起的体系能量的增量，即单位表面的分子比相同数量的内部分子多余的能量。

5.1.4.2　表面张力

由于不平衡力场的存在，表面层分子在微观上受到指向液体内部的拉力，使得表面层分子有进入液体内部的倾向。若用细铁丝做成一个一边可以自由滑动的方框，如图 5.2 所示。将铁丝框浸入肥皂液中，使金属框表面形成一层肥皂膜。金属框取出后，可观察到肥皂膜会自动收缩以减小表面积，并带动金属丝移动。若要维持肥皂膜不变，需在金属丝上施加一相反方向的力 f，f 的大小与金属丝的长度 L 成正比，比例系数以 γ 表示，因肥皂膜有两个表面，故可得到：

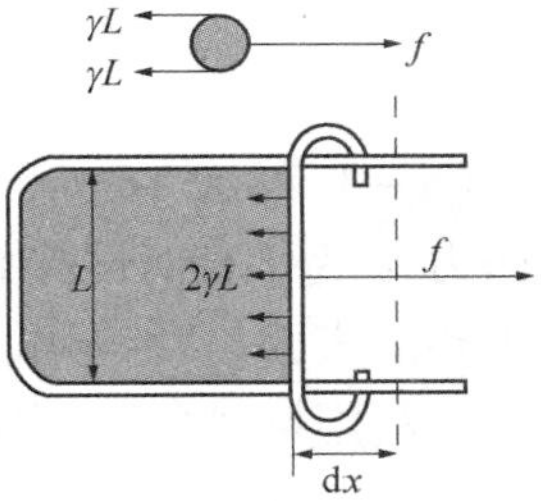

图 5.2　表面张力示意图

$$f = 2\gamma \cdot L$$

即

$$\gamma = \frac{f}{2L} \tag{5-2}$$

式(5-2)中，比例系数 γ 即为表面张力，它表示沿液体表面垂直作用于单位长度上的使表面收缩的力，单位为 $N \cdot m^{-1}$。对于平液面，表面张力的方向总是平行于液面；对于弯曲液面，表面张力的方向总是在弯曲液面的切面上。由此可见，表面张力和比表面能实际上是同一现象两种不同的表达方式。

5.1.4.3　影响表面张力的因素

凡是影响表面层分子受力不均衡的因素都是影响表面张力的因素。

(1)表面张力与物质的本性有关。不同的物质，分子间的相互作用力不同，相互作用力越大，其表面张力也越大。通常具有金属键的物质表面张力最大，其次是具有离子键的物质，再次是极性共价键物质，最小的是非极性共价键物质。由于固体粒子间的作用力远大于液体间的，所以固体物质一般比液体物质具有更大的表面张力。

(2)表面张力随所接触邻相物质的性质不同而不同。由于表面层分子与不同物质接触时，所受力场不同，所以表面张力也不相同。

(3)通常情况下，物质的表面张力随温度的升高而减小。这是由于温度升高，分子间的距离增大，使分子间的吸引力减弱。但少数物质如 Fe、Cu 及其合金，以及一些硅酸盐的表面张力随温度的升高而增大。

此外，压力、分散度等因素对表面张力也有一定的影响。

表面张力是普遍存在的，凡是使体系的表面积缩小或者使表面张力减小的过程，都是能够自发进行的过程。因此，可用表面张力解释吸附、润湿、毛细等许多表面现象。

5.1.5　润湿现象

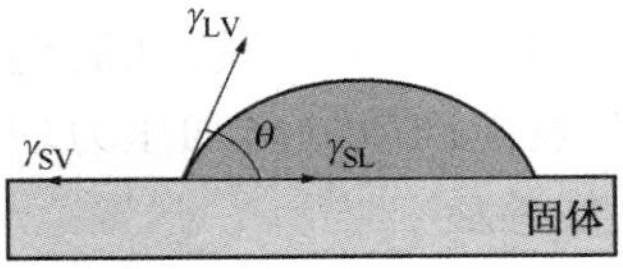

图 5.3　接触角示意图

液体对固体表面的润湿是常见的界面现象。将液体滴在固体表面上，液体并不完全展开而与固体表面形成一定夹角 θ，此夹角称为接触角，如图 5.3 所示。

润湿过程与体系的界面张力有关。固体表面的接触角是气、液、固界面间表面张力平衡的结果，平衡时体系的总能量趋于最小,因而液滴在固体表面上处于稳态或亚稳态。通常情况下,液滴在光滑平坦的固体表面达到平衡时,形成的接触角与各界面张力之间的关系可用式(5-3)表示:

$$\gamma_{SV} = \gamma_{SL} + \gamma_{LV}\cos\theta$$

即

$$\cos\theta = \frac{\gamma_{SV} - \gamma_{SL}}{\gamma_{LV}} \tag{5-3}$$

式(5-3)称为 Young's 方程,式中 γ_{SV}、γ_{SL} 和 γ_{LV} 分别代表固-气、固-液、液-气界面的表面张力,θ 为平衡时的接触角,或称为材料的本征接触角。应当指出,Young's 方程只适用于光滑平整的表面。

利用接触角可衡量液体对固体表面的润湿程度。当 $\theta = 0$,液体完全润湿,在固体表面铺展;当 $0 < \theta < 90°$,液体可润湿固体表面,θ 越小润湿性能越好;当 $90° < \theta < 180°$,液体不润湿固体;当 $\theta = 180°$,液体完全不润湿。

润湿作用在生产、生活中得到广泛的应用。例如,农药喷洒到植物表面,希望能够润湿叶片,可加入适当的表面活性剂,通过改变各界面张力来减小接触角,使液滴能够浸润叶片表面。

5.1.6 弯曲液面的附加压力和毛细管现象

5.1.6.1 弯曲液面的附加压力

由于表面张力的作用,弯曲表面下的液体或气体,不仅承受环境的压力 p,还承受由于表面张力的作用而产生的附加压力 Δp。如图 5.4 所示,在凸起的液面上任取一个截面(如虚线所示),沿截面周界以外的表面对截面有表面张力的作用,力的方向与周界线垂直,且与液体表面相切,总的合力指向液体内部。液面下的液体所受压力大于外压,液面内外的压力差值 Δp 称作附加压力。对于凹液面,则截面所受表面张力的合力指向液体的外部,使液体所受压力小于外压。如果液面是水平面,则表面张力的合力为零,因而附加压力为零。

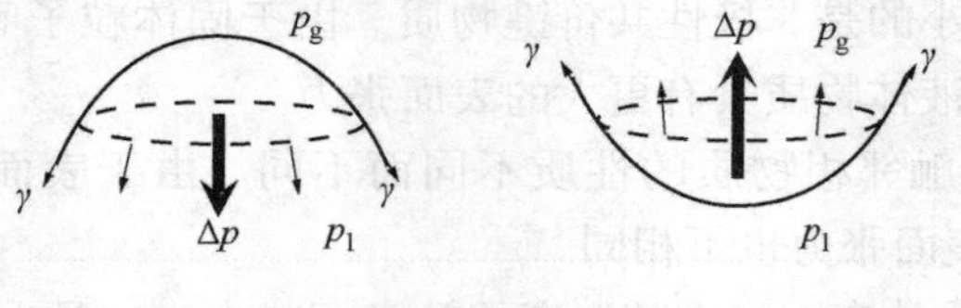

图 5.4 弯曲液面的附加压力

附加压力 Δp 的方向总是指向曲率中心。在一定温度下,同种液体的液面曲率半径不同,附加压力不相同;对于不同的液体,当液面曲率半径一定时,由于表面张力的不同,附加压力也不相同。附加压力与液体表面张力成正比,与液面曲率半径成反比,即

$$\Delta p = \frac{2\gamma}{R} \tag{5-4}$$

式(5-4)即为 Laplace 方程,适用于曲率半径 R 为定值的弯曲液面附加压力的计算。由式(5-4)可知:(1)对指定液体而言,曲率半径越小,附加压力越大;(2)对于平液面,$R = \infty$,$\Delta p = 0$;对于凸液面,$R > 0$,$\Delta p > 0$;对于凹液面,$R < 0$,$\Delta p < 0$;(3)对于球形液膜(如肥皂泡),有内、外两个球形表面,内表面是凹液面,外表面是凸液面,两个表面产生的附加压力均指向液泡中心,所以液泡内气体的压力大于液泡外气体的压力,其压力差为

$$2\Delta p = \frac{4\gamma}{R}$$

5.1.6.2 毛细管现象

将半径为 r 的毛细管插入液体中,会发生液面沿毛细管上升(或下降)的现象,此现象称为毛细管现象。若液体能润湿管壁,即接触角 $\theta<90°$,则管内液面呈凹形,其上方的压力小于平面液体的压力,因此液体将在毛细管内上升至一定高度;反之,若液体不能润湿管壁,即接触角 $\theta>90°$,则管内液面将呈凸形,其上方的压力大于平面液体的压力,因此液体将在毛细管内下降至一定高度。

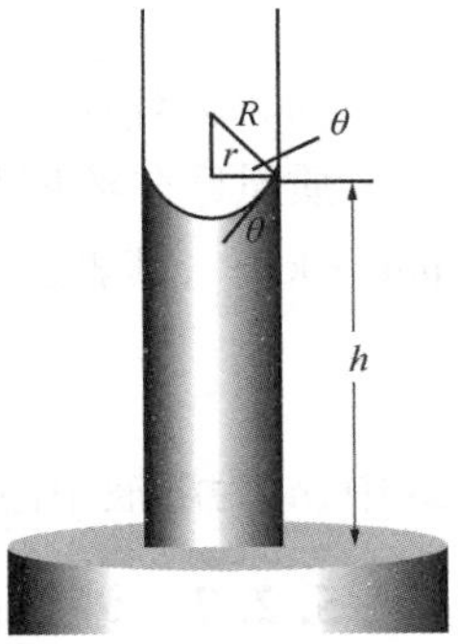

图 5.5 毛细管现象

以图 5.5 所示的毛细管内液面升高的现象为例阐述原因:由于毛细管内凹液面产生的附加压力指向大气,凹液面下液体的压力小于管外水平液面的压力,液体将被压入管内,直至上升的液柱所产生的净压力 ρgh 与附加压力 Δp 相等时,毛细管内的液面不再上升,达到平衡状态,即

$$\rho gh = \Delta p = \frac{2\gamma}{R} \tag{5-5}$$

由于毛细管半径 r、接触角 θ 与弯曲液面曲率半径 R 之间的关系为 $\cos\theta = r/R$,代入式(5-5)可得

$$h = \frac{2\gamma\cos\theta}{\rho gr} \tag{5-6}$$

式(5-6)中,h 为毛细管中液面上升的高度,γ 为气液表面张力,ρ 为液体的密度,g 为重力加速度。

由式(5-6)可知:(1)当液体润湿毛细管,即 $\theta<90°$,则 $\cos\theta>0$,$h>0$,表示毛细管中液面上升;(2)当液体不能润湿毛细管,即 $\theta>90°$,则 $\cos\theta<0$,$h<0$,表示毛细管中液面下降;(3)在一定温度下,对指定液体而言,毛细管越细,液体在毛细管中上升(或下降)的越多。

由此可见,表面张力是弯曲液面产生附加压力的根本原因,而毛细管现象是弯曲液面具有附加压力的必然结果。

5.2 溶液

一种物质分散于另一种物质中形成的体系称为分散系。被分散的物质称为分散质,另一种物质则称为分散剂。通常将分散时的连续相称作溶剂,而将不连续相称作溶质。溶液是一种或几种物质以分子、原子或离子的状态分散于另一种物质中构成的均匀、稳定的体系,所有溶液都是由溶质(分散质)和溶剂(分散剂)组成的。

根据连续相的状态,可将溶液分为气态溶液(如空气)、固态溶液(如各种合金钢)和液态溶液。最常见的液态溶液则是气体、液体或固体等溶于液体中形成的混合物,特别是以水为溶剂的水溶液。

5.2.1 溶液的浓度

溶液的浓度是指溶液或溶剂中溶质的量,可用溶质和溶液的相对量或溶质和溶剂的相对量来表示。常见的浓度是物质量的浓度和质量摩尔浓度。

溶质物质的量浓度是指单位体积溶液中所含溶质 B 的物质的量,常用符号 c_B 表示,量纲为 $mol \cdot L^{-1}$,其表达式为

$$c_B = \frac{n_B}{V}$$

式中,n_B为溶液中溶质 B 的物质的量,V 为溶液的体积。

质量摩尔浓度是指单位质量溶剂中所含溶质 B 的物质的量,常用符号 b_B 表示,量纲为 $mol \cdot kg^{-1}$,其表达式为

$$b_B = \frac{n_B}{m_A}$$

式中,n_B为溶液中溶质 B 的物质的量,m_A为溶剂的质量。

5.2.2 液体的通性

通常溶液的性质主要取决于溶质的性质,如溶液的颜色、密度、导电性能等都与溶质的性质有关。但是稀溶液的某些性质却与溶质的自身性质无关,只取决于溶质粒子数目的多少。这些仅取决于溶液中溶质的浓度,而与溶质本性无关的性质称为稀溶液的依数性。本节仅讨论难挥发非电解质稀溶液的依数性。

5.2.2.1 溶液的蒸气压下降

在难挥发非电解质稀溶液中,溶液的蒸气压实际上是溶剂的蒸气压。由于难挥发的非电解质溶质分子占据了一部分液面,减小了溶剂分子进入气相的速率,但气相中溶剂分子凝结成液体的速率不变,结果使达到平衡时蒸发出来的溶剂分子数减少,溶液的蒸气压降低。

在一定温度下,难挥发非电解质稀溶液的蒸气压降低值与溶液中溶质的摩尔分数成正比,即

$$\Delta p = p^* \cdot x_B \tag{5-7}$$

式(5-7)中,Δp 为溶液蒸气压的降低值,kPa;p^* 为纯溶剂的蒸气压,kPa;x_B为溶质 B 的摩尔分数。式(5-7)由法国物理学家 Raoult 于 1887 年提出,因此被称为拉乌尔定律。

对于双组分体系,溶剂 A 和溶质 B 的摩尔分数之和等于 1,即

$$x_A + x_B = 1$$

所以

$$x_B = 1 - x_A$$

又

$$\Delta p = p* - p$$

代入式(5-7)得

$$p = p* \ x_A \tag{5-8}$$

式(5-8)是拉乌尔定律的另一表达形式,即在一定温度下,难挥发非电解质稀溶液的蒸气压与溶液中溶剂的摩尔分数成正比。

5.2.2.2 溶液的沸点升高

在难挥发非电解质稀溶液中,由于溶液的蒸汽压总是低于纯溶剂的蒸气压,所以当纯溶剂的蒸气压达到外压开始沸腾时,溶液的蒸气压尚低于外界压力,此时溶液并不沸腾。若要使溶液的蒸气压等于外界压力,只有将溶液的温度进一步升高,所以溶液的沸点总是高于纯溶剂的沸点。可见,溶液沸点升高的根本原因是溶液的蒸气压下降。

若纯溶剂的沸点为 T_b^*,溶液的沸点为 T_b,其与溶质的质量摩尔浓度 b_B之间的关系为:

$$\Delta T_b = T_b - T_b^* = K_b b_B \tag{5-9}$$

式(5-9)中,ΔT_b 为溶液沸点升高值,℃;K_b为溶剂的沸点升高常数,$℃ \cdot kg \cdot mol^{-1}$;$b_B$为溶质的质量摩尔浓度,$mol \cdot kg^{-1}$。表 5.2 列出了几种常见溶剂的 K_b值。当 ΔT_b、K_b已知时,利用溶液沸点升高与浓度的关系式,即可求算溶质的摩尔质量。

5.2.2.3 溶液的凝固点降低

凝固点是指在一定外压下，系统中液相蒸气压与固相蒸气压相等时的温度，用符号 T_f^* 表示。当加入溶质形成溶液后，由于溶液的蒸气压下降，在温度为 T_f^* 时，溶液的蒸气压低于纯溶剂的固相蒸气压，此时溶液不能凝固，要使溶液凝固，就必须进一步降低溶液的温度，当温度降低至 T_f 时，固液两相的蒸气压相等，此时的温度 T_f 为溶液的凝固点。T_f^* 与 T_f 的差值即为溶液凝固点的降低值 ΔT_f 。与稀溶液的沸点升高类似，非电解质稀溶液的凝固点降低值 ΔT_f 与溶质的质量摩尔浓度 b_B成正比，其表达式为：

$$\Delta T_f = T_f^* - T_f = K_f b_B \tag{5-10}$$

式(5－10)中，ΔT_f 为溶液凝固点降低值，℃；K_f为溶剂的凝固点降低常数，℃ · kg · mol^{-1}；b_B 为溶质的质量摩尔浓度，mol · kg^{-1}。常见溶剂的 K_f值列于表 5.2。

表 5.2 常见溶剂的 K_b和 K_f值

溶剂	沸点 / ℃	K_b / ℃ · kg · mol^{-1}	凝固点 / ℃	K_f/ ℃ · kg · mol^{-1}
水	100.00	0.52	0.0	1.86
乙酸	117.9	2.93	16.7	3.90
苯	80.15	2.53	5.5	5.10
苯酚	181.20	3.60	41	7.3
环乙烷	81.00	2.79	6.5	20.2
硝基苯	210.90	5.24	5.67	8.1
氯仿	61.26	3.63	−63.5	4.68
樟脑	208.00	5.95	178	40.0

从水、冰和溶液的蒸气压曲线可以解释溶液的沸点升高与凝固点降低的原因。图 5.6 中曲线 AB 是纯水的气液平衡线，$A'B'$是溶液的气液平衡线，AA'为冰的升华线。由图可见，100℃时水溶液的蒸气压低于外界大气压(101.325 kPa)，因此其沸点高于 100℃；0℃时水溶液的蒸气压低于冰的蒸气压，因此水溶液的凝固点低于 0℃。

在有机合成中，常用测定熔点的方法检验化合物的纯度。当含有杂质时，可将化合物看作溶剂，杂质看作溶质，混合物的熔点比纯化合物的低，以此作定性分析。凝固点下降的原理在生活、生产中也有很多重要的应用，如冬天马路上的积雪可用洒盐水的方法除去；加有甘油的水可做汽车水箱的防冻液。此外，应用凝固点下降的原理可制备许多低熔点合金。

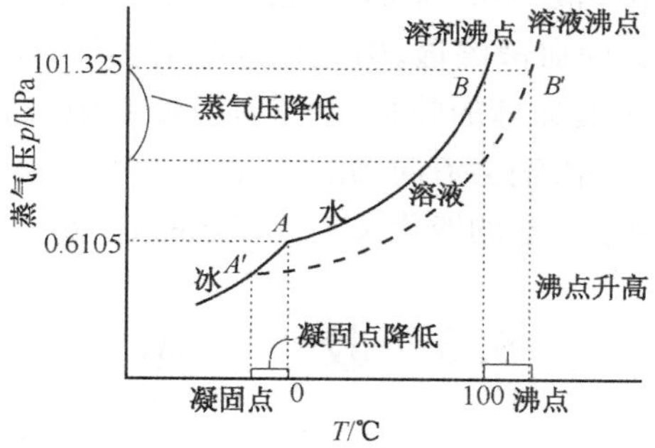

图 5.6　水、冰和溶液的蒸气压曲线

5.2.2.4 渗透压

用半透膜把纯溶剂与其溶液分隔开，纯溶剂透过半透膜进入溶液的自发过程称为渗透。不同浓度的两种溶液被半透膜隔开时也有渗透现象发生。渗透是自然界的一种普遍现象，许多天然的或人造的膜对物质的透过具有选择性。例如，动物的细胞膜只允许水透过，而不允许胶体或相对分子质量大的溶质透过。在一定温度下，用一个半透膜把纯溶剂与非电解质的稀溶液隔开，如图 5.7 所示。由于渗透作用，溶剂会通过半透膜进入溶液，使溶液液柱上升，直至溶液液柱上升至一定高度时，溶剂不再通过半透膜进入溶液，体系达到平衡，此平衡称为渗透平衡。为使两液面不产生高度差，需要在溶液一侧的液面上施加一额外压力，此额外压力称为溶液的渗透压，用 π 表示。

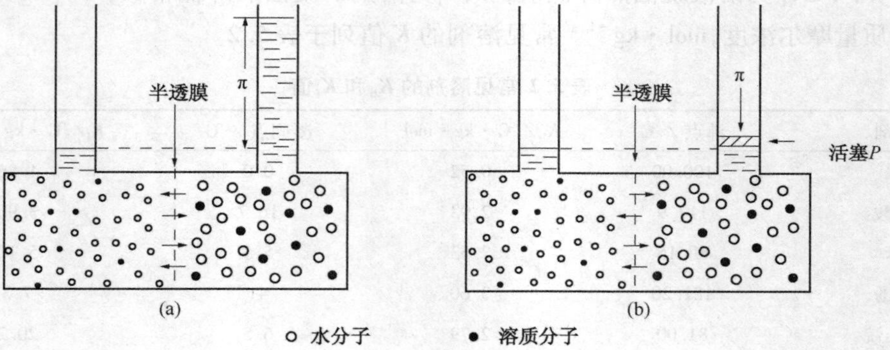

图 5.7　渗透压示意图

1886 年，荷兰物理学家 J · H · Vant Hoff 发现一定温度条件下，稀溶液的渗透压（π）与溶质的物质的量浓度成正比：

$$\pi = \frac{n_B RT}{V} = c_B RT \tag{5-11}$$

式（5－11）中，π 为溶液的渗透压，kPa；c_B 为溶质 B 的物质的量浓度，$mol \cdot L^{-1}$；T 为热力学温度，K。可见，溶液渗透压的大小只取决于溶液中溶质的分子数。从形式上看，溶液渗透压方程与理想气体状态方程十分相似，但两种压力（π 和 p）产生的原因和测定方法完全不同。

渗透现象与生命体有着极为密切的关系。动植物的细胞膜均具有半透膜的功能，植物细胞可以通过渗透作用从外界环境中吸取水分。人体静脉输液时，要求使用与人体体液渗透压相等的等渗溶液，如临床常用补液为 0.9% 的生理盐水及 5% 的葡萄糖溶液。若补液比血液的渗透压高，则血细胞中的水分向血液渗透，引起血细胞的萎缩；反之，补液的渗透压比血液的低，则水分向血细胞内渗透，引起血球的肿胀，严重时可使细胞破裂。若在溶液一侧施加一个大于渗透压的压力时，溶液中的溶剂会流向稀溶液，此种溶剂的流动方向与自然渗透的方向相反，故称反渗透。反渗透可用于海水的淡化及工业废水的处理。

5.3 胶　　体

1861 年，英国科学家 Thomas Graham 提出了"胶体"的概念。德国科学家 Zsigmondy 于 1903 年发明了超显微镜，肯定了溶胶的多相性。1907 年，德国化学家 Ostwald 创办了第一个胶体化学的专门刊物——《胶体化学和工业杂志》。自此，胶体化学成为一门独立的学科。

5.3.1 分散系统

分散相在分散介质中的分散程度称为分散度。根据分散度的大小可将分散系统分为表 5.3 所示的三类系统:分子分散系统、胶体分散系统、粗分散系统。

表 5.3 分散系统按分散相粒子的大小分类

类型		粒子大小	分散相	特点	实例
分子分散系统		$< 10^{-9}$ m	原子、离子或小分子	均相,热力学稳定,扩散快,能透过滤纸、半透膜,光散射很弱	氯化钠溶液、葡萄糖溶液
胶体分散系统	高分子溶液	$10^{-9} \sim 10^{-7}$ m	高聚物大分子	均相,热力学稳定,扩散慢,能透过滤纸,不能透过半透膜,光散射强	蛋白质溶液、核酸溶液
	缔合胶体		表面活性剂		高浓度肥皂水溶液
	溶胶		胶粒	多相,热力学不稳定,动力学稳定,能透过滤纸,不能透过半透膜,光散射强	Au 溶胶、AgI 溶胶
粗分散系统		$> 10^{-7}$ m	粗粒子	多相,热力学不稳定、动力学不稳定,不能透过滤纸、半透膜,光反射或折射	泥浆、大气中的尘埃和水滴

胶体分散系统也可以按分散介质和分散相的聚集状态分为气溶胶、液溶胶和固溶胶,如表 5.4 所示。另外,还可按照分散相和分散介质之间亲和力的大小将胶体分为亲液溶胶和憎液溶胶。①亲液溶胶,分散相和分散介质之间的亲和力很强,如高分子溶胶(明胶、蛋白质、硝化纤维);②憎液溶胶,分散相和分散介质之间的亲和力很弱或没有亲和力,如贵金属溶胶和氢氧化物溶胶。目前已将亲液溶胶改称为高分子溶液,憎液溶胶简称为溶胶。

表 5.4 按分散介质和分散相的聚集状态对胶体的分类

分散介质	分散相	名称		实例
气	液	气溶胶	雾	水雾、油雾
	固		烟	烟尘
液	气	液溶胶	泡沫	灭火泡沫、啤酒泡沫
	液		乳状液	牛奶、原油
	固		溶胶	$Fe(OH)_3$溶胶
固	气	固溶胶	固态泡沫	泡沫塑料
	液		固态乳状液	珍珠
	固		固溶胶	有色玻璃

5.3.2 胶体的特性

5.3.2.1 胶体的动力学性质

胶体粒子具有很大的表面积和表面能,在热力学上是不稳定的。但胶体在一定时间内又能够稳定存在,表现出一定的动力学稳定性。胶体的动力学特性在微观上表现为布朗运动,在宏观上则表现为扩散和渗透,其次是在外力场中作定向运动,如在重力场或离心场中沉降。

（1）布朗运动

1827 年,英国植物学家 R. Brown 用显微镜观察悬浮在水中的花粉,发现花粉颗粒在不停地作不规则的运动。随后人们发现其他微小粒子也都存在同样的运动,该无规则运动被称为布朗运动。

1905 年,Albert Einstein 提出了布朗运动理论,该理论的基本假定是:①布朗运动和分子运动类似;②布朗运动是不断热运动的液体分子对微粒冲击的结果。太大的粒子各个方向上受力均匀,布朗运动不明显。对于很小但又远远大于液体介质分子的微粒,由于不断受到不同方向、不同速度的液体分子的冲击,使得受到的力不平衡,所以胶体粒子时刻以不同的速度沿不同的方向作无规则运动;③布朗运动使胶体产生了一定的动力学稳定性,使得热力学不稳定体系在一定条件下能够稳定存在。

尽管布朗运动看起来复杂而无规律,但在一定条件下,一定时间内粒子所移动的平均位移却具有一定的数值。Einstein 假设胶体粒子是球形的,并利用分子运动论的基本概念和公式得到了布朗运动的公式。

$$\bar{\chi} = \sqrt{\frac{RT}{N_A}\frac{t}{3\pi\eta r}} \tag{5-12}$$

式(5－12)中,$\bar{\chi}$ 是在观察时间 t 内粒子沿 χ 轴方向的平均位移;R 为气体常数;T 为热力学温度;N_A为阿伏伽德罗常数;t 为观测间隔时间;η 为介质的黏度;r 为粒子的半径。

Perrin 和 Svedberg 分别用实验证实了布朗运动公式的正确性。布朗运动公式的提出使人们认识到布朗运动的本质就是质点的热运动,同时它也为分子运动论提供了有力的实验依据。

（2）扩散

扩散是物质由高浓度区域自发地向低浓度区域的迁移过程。胶体粒子的扩散是布朗运动的直接结果。但由于胶体粒子远比小分子大,而且不能获得较高的浓度,因此其扩散作用很不显著。

1905 年,Einstein 假设分散相的粒子为球形,推导出了扩散系数 D 的表达式

$$D = \frac{RT}{N_A} \cdot \frac{1}{6\pi\eta r} \tag{5-13}$$

式(5－13)中,D 为扩散系数;R 为气体常数;T 为热力学温度;N_A为阿伏伽德罗常数;η 为介质的黏度;r 为粒子的半径。可见,D 与温度、介质的黏度及粒子的大小有关。

（3）渗透压

溶胶扩散作用的一个重要现象是产生渗透压,其值可借用稀溶液的渗透压公式进行计算,即

$$\pi = \frac{n}{V}RT \tag{5-14}$$

式(5－14)中,n 为体积为 V 的溶胶中所含胶粒的物质的量。

溶胶的渗透压很小,凝固点的降低和沸点的升高也很不显著。对于高分子溶液,由于其溶解度大且稳定,可以配制成高浓度的溶液,因此其渗透压可以测定。实际上,渗透压法广泛地用于测定高分子物质的相对分子质量。

5.3.2.2 胶体的光学性质

胶体的光学性质是其高度分散性和不均匀性的反映。通过对胶体光学性质的研究,不仅可以解释胶体体系的一些光学现象,而且可以观察胶体粒子的运动,研究胶体粒子的大小和形状。

(1) 丁达尔(Tyndall)效应

当一束光线通过胶体时,在垂直入射光的方向上可以看到一个混浊发亮的光柱,这种现象称为丁达尔效应。

当光线射入分散体系时,只有一部分光能够通过,另一部分的光会被吸收、散射或反射。如果分散相粒子的直径大于入射光的波长,主要发生光的反射和折射,如粗分散体系因反射作用而呈现混浊。如果分散相的粒子小于入射光的波长,主要发生光的散射,散射出来的光称为散射光或乳光,如溶胶体系产生丁达尔效应或乳光。小分子真溶液或纯溶剂因粒子太小,光散射微弱,用肉眼很难分辨。因此,丁达尔效应是区分溶胶与真溶液最简便的方法。

(2) 瑞利(Rayleigh)散射定律

1871 年,英国物理学家 Rayleigh 在反复研究、计算的基础上,提出了著名的瑞利散射公式。其基本假设是:①散射粒子比光的波长小得多(粒子小于 $\lambda/20$),可看作点散射源;②溶胶浓度很稀,即粒子间距离较大,粒子间无相互作用,单位体积的散射光强度是各粒子的简单加和;③粒子为各向同性,非导体,不吸收光。由此得出的瑞利散射公式为

$$I = \frac{9\pi^2 N_0 V^2}{2\lambda^4 r^2}\left(\frac{n_2^2 - n_1^2}{n_2^2 + 2n_1^2}\right) I_0 (1 + \cos^2\theta) \tag{5-15}$$

式(5-15)中,I 为散射光强度,I_0 为入射光强度,θ 为散射角,即观察方向与入射光传播方向的夹角,N_0 为单位体积中的粒子数,V 为单个粒子的体积,n_1 和 n_2 分别为分散介质和分散相的折光率,λ 为入射光波长,r 为散射距离。式(5-15)称为瑞利散射定律的表达式,由此式可以看出:

① 散射光强度与入射光波长的四次方成反比,故入射光的波长越短,散射光强度越大。蓝光(λ =450nm)的散射比红光(λ =650 nm)的散射强得多。当一束白光照射时,在入射光的垂直方向上呈现蓝色,而在透射光的方向上呈现橙红色。这就是天空呈蓝色,而旭日和夕阳成红色的原因。

② 散射光强度与单位体积中的粒子数成正比。在相同条件下,比较两种不同浓度胶体的散射光强度,就可以知道浓度的相对比值。根据上述原理设计的乳光计,可用来测定胶体粒子的浓度。

③ 散射光强度与分散介质和分散相折射率指数的差值有关,差值越大,散射光强度越大。

④ 散射光强度与粒子体积的平方成正比。在粗分散系统中,由于粒子的尺寸大于入射光波长,故无光散射,只有反射光。在小分子溶液中,由于分子体积很小,故散射光极弱,很难用肉眼观察。

5.3.2.3 胶体的电学性质

胶粒带电是溶胶在相当长的时间内稳定存在而不聚凝的重要原因。

在外加电场的作用下,胶体粒子在分散介质中的定向移动称为电泳。电泳现象证明胶粒是带电的。电泳技术在生产和科研中有许多重要的应用。例如,在陶瓷生产中,借助电泳技术可除去黏土中混杂的氧化铁杂质。在水泥、冶金等工业中,通高压电于含烟尘的气体时,可除去大量烟尘以减少空气污染。此外,应用电泳技术可以实现蛋白质、核酸和氨基酸等物质的分离和鉴定。

与电泳现象相反,在外加电场作用下,分散介质通过多孔膜或极细的毛细管(半径约 1 ~ 10 nm)而移动,即固相不动而液相移动,这种现象称为电渗。电渗在科研及工业上的应用也很多,如在工业上很难用普通方法过滤的浆液,可借助电渗来实现。在电沉积法涂漆操作中,可使用电渗技术使漆膜内所含水分排到膜外以形成致密的漆膜。

若分散相粒子在分散介质中迅速沉降,则在液体的表面层与底层之间会产生电势差,该电

势差称为沉降电势。例如，储油罐中的油内常会有水滴，水滴的沉降常形成很高的沉降电势，甚至达到危险的程度。通常解决的方法是加入油溶性的有机电解质，以增加介质的电导来减小沉降电势。

可见，电泳和电渗是由于外加电场作用而引起固、液两相之间的相对移动。而沉降电势则是由固、液两相之间的相对移动而产生的电势差。胶体的电学性质均与固相和液相间的相对移动有关，故统称为电动现象。

5.3.3 胶团的结构

胶体粒子的最内层由多个分子（原子或离子）所组成的聚集体称为胶核，胶核是胶体颗粒的中心部分。一般情况下胶核具有晶体结构，有很大的比表面，可吸附溶液中具有相同化学组分的离子而带有电荷。由于静电吸引作用，带电的胶核吸引溶液中的反离子，使其一部分进入紧密层，另一部分则分布在扩散层。紧密层牢固吸附在固相表面，随固体一起运动。胶核连同吸附在其上的吸附离子以及紧密层一起构成胶粒。胶粒相对于本体溶液的电势差即为 ζ 电势。胶粒和扩散层所组成的整体称为胶团，整个胶团是电中性的。以 AgI 的水溶胶为例，若稳定剂为 KI，则胶团结构可表示为

$$\underbrace{\underbrace{[\underbrace{\overbrace{(AgI)_m}^{\text{固相}}}_{\text{胶核}}\cdot \overbrace{nI^-}^{\text{吸附离子}}\cdot\overbrace{(n-x)K^+}^{\text{紧密层}}]^{x-}}_{\text{胶粒}}\cdot\overbrace{xK^+}^{\text{扩散层}}}_{\text{胶团}}$$

其中，m 是胶核中所含 AgI 的分子数，n 是胶核吸附 I^- 的数目（$n<m$），x 是扩散层中 K^+ 的数目，（$n-x$）是包含在紧密层中的反离子数。这种胶团结构还可用图 5.8 表示。

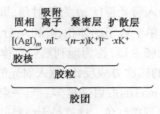

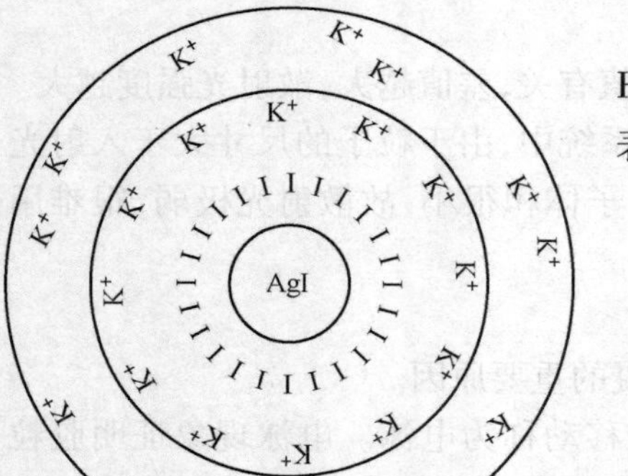

图 5.8 AgI 胶团结构示意图（KI 为稳定剂）

SiO_2 溶胶中，胶核表面的 SiO_2 分子与 H_2O 作用生成 H_2SiO_3，由于 H_2SiO_3 的电离而使胶核带电，形成的胶团可表示为

$$[(SiO_2)_m\cdot n\,SiO_3^{2-}\cdot 2(n-x)H^+]^{2x-}2xH^+$$

5.3.4 溶胶的稳定性与聚沉

5.3.4.1 溶胶的稳定性

溶胶是高度分散的热力学不稳定的多相体系，粒子间有相互聚结以降低其表面能的趋势，即具有聚结不稳定性。但在一定条件下，溶胶却能在相当长的时间内稳定存在，这主要依赖于以下原因：

（1）溶胶的动力学稳定性

由于溶胶粒子很小，布朗运动较强，能够克服重力作用而不下沉，具有动力学稳定性。溶胶粒子越小，分散度越大，布朗运动越剧烈，动力学稳定性越大。此外，分散介质的黏度越大，胶粒与分散介质的密度差越小，胶粒越不易下沉，溶胶体系的动力学稳定性也越大。

（2）胶粒带电的稳定作用

由于胶团双电层结构的存在，胶粒之间因带有同种电荷而产生静电排斥作用，使胶粒之间

互相远离，不易聚结。胶粒带电是使溶胶稳定存在的最重要原因，也是制备溶胶时必须加入少量电解质作为稳定剂的原因。

（3）溶剂化的稳定作用

溶剂化作用是溶剂分子通过它们与离子的相互作用而累积在离子周围。若溶剂为水，则称为水化。由于胶核吸附的离子和反离子都是水化的，因而降低了胶粒的表面自由能，增加了胶粒的稳定性。此外，由于紧密层和扩散层中的离子都是水化的，在胶粒周围可形成水化层，水化层成为胶粒接近时的机械阻力，防止了溶胶的聚沉。因而，胶粒带电越多，溶剂化层越厚，溶胶就越稳定。

总之，使溶胶稳定存在的原因是胶粒之间的排斥作用，上述三种原因均可称为斥力因素，只有胶粒之间斥力作用占优势时，溶胶才能稳定。

5.3.4.2　溶胶的聚沉

当 ζ 电势绝对值小于 30 mV 时，静电斥力不足以克服粒子间的相互引力，溶胶聚结速度增大，产生聚结不稳定性。当胶粒聚结程度达到粗分散状态时，颗粒就会在重力作用下从分散介质中沉降下来，即发生溶胶的聚沉。

使溶胶产生聚沉的因素很多，如温度、浓度、外加电解质、溶胶的相互作用等。其中，升高温度、增大溶胶浓度均可使溶胶粒子的互碰更加频繁，可降低溶胶体系的稳定性。在诸多影响因素中，以外加电解质和溶胶的相互作用更为重要。

（1）外加电解质对溶胶的聚沉作用

在溶胶制备过程中，少量电解质的存在有助于胶团双电层和胶粒 ζ 电势的形成，起到稳定溶胶的作用。若在已制备好的溶胶中再加入电解质，胶粒的 ζ 电势降低，溶胶开始聚沉。在某些情况下，加入过量电解质，反而使已聚沉的胶粒可重新分散成溶胶，此现象称为胶溶作用。这是由于电解质的反离子进入胶粒的紧密层，使溶胶重新带电，ζ 电势增大。

所有电解质达到某一浓度时，都能使溶胶聚沉。不同电解质对溶胶的聚沉能力是不同的。外加电解质使一定量的溶胶发生明显聚沉所需电解质的最小浓度称为该电解质的聚沉值，单位为 $mmol \cdot L^{-1}$。聚沉值是衡量电解质聚沉能力大小的尺度，电解质的聚沉值越小，聚沉能力越强。表 5.5 列出了不同电解质对一些溶胶的聚沉值。

表 5.5　电解质对溶胶的聚沉值　　$mmol \cdot L^{-1}$

AgI（负溶胶）		As_2S_3（负溶胶）		$Fe(OH)_3$（正溶胶）		Al_2O_3（正溶胶）	
$LiNO_3$	165	LiCl	58	NaCl	9.25	NaCl	43.5
$NaNO_3$	140	NaCl	51	KCl	9.0	KCl	46
KNO_3	136	KCl	49.5	KBr	12.5	KNO_3	60
$RbNO_3$	126	KNO_3	50	KI	16		
		KAc	110				
$Ca(NO_3)_2$	2.40	$CaCl_2$	0.65	H_2SO_4	0.50	K_2SO_4	0.30
$Mg(NO_3)_2$	2.60	$MgCl_2$	0.72	K_2SO_4	0.205	K_2CrO_4	0.69
$Pb(NO_3)_2$	2.43	$MgSO_4$	0.81	$MgSO_4$	0.22	$K_2Cr_2O_7$	0.63
$Al(NO_3)_3$	0.067	$AlCl_3$	0.093			$K_3[Fe(CN)_6]$	0.08
$La(NO_3)_3$	0.069	$Al(NO_3)_3$	0.095				
$Ce(NO_3)_3$	0.069	$Ce(NO_3)_3$	0.080				

电解质的聚沉作用一般有如下规律：

① 聚沉能力主要取决于与溶胶带相反电荷的离子的价数，反离子价数越高，聚沉能力越强，聚沉值越小，这就是 Hardy - Schulze 规则。对于给定的溶胶，反离子价数分别为 1、2、3 价时，其聚沉值比约为 $1^{-6}:2^{-6}:3^{-6}\approx 100:1.6:0.14$，即聚沉值与反离子价数的六次方成反比。通常，一价反离子的聚沉值在 25 ~ 150 之间，二价反离子的聚沉值在 0.5 ~ 2 之间，三价反离子的聚沉值在 0.01 ~ 0.1 之间。

② 相同价数反离子的聚沉能力依赖于反离子的大小。例如，同一阴离子（ NO_3^- ）的各种一价盐，其阳离子对负电荷溶胶的聚沉能力为：

$$H^+ > Cs^+ > Rb^+ > NH_4^+ > K^+ > Na^+ > Li^+$$

同一种阳离子的各种盐，其阴离子对正电荷溶胶的聚沉能力为：

$$F^- > Cl^- > Br^- > NO_3^- > I^- > CNS^- > OH^-$$

将这类价数相同的阳离子或阴离子按聚沉能力排成的次序称为感胶离子序。

③ 反离子相同，与溶胶同电性离子的价数越高，电解质的聚沉能力越弱，聚沉值越大。例如，$MgCl_2$、$MgSO_4$对负溶胶的聚沉作用，反离子均为 Mg^{2+}，聚沉能力为 $MgCl_2 > MgSO_4$。

④ 有机化合物离子都具有很强的聚沉能力。如聚酰胺类化合物和脂肪酸盐类表面活性剂对于溶胶的聚沉非常有效，已用于工业及土壤改良等方面。

（2）溶胶的相互作用

将带有相反电荷的溶胶互相混合，也能发生聚沉。与电解质聚沉作用的不同之处在于：只有当正溶胶的胶粒所带正电荷总量恰好与负溶胶的胶粒所带负电荷总量相等时，才会相互完全聚沉，否则只能发生部分聚沉，甚至不聚沉。

明矾净水的原理就是胶体的相互聚沉。天然水中常含有黏土及 SiO_2 等带负电的溶胶，加入明矾［$KAl(SO_4)_2\cdot 12H_2O$］，明矾水解后形成带正电的 $Al(OH)_3$溶胶，二者发生相互聚沉，达到净水的目的。

（3）高分子化合物对溶胶稳定性的影响

在溶胶中加入较多量的高分子化合物，由于高分子化合物吸附在胶粒的表面，提高了胶粒对水的亲和力，从而增加了溶胶的稳定性，即使有少量电解质的加入，也不会发生聚沉。这种作用称为高分子化合物对溶胶的保护作用。例如，血液中所含的碳酸钙、磷酸钙等难溶盐类，都是靠血清蛋白等高分子化合物的保护而存在。

若在溶胶中加入少量高分子化合物，有时会降低溶胶的稳定性，甚至发生聚沉，这种现象称为高分子的敏化作用。这是由于高分子化合物数量少时，无法完全覆盖胶体表面，而胶粒附着在高分子化合物上，附着量增多，质量变大而引起聚沉。

第 6 章　溶液中的平衡及其利用

本章将运用化学反应的基本原理解释酸碱平衡、沉淀溶解平衡和配位平衡等平衡体系的规律，探讨平衡体系的控制及其在水质分析与水处理、环境污染与防治、材料合成与制备等领域中的应用。

6.1　酸碱平衡及其利用

1887 年瑞典科学家 Svante Arrhenius 提出的酸碱电离理论是酸碱理论发展史上重要的飞跃。该理论认为，在水溶液中，电离时能产生 H^+ 的化合物为酸，能产生 OH^- 的化合物为碱，酸碱反应的实质是 H^+ 和 OH^- 结合生成水的中和反应。Arrhenius 的电离理论虽然取得了不小的成功，但也显示出了局限性，最明显的一个困难就是它无法处理像氨这样的弱碱，因为没有令人信服的证据说明水溶液中存在 NH_4OH。诸如此类大量的化学事实呼唤现代酸碱理论的诞生。

6.1.1　酸碱质子理论

6.1.1.1　酸碱的定义

1923 年，丹麦化学家布朗斯特和英国化学家劳瑞各自独立地提出一种酸碱新理论，后人将其称之为布朗斯特 – 劳瑞理论，亦称之为酸碱质子理论。该理论认为：凡是能给出质子的物质都是酸；凡是能接受质子的物质都是碱。简单地说，酸是质子的给予体，而碱是质子的接受体，如：

$$HAC \rightleftharpoons H^+ + Ac^-$$

$$HCO_3^- \rightleftharpoons H^+ + CO_3^{2-}$$

$$HCO_3^- + H^+ \rightleftharpoons H_2CO_3$$

可以看出，给予和接受质子的物质既可以是分子，也可以是离子。同时，某些物质既可能接受质子也可能给出质子，它们因具有两性而被称为两性物质，如 HCO_3^-、H_2O 等。同时，酸给出质子后的产物肯定有接受质子的能力，是一个碱；而碱接受质子后的产物肯定有给出质子的能力，是一个酸。酸与碱存在如下关系：

$$酸 \rightleftharpoons 质子 + 碱$$

酸碱的这种相互依赖性称为共轭关系，存在共轭关系的一对酸碱称为共轭酸碱对。如在上面的例子中，HAc 和 Ac^-、H_2CO_3 和 HCO_3^-、HCO_3^- 和 CO_3^{2-} 之间具有共轭关系，属于共轭酸碱对。在 HAc 和 Ac^- 的共轭酸碱对中，Ac^- 是 HAc 的共轭碱，而 HAc 是 Ac^- 的共轭酸。

6.1.1.2　酸碱反应的实质

酸碱质子理论认为：质子酸碱反应的实质是两个共轭酸碱对间质子传递的反应，即酸把质子传递给碱后，分别转变为各自的共轭碱和共轭酸。根据酸碱反应的实质，中和反应、水的解离、盐的水解、两性物质自身的反应均是酸碱反应。如在 HAc 和 NH_3 的中和反应中：

$$\begin{array}{c} \overset{\text{H}^+}{\overbrace{}} \\ \text{HAc} + \text{NH}_3 \rightleftharpoons \text{Ac}^- + \text{NH}_4^+ \\ \text{酸(1)} \quad \text{碱(2)} \quad \text{碱(1)} \quad \text{酸(2)} \end{array}$$

在水的解离反应中：

$$\begin{array}{c} \overset{\text{H}^+}{\overbrace{}} \\ \text{H}_2\text{O} + \text{H}_2\text{O} \rightleftharpoons \text{OH}^- + \text{H}_3\text{O}^+ \\ \text{酸(1)} \quad \text{碱(2)} \quad \text{碱(1)} \quad \text{酸(2)} \end{array}$$

在 NaAc 的水解反应中：

$$\begin{array}{c} \overset{\text{H}^+}{\overbrace{}} \\ \text{H}_2\text{O} + \text{Ac}^- \rightleftharpoons \text{OH}^- + \text{HAc} \\ \text{酸(1)} \quad \text{碱(2)} \quad \text{碱(1)} \quad \text{酸(2)} \end{array}$$

在两性物质 HCO_3^- 的自身酸碱反应：

$$\begin{array}{c} \overset{\text{H}^+}{\overbrace{}} \\ \text{HCO}_3^- + \text{HCO}_3^- \rightleftharpoons \text{CO}_3^{2-} + \text{H}_2\text{CO}_3 \\ \text{酸(1)} \quad \text{碱(2)} \quad \text{碱(1)} \quad \text{酸(2)} \end{array}$$

6.1.1.3 酸碱的相对强度

酸和碱的强度是指酸给出质子和碱接受质子能力的强弱。强弱是相对的,是比较而言的。在水溶液中,以溶剂水作为标准,可通过比较酸碱在水溶液中的解离平衡常数来判断酸碱的强弱。

以任意一元弱酸为例:

$$\text{HA} + \text{H}_2\text{O} \rightleftharpoons \text{H}_3\text{O}^+ + \text{A}^- \quad K_a^\ominus(\text{HA})$$

$K_a^\ominus(\text{HA})$ 越大,反应正向进行的越彻底,即酸越容易给出质子,其共轭碱越难结合质子。也就是说,$K_a^\ominus(\text{HA})$ 越大,酸的酸性越强,其共轭碱的碱性越弱。如 $K_a^\ominus(\text{HAc}) = 1.8 \times 10^{-5}$, $K_a^\ominus(\text{HCN}) = 5.8 \times 10^{-10}$,因此 HAc 是比 HCN 更强的酸。

另一方面,共轭酸碱对总是同时存在于溶液中,其各自发生相应的酸碱反应。如共轭酸碱对 HA 和 A^- 在水溶液中发生如下反应:

$$\text{HA} + \text{H}_2\text{O} \rightleftharpoons \text{H}_3\text{O}^+ + \text{A}^- \qquad K_a^\ominus(\text{HA}) = \frac{c(\text{H}_3\text{O}^+)c(\text{A}^-)}{c(\text{HA})}$$

$$\text{A}^- + \text{H}_2\text{O} \rightleftharpoons \text{OH}^- + \text{HA} \qquad K_b^\ominus(\text{A}^-) = \frac{c(\text{HA})c(\text{OH}^-)}{c(\text{A}^-)}$$

也就是说,HAc 的酸常数 $K_a^\ominus$ 和 Ac^- 的碱常数 $K_b^\ominus$ 是对同一平衡体系不同角度的描述。因此,酸常数和碱常数表达式中相同分子和离子的平衡浓度是相同的。则:

$$K_a^\ominus(\text{HA}) \times K_b^\ominus(\text{A}^-) = \frac{c(\text{H}_3\text{O}^+)c(\text{A}^-)}{c(\text{HA})} \times \frac{c(\text{HA})c(\text{OH}^-)}{c(\text{A}^-)} = K_w^\ominus \qquad (6-1)$$

事实上,对于所有的共轭酸碱对均存在式(6-1)所示的关系,即弱酸的酸常数与其共轭碱的碱常数的乘积等于水的离子积。也就是说,共轭酸碱对的 $K_a^\ominus$ 和 $K_b^\ominus$ 成反比关系,即酸越强,其共轭碱就越弱。

若 p 表示负的常用对数,即" $-\lg$ "。在298K 时,对式(6-1)取负对数,则有

$$pK_a^{\ominus} + pK_b^{\ominus} = 14 \tag{6-2}$$

6.1.2 常见的酸碱反应及其 pH 的计算

溶液中 H_3O^+ 浓度和 OH^- 浓度的大小反映了溶液酸碱性的强弱。在化学学科中，通常习惯以 H_3O^+ 浓度的负对数来表示溶液的酸碱性。即

$$pH = -\lg\{c(H_3O^+)\} \tag{6-3}$$

与 pH 对应还有 pOH，即

$$pOH = -\lg\{c(OH^-)\} \tag{6-4}$$

6.1.2.1 一元弱酸、弱碱的酸碱反应

能够给出（接受）一个质子的弱酸（碱）称为一元弱酸（碱）。一元弱酸（碱）在水溶液中都是部分解离的，其溶液中的氢离子浓度或氢氧根离子浓度与酸或碱的分析浓度并不一致。对于一元弱酸 HA 的水溶液，存在如下反应：

(1) $HA + H_2O \rightleftharpoons H_3^+O + A^-$； $K_a^{\ominus} = \dfrac{c(H_3^+O) \cdot c(A^-)}{c(HA)}$ ①

(2) $H_2O + H_2O \rightleftharpoons H_3^+O + OH^-$； $K_w^{\ominus} = c(H_3^+O) \cdot c(OH^-)$ ②

若 HA 的分析浓度，即未离解时的初始相对浓度为 c_0，设平衡时已经离解的 HA 的相对浓度为 x，由水离解而产生的氢氧根离子的相对浓度为 y，则有

	$HA + H_2O \rightleftharpoons$	H_3^+O	$+ A^-$
初始相对浓度 /$mol \cdot L^{-1}$	c_0	0	0
平衡相对浓度 /$mol \cdot L^{-1}$	$c_0 - x$	$x + y$	x

	$H_2O + H_2O \rightleftharpoons$	H_3^+O	$+ OH^-$
初始相对浓度 /$mol \cdot L^{-1}$		0	0
平衡相对浓度 /$mol \cdot L^{-1}$		$x + y$	y

将相应各物质的平衡相对浓度分别代入方程①和方程②的平衡常数表达式中得

$$K_a^{\ominus} = \frac{(x+y) \cdot x}{c_0 - x} \quad ③$$

$$K_w^{\ominus} = (x+y) \cdot y \quad ④$$

联立方程③和方程④，求解就可以得到氢离子的浓度$(x+y)$，即可得到溶液的 pH 值。但由于 $K_a^{\ominus}$ 和 $K_w^{\ominus}$ 与真值之间本身就有一定的误差（一般为 5% 左右），再加上实际工作中对计算准确度的要求也允许 5% 左右的误差，故通常都使用近似解法。一般主要考虑以下两种情况：

(1) 若 $c_0 \cdot K_a^{\ominus} \geq 10K_w^{\ominus}$，则 H_2O 的离解可以被忽略，即 $x + y \approx x$。方程③和方程④的联立解为

$$c(H_3^+O) = x = \frac{1}{2}\left[-K_a^{\ominus} + \sqrt{(K_a^{\ominus})^2 + 4c_0 \cdot K_a^{\ominus}}\right] \tag{6-5}$$

(2) 若 $c_0/K_a^{\ominus} \geq 100$，且 $c_0 \cdot K_a^{\ominus} \geq 10K_w^{\ominus}$，则弱酸 HA 的离解度很小，$c_0 - x \approx c_0$；同时忽略 H_2O 的离解，即 $x + y \approx x$。方程③和方程④的联立解为

$$c(H_3^+O) = x = \sqrt{c_0 \cdot K_a^{\ominus}} \tag{6-6}$$

式(6-6)称为一元弱酸溶液 pH 的最简计算式，当 $K_a^{\ominus} \leq 10^{-3}$ 且 c_0不太小时均可用该式进行溶液 pH 值的计算。对于一元弱碱 B，同样可以得到溶液中氢氧根离子相对浓度的近似计算公式：

$$c(OH^-) = \sqrt{c_0 \cdot K_b^\ominus} \tag{6-7}$$

【例 6-1】 已知 $K_a^\ominus(HAc) = 1.75 \times 10^{-5}$，试计算 0.20 mol·L^{-1} NaAc 水溶液的 pH 值。

解：

$$K_b^\ominus(Ac^-) = \frac{K_w^\ominus}{K_a^\ominus(HAc)} = \frac{1.0 \times 10^{-14}}{1.78 \times 10^{-5}} = 5.62 \times 10^{-10}$$

$$c(OH^-) = \sqrt{c_0 \cdot K_b^\ominus} = \sqrt{0.20 \times 5.62 \times 10^{-10}} = 1.06 \times 10^{-5}$$

$$pOH = -\lg(1.06 \times 10^{-5}) = 4.97$$

$$pH = 14 - pOH = 14 - 4.97 = 9.03$$

即 0.20 mol·L^{-1} NaAc 水溶液的 pH 值为 9.03 。

【例 6-2】 弱酸(碱)溶液中的平衡转化率称为弱酸(碱)的解离度。已知 NH_3 的 $K_b^\ominus$ 为 1.8×10^{-5}，试计算 0.10 mol·L^{-1} 氨水溶液中 NH_3 的离解度。

解：根据解离度 α 的定义，有

	$NH_3 + H_2O \rightleftharpoons$	OH^-	$+ NH_4^+$
初始相对浓度 /mol·L^{-1}	c_0	0	0
平衡相对浓度 /mol·L^{-1}	$c_0 - \alpha \cdot c_0$	$\alpha \cdot c_0$	$\alpha \cdot c_0$

$$K_b^\ominus = \frac{(\alpha \cdot c_0)^2}{c_0 - \alpha \cdot c_0} \approx \alpha^2 \cdot c_0$$

$$\alpha \approx \sqrt{\frac{K_b^\ominus}{c_0}} = \sqrt{\frac{1.77 \times 10^{-5}}{0.10}} = 1.33 \times 10^{-2} = 1.33\%$$

即 0.10 mol·L^{-1} 氨水溶液中 NH_3 的离解度为 1.33% 。

从例 6-2 可以看出，弱电解质的解离度随溶液浓度的减小而增大。

6.1.2.2 多元弱酸、弱碱的酸碱反应

能够给出(或接受)两个或两个以上质子的弱酸(碱)称为多元弱酸(碱)。多元弱酸离解是分步(分级)进行的，每一步(级)都有相应解离平衡和解离常数，如 H_2S 的离解：

$$H_2S + H_2O \rightleftharpoons H_3O^+ + HS^- \qquad K_{a1}^\ominus = \frac{c(H_3O^+)c(HS^-)}{c(H_2S)} = 1.07 \times 10^{-7}$$

$$H_2O + HS^- \rightleftharpoons H_3O^+ + S^{2-} \qquad K_{a2}^\ominus = \frac{c(H_3O^+)c(S^{2-})}{c(HS^-)} = 1.26 \times 10^{-13}$$

两步平衡的解离常数分别用 $K_{a1}^\ominus$ 和 $K_{a2}^\ominus$ 表示，下角数字指明的是弱酸的哪一级离解。多元弱酸(碱)解离的普遍规律是 $K_{a2}^\ominus$ 要远远小于 $K_{a1}^\ominus$，这是因为从带负电的离子中离解出带正电的 H^+ 要比从中性分子中离解出 H^+ 更为困难，同时一级离解产生的 H^+ 对二级离解产生较强的抑制作用。因此，当 $K_{a1}^\ominus / K_{a2}^\ominus > 10^3$ 时，二元弱酸的二级离解可以忽略，可将其看作一元弱酸。同理，对多元弱碱也存在类似的规律。

6.1.3 缓冲溶液

6.1.3.1 同离子效应

在已经达到平衡的弱电解质溶液中加入与其含有相同离子的另一种强电解质，导致弱电解质的解离度减小的现象称为同离子效应。如在 HAc 中加入 NaAc：

$$HAc + H_2O \rightleftharpoons H_3O^+ + Ac^-$$

NaAc 的加入增大了生成物的浓度,使得平衡逆向移动,HAc 的解离度减小。

如果加入的强电解质不具有相同离子,如 HAc 中加入 NaCl,同样会破坏原有的平衡,使平衡右移,弱电解质解离度增大,这种现象被称为盐效应。这是由于强电解质完全解离,溶液中离子总浓度增大,使得 H_3O^+ 和 Ac^- 被更多的异号离子包围,离子之间相互吸引作用增强,降低了离子重新结合形成弱电解质的几率。一般来说,同离子效应和盐效应同时存在,但由于同离子效应较大,二者共存时,则常会忽略了盐效应。

【例 6-3】 向 0.1mol·L^{-1}醋酸溶液加入少量醋酸钠,并使醋酸钠的浓度为 0.1mol·L^{-1},计算此溶液中 H^+ 浓度及其醋酸的解离度。

解:设达到解离平衡时溶液中 H^+ 浓度为 x mol·L^{-1}

	HAc + H_2O ⇌	H_3O^+ +	Ac^-
起始相对浓度/mol·L^{-1}	0.1	0	0.1
变化浓度/mol·L^{-1}	$-x$	x	x
平衡相对浓度/mol·L^{-1}	$0.1-x$	x	$x+0.1$

将各物质的平衡浓度代入平衡常数表达式,有

$$K_a^{\ominus}(HAc)=\frac{c(H_3O^+)\times c(Ac^-)}{c(HAc)}=\frac{x\times(x+0.1)}{0.1\times x}=1.76\times10^{-5}\text{mol}\cdot\text{L}^{-1}$$

由于醋酸的解离度较小,则 $0.1-x\approx0.1$,$0.1+x\approx0.1$,则

$$x=c(H_3O^+)=1.76\times10^{-5}\text{mol}\cdot\text{L}^{-1}$$

$$\alpha=\frac{c(H_3O^+)}{0.1}\times100\%=0.0176\%$$

6.1.3.2 缓冲溶液

缓冲溶液是一种由共轭酸碱对组成的,在一定范围内能够抵抗外加的少量强酸、强碱或少量稀释而保持 pH 基本不变的溶液,即缓冲溶液对少量的稀释以及少量外加的强酸、强碱具有一定的缓冲能力。

以 HAc - NaAc 缓冲溶液为例说明缓冲溶液的缓冲机理。在该缓冲溶液中离解平衡包括 HAc 和其共轭碱 Ac^-:

$$HAc+H_2O\rightleftharpoons Ac^-+H_3O^+$$

由于

$$K_a^{\ominus}=\frac{c(H_3O^+)\ c(Ac^-)}{c(HAc)}$$

则

$$c(H_3O^+)=\frac{K_a^{\ominus}\times c(HAc)}{c(Ac^-)}$$

即缓冲溶液的 pH 值由弱酸的 $K_a^{\ominus}$ 和共轭酸碱对平衡浓度的比值所决定,在确定温度条件下,缓冲溶液的 pH 只决定于 $c(HAc)/c(Ac^-)$。

由于弱电解质 HAc 的解离度很小,且 NaAc 解离会产生 Ac^-,因此溶液中存在大量 HAc 分子;同时由于 NaAc 的完全解离,溶液中也会大量的存在 Ac^-。当向上述溶液中加入少量的酸时,外加酸所提供的 H_3^+O 将会与溶液中大量存在的碱 Ac^- 结合成 HAc,促使平衡向右移动来补充消耗了的 Ac^-,但由于 HAc 的量很大,因而消耗的 HAc 量相对很小,使达到新的离解平衡时 $c(HAc)/c(Ac^-)$的比值基本不变。当向溶液中加入少量的强碱时,强碱会与溶液中

大量存在的 HAc 结合成 Ac^-，促使平衡向左移动来补充消耗了的 HAc，但由于 Ac^- 的量很大，因而消耗了的 Ac^- 量相对很小，使达到新的解离平衡时 $c(HAc)/c(Ac^-)$ 的比值基本不变。在用少量水稀释时，因共轭酸碱的浓度会同比例变化而使溶液的 pH 值基本保持不变。应该指出，缓冲溶液的缓冲能力是有限的，当外界加入的强酸或强碱超过一定量时，共轭酸碱组分就被消耗殆尽，缓冲溶液不再具有缓冲能力。

缓冲溶液具有一定 pH 值。下面以一元弱酸及其共轭碱所组成的缓冲溶液为例来推导其 pH 值的计算公式。设一元弱酸 HA 及其共轭碱 A^- 的起始浓度为 c_a 和 c_b，且 HA 解离的浓度为 x，则：

$$HA + H_2O \rightleftharpoons H_3^+O + A^-$$

	HA		H_3^+O	A^-
初始浓度 /$mol \cdot L^{-1}$	c_a		0	c_b
平衡浓度 /$mol \cdot L^{-1}$	$c_a - x$		x	$c_b + x$

$$K_a^{\ominus} = \frac{x \cdot (c_b + x)}{c_a - x} \approx \frac{x \cdot c_b}{c_a}$$

$$c(H_3^+O) = x = K_a^{\ominus} \cdot \frac{c_a}{c_b}$$

即

$$pH = pK_a^{\ominus} - \lg \frac{c_a}{c_b} \tag{6-8}$$

式(6-8)即为缓冲溶液的 pH 值计算公式。从式(6-8)可以看出知，缓冲溶液的 pH 值主要取决于 $K_a^{\ominus}$（或 $K_b^{\ominus}$），其次取决于共轭酸碱对平衡浓度的比值。对于确定组成的缓冲溶液，温度一定时，可通过调节共轭酸碱对的浓度而配制所需 pH 的缓冲溶液。当共轭酸碱对平衡浓度的比值在 0.1~10 范围内时，缓冲溶液起缓冲作用的 pH 值在 $pH = pK_a^{\ominus} \pm 1$ 之间变化。若共轭酸碱对起始浓度越大，平衡浓度的比值越接近于 1，缓冲溶液的缓冲能力越强。当共轭酸碱对平衡浓度比值为 1 时，溶液的 pH 在数值上等于 $pK_a^{\ominus}$，因此常选择 $pK_a^{\ominus}$ 近似等于目标 pH 值的共轭酸碱对来配制所需的缓冲溶液。

由于不同弱酸（或弱碱）的 $K_a^{\ominus}$ 值（或 $K_b^{\ominus}$ 值）不同，其组成缓冲溶液所能控制的 pH 值范围也不同。一些常用的缓冲溶液见表 6.1。

表 6.1 常用的缓冲溶液

缓冲溶液	共轭酸	共轭碱	$pK_a^{\ominus}$	可控制 pH 范围
邻苯二甲酸氢钾 - HCl	$C_8H_6O_4$	$C_8H_5O_4K$	2.89	1.9~3.9
HAc - NaAc	HAc	Ac^-	4.74	3.7~5.7
六次甲基四胺 - HCl	$(CH_2)_6N_4H^+$	$(CH_2)_6N_4$	5.15	4.2~6.2
$NaH_2PO_4 - Na_2HPO_4$	$H_2PO_4^-$	HPO_4^{2-}	7.2	6.2~8.2
$Na_2B_4O_7$ - HCl	H_3BO_3	$H_2BO_3^-$	9.24	8.0~9.1
$NH_3 - NH_4Cl$	NH_4^+	NH_3	9.26	8.3~10.3
$NaHCO_3 - Na_2CO_3$	HCO_3^-	CO_3^{2-}	10.25	9.3~11.3

缓冲溶液在自然界、工农业生产中具有重要意义。例如在土壤中，由于含有 $H_2CO_3 - NaHCO_3$、$NaH_2PO_4 - Na_2HPO_4$，以及其他有机弱酸及其共轭碱所组成的复杂的缓冲体系，能使其 pH 维持 4~7.5 之间，从而保证了植物的正常生长。又如人体血液中由于含有 H_2CO_3 -

$NaHCO_3$等缓冲溶液，使血液的 pH 值维持在 7. 35 到 7. 45 之间，保证了细胞代谢的正常进行以及整个机体的生存。

【例 6 –4】 若在 50. 00mL 的 0. 150mol · L^{-1} NH_3(aq) 和 0. 200 mol · L^{-1} NH_4Cl 缓冲溶液中，加入 0. 10mL 1. 00 mol · L^{-1}的 HCl 溶液，计算加入 HCl 前后溶液的 pH 各为多少？

解：加入盐酸之前

$$\begin{aligned} pH &= pK_a^{\ominus} - \lg \frac{c(NH_4^+)}{c(NH_3)} \\ &= -\lg \frac{K_w^{\ominus}}{K_b^{\ominus}(NH_3)} - \lg \frac{c(NH_4^+)}{c(NH_3)} \\ &= -\lg \frac{1.0 \times 10^{-14}}{1.8 \times 10^{-5}} - \lg \frac{0.200}{0.150} \\ &= 9.26 - 0.12 = 9.14 \end{aligned}$$

加入 0. 10mL 1. 00 mol · L^{-1}的 HCl 溶液之后，可认为这时溶液的体积为 50. 10mL。HCl 反应前的浓度是：

$$c(HCl) = \frac{1.00 \times 0.10}{50.10} mol \cdot L^{-1} = 0.0020 mol \cdot L^{-1}$$

由于加入的 HCl 全部和 NH_3反应生成了 NH_4^+，因此，HCl 的加入使得 NH_3的浓度减小了 0. 0020 mol · L^{-1}，而 NH_4^+的浓度增加了 0. 0020 mol · L^{-1}。

	$NH_3(aq) + H_2O \rightleftharpoons$	NH_4^+	$+ OH^-$
加入盐酸后的浓度 /mol · L^{-1}	0. 150 – 0. 0020	0. 200 + 0. 0020	
平衡浓度 /mol · L^{-1}	0. 148 – x	0. 202 + x	x

$$\frac{x(0.202 + x)}{0.148 - x} = 1.8 \times 10^{-5}$$

$$c(OH^-) = 1.3 \times 10^{-5}$$

$$pH = 9.11$$

【例 6 –5】 今有 2. 0L 0. 10mol · L^{-1}的 Na_3PO_4溶液和 2. 0L 0. 10 mol · L^{-1}的 NaH_2PO_4溶液，仅用这两种溶液（不可再加水）来配制 pH = 12. 50 的缓冲溶液，能配制多少升这种缓冲溶液？

解：由于 $pK_{a3}^{\ominus}(H_3PO_4)$ = 12. 35，与预配制的目标 pH 接近，因此缓冲组分应为 Na_3PO_4 – Na_2HPO_4，而且 $pK_{a3}^{\ominus}(H_3PO_4)$ 小于所需 pH，因此 Na_3PO_4应过量，2. 0L 应全部用上。设所需的 NaH_2PO_4为 xL。

	PO_4^{3-} +	$H_2PO_4^- \rightleftharpoons$	$2HPO_4^{2-}$
反应前 /mol	2. 0 × 0. 10	0. 10x	0
反应后 /mol	0. 2 – 0. 10x	0	0. 20x

由于 pH = 12. 50，所以 $c(OH^-)$ = 0. 032 mol · L^{-1}，则

	PO_4^{3-}	$+ H_2O \rightleftharpoons HPO_4^{2-}$	$+ OH^-$
起始浓度 /mol · L^{-1}	$\frac{0.2 - 0.10x}{2.0 + x}$	$\frac{0.20x}{2.0 + x}$	0
平衡浓度 /mol · L^{-1}	$\frac{0.2 - 0.10x}{2.0 + x} - 0.032$	$\frac{0.20x}{2.0 + x} + 0.032$	0. 032

$$K_{b1}^{\ominus} = \frac{K_w^{\ominus}}{K_{a1}^{\ominus}(H_3PO_4)} = \frac{c(HPO_4^{2-})c(OH^-)}{c(PO_4^{3-})} = \frac{\left(\frac{0.20x}{2.0+x}+0.032\right)\times 0.032}{\frac{0.20-0.10x}{2.0+x}-0.032}$$

$$x = 0.12\text{L}$$

所以,可配制溶液 2.12L。

6.2 沉淀溶解平衡及其利用

沉淀的生成和溶解在我们的周围经常发生。如肾结石通常是生成难溶盐草酸钙 CaC_2O_4 和磷酸钙 $Ca_3(PO_4)_2$ 所致;自然界中石笋和钟乳石形成是与 $CaCO_3$ 沉淀的生成和溶解反应有关;工业上可用碳酸钠与消石灰制取烧碱等。这些事例说明了沉淀-溶解平衡对生物化学、医学、工业生产和生态学有着深远的影响。

6.2.1 溶度积规则

6.2.1.1 溶度积与溶解度

沉淀-溶解平衡是水溶液中的多相离子平衡,其研究的对象是难溶性强电解质。

在一定温度下,任一难溶电解质 A_nB_m 与其饱和溶液间存在的沉淀溶解平衡为

$$A_nB_m(s) \rightleftharpoons nA^{m+}(aq) + mB^{n-}(aq)$$

如果该温度下 A_nB_m 在水中的溶解度为 s mol·L^{-1},则

$$K_{sp}^{\ominus} = \{c(A^{m+})\}^n\{c(B^{n-})\}^m = (ns)^n(ms)^m \tag{6-9}$$

对相同类型的难溶电解质,溶度积越大,其溶解度也越大,因此可根据溶度积的大小来直接比较溶解度的相对大小。但对不同类型的难溶电解质,必须要通过计算来进行比较。需要说明的是,式(6-9)的换算关系只适合于基本上不水解的难溶电解质。

6.2.1.2 溶度积规则

将反应商规则应用到沉淀-溶解平衡体系便可归纳出难溶电解质沉淀的生成与溶解的普遍规律。在温度一定的难溶电解质 A_nB_m 的溶液中:

$$A_nB_m(s) \rightleftharpoons nA^{m+}(aq) + mB^{n-}(aq)$$

$$Q = \{c_i(A^{m+})\}^n\{c_i(B^{n-})\}^m$$

当 $Q > K_{sp}^{\ominus}(A_nB_m)$ 时,溶液过饱和,有沉淀生成;

当 $Q = K_{sp}^{\ominus}(A_nB_m)$ 时,饱和溶液,沉淀既不生成也不溶解;

当 $Q < K_{sp}^{\ominus}(A_nB_m)$ 时,沉淀溶解或无沉淀产生,溶液未饱和。

以上关于沉淀与溶解的规律称为溶度积规则,据此规律可以判断沉淀的生成和溶解。

6.2.2 沉淀的生成与溶解

6.2.2.1 沉淀的生成

根据溶度积规则,在难溶电解质溶液中,当 $Q > K_{sp}^{\ominus}$,体系就会有沉淀生成,即沉淀生成的必要条件是 $Q > K_{sp}^{\ominus}$。

【例 6-6】 在 0.004mol·L^{-1} $AgNO_3$ 溶液中,加入等体积的 0.04 mol·L^{-1} 的 K_2CrO_4 溶

液，有无Ag_2CrO_4沉淀生成？若有，则沉淀后溶液中的Ag^+和CrO_4^{2-}的浓度各是多少？

解：(1) 溶液等体积混合后，各物质的浓度均减小一半，则

$c(Ag^+) = 0.002mol \cdot L^{-1}$　　　$c(CrO_4^{2-}) = 0.02mol \cdot L^{-1}$

$$Ag_2CrO_4(s) \rightleftharpoons 2Ag^+(aq) + CrO_4^{2-}(aq)$$

$Q = \{c(Ag^+)\}^2 \cdot \{c(CrO_4^{2-})\} = (0.002)^2 \cdot (0.02) = 8 \times 10^{-6} > K_{sp}^{\ominus} = 1.12 \times 10^{-12}$

即两种溶液等体积混合后有沉淀生成。

(2) 要确定生成沉淀后，溶液中Ag^+和CrO_4^{2-}的浓度，则需进行平衡计算：

	$Ag_2CrO_4(s) \rightleftharpoons$	$2Ag^+(aq)$	$+ CrO_4^{2-}(aq)$
起始浓度/($mol \cdot L^{-1}$)		0.002	0.02
完全反应后浓度/($mol \cdot L^{-1}$)		0	0.019
平衡浓度/($mol \cdot L^{-1}$)		$2x$	$0.019 + x$

$$K_{sp}^{\ominus} = \{c(Ag^+)\}^2 \cdot \{c(CrO_4^{2-})\} = (2x)^2 \cdot (0.019 + x) = 1.12 \times 10^{-12}$$

因为x很小，所以$0.019 + x \approx 0.019$。解得

$$x = 3.84 \times 10^{-6} mol \cdot L^{-1}$$

即溶液中Ag^+浓度为$7.68 \times 10^{-6} mol \cdot L^{-1}$，$CrO_4^{2-}$浓度为$0.019 mol \cdot L^{-1}$。

根据平衡移动原理知道，不论加入多大浓度的沉淀剂，被沉淀离子也不可能从溶液中绝迹，当溶液中被沉淀离子浓度小于$10^{-5} mol \cdot L^{-1}$时，一般认为被沉淀的离子已沉淀完全。例6－6中，两种溶液混合后，溶液中Ag^+浓度为$7.68 \times 10^{-6} mol \cdot L^{-1}$，小于$10^{-5} mol \cdot L^{-1}$，则认为混合溶液中$Ag^+$已经沉淀完全。

【例6－7】 计算$BaSO_4$在纯水、$0.01 mol \cdot L^{-1}$ Na_2SO_4溶液中的溶解度。

解：(1)设$BaSO_4$在纯水中的溶解度为s_1：

$$BaSO_4(s) \rightleftharpoons Ba^{2+}(aq) + SO_4^{2-}(aq)$$

$$s_1 = \sqrt{K_{sp}^{\ominus}} = \sqrt{1.08 \times 10^{-10}} = 1.04 \times 10^{-5} mol \cdot L^{-1}$$

$BaSO_4$在纯水中的溶解度为$1.04 \times 10^{-5} mol \cdot L^{-1}$

(2) 加Na_2SO_4后，由于SO_4^{2-}浓度增大，使$Q > K_{sp}^{\ominus}$，有$BaSO_4$沉淀析出。设在$0.01 mol \cdot L^{-1}$ Na_2SO_4溶液中$BaSO_4$的溶解度为$s_2 mol \cdot L^{-1}$

	$BaSO_4(s) \rightleftharpoons$	$Ba^{2+}(aq)$	$+ SO_4^{2-}(aq)$
平衡浓度/($mol \cdot L^{-1}$)		s_2	$0.01 + s_2$

$$K_{sp}^{\ominus} = c(Ba^{2+}) \cdot c(SO_4^{2-}) = s_2 \cdot (0.01 + s_2) = 1.08 \times 10^{-10}$$

因为s_2很小，所以$0.01 + s_2 \approx 0.01$，则

$$s_2 = 1.08 \times 10^{-8} mol \cdot L^{-1}$$

即$BaSO_4$在$0.01 mol \cdot L^{-1}$ Na_2SO_4溶液中的溶解度为$1.08 \times 10^{-8} mol \cdot L^{-1}$，比在纯水中的溶解度降低了约$10^3$倍。

由此可见，在难溶电解质溶液中加入与其含有相同离子的易溶强电解质，也可使难溶电解质的溶解度减小，这是同离子效应在沉淀溶解平衡中的体现。同离子效应在沉淀溶解平衡中的应用也很广，如适当过量沉淀剂可使被沉淀离子沉淀的更为完全；在洗涤沉淀时，选用含相同组分离子的电解质水溶液作洗涤剂可减少溶解而造成的损失等。

6.2.2.2 分步沉淀

若溶液中含有两种或两种以上的离子，在加入沉淀剂时则可能同时产生沉淀。由于待沉

淀离子浓度、相应难溶电解质溶度积常数的不同，形成沉淀所需的沉淀剂浓度将不尽相同，所需沉淀剂浓度低的待沉淀离子将会优先沉淀，而所需沉淀剂浓度较高的离子会后沉淀，此现象称为分步沉淀。

【例6-8】 在不断振荡的条件下，向含有0.01mol·L^{-1} I^-和0.01 mol·L^{-1} Cl^-的溶液中逐滴滴加沉淀剂 $AgNO_3$溶液，问：(1)哪种离子优先被沉淀？(2)当第二种离子开始被沉淀时，第一种离子的残留浓度是多大？

解：(1)沉淀 I^-所需的 Ag^+的最低浓度为：

$$c_1(Ag^+) = \frac{K_{sp}^{\ominus}(AgI)}{c(I^-)} = \frac{8.52\times10^{-17}}{0.01}\text{mol}\cdot L^{-1} = 8.52\times10^{-15}\text{mol}\cdot L^{-1}$$

沉淀 Cl^-所需 Ag^+的最低浓度为：

$$c_2(Ag^+) = \frac{K_{sp}^{\ominus}(AgCl)}{c(I^-)} = \frac{1.77\times10^{-10}}{0.01}\text{mol}\cdot L^{-1} = 1.77\times10^{-8}\text{mol}\cdot L^{-1}$$

I^-沉淀所需 Ag^+的浓度较小，因此在逐滴滴加 $AgNO_3$时，AgI 先沉淀。

(2) 当 Cl^-开始沉淀时，Ag^+的浓度为 1.77×10^{-8} mol·L^{-1}，此时 I^-的浓度为：

$$c(I^-) = \frac{K_{sp}^{\ominus}(AgI)}{c_2(Ag^+)} = \frac{8.52\times10^{-17}}{1.77\times10^{-8}} = 4.81\times10^{-9}\ \text{mol}\cdot L^{-1}$$

$c(I^-)$小于1.0×10^{-5} mol·L^{-1}，说明 Cl^-开始沉淀时，I^-已经沉淀的相当完全了。

6.2.2.3 沉淀的溶解

据溶度积规则，若采取办法使 $Q < K_{sp}^{\ominus}$，即可使沉淀溶解。

酸、碱或某些盐类物质与难溶电解质的组分离子结合生成弱电解质（如弱酸、弱碱或 H_2O 等），可以使某些难溶的弱酸盐、弱碱盐、碱性氧化物或氢氧化物溶解。如用盐酸清洗锅炉内水垢（主要成分为 $CaCO_3$）时，就是利用 H^+ 和 $CaCO_3$ 解离出来的 CO_3^{2-} 生成弱电解质 H_2CO_3 而降低溶液中 CO_3^{2-} 的浓度，使得 $Q < K_{sp}^{\ominus}$，导致 $CaCO_3$ 被溶解。

通过氧化还原反应也可以降低难溶电解质组分离子的浓度而使其溶解。如 CuS 难溶于非氧化性的稀酸，但却可以溶于氧化性的 HNO_3 之中，其原因就在于 HNO_3 能将 CuS 解离出来的 S^{2-} 氧化为 S，从而大大降低了 S^{2-} 的浓度，最终导致 CuS 沉淀溶解。

加入配体，使难溶电解质的组成离子形成稳定的配离子是溶解难溶电解质的另一重要方法。如定影时加入过量的 $Na_2S_2O_3$ 溶液就是使底片上未曝光 AgBr 解离生成 Ag^+，而 Ag^+ 进一步和 $S_2O_3^{2-}$ 生成稳定的配离子 $[Ag(S_2O_3)_2]^{3-}$ 而使 AgBr 沉淀溶解。

6.2.2.4 沉淀的转化

借助于某一试剂，把一种难溶电解质转化为另一种难溶电解质的过程称为沉淀的转化。例如锅炉内壁上的 $CaSO_4$ 锅垢可采用 Na_2CO_3 预处理，然后酸洗的办法除去，其原因是因为 $CaSO_4$ 不溶于酸，难以除去。采用 Na_2CO_3 溶液预处理，可使溶度积较大的 $CaSO_4$ 转化为溶度积较小的 $CaSO_4$，而 $CaSO_4$ 可以用酸溶解的方法除去。该过程可表示为：

$$CaSO_4(s) + CO_3^{2-}(aq) \rightleftharpoons CaCO_3(s) + SO_4^{2-}(aq)$$

此转化反应的平衡常数为：

$$K^{\ominus} = \frac{c(SO_4^{2-})}{c(CO_3^{2-})} = \frac{c(SO_4^{2-})c(Ca^{2+})}{c(CO_3^{2-})c(Ca^{2+})} = \frac{K_{sp}^{\ominus}(CaSO_4)}{K_{sp}^{\ominus}(CaCO_3)} = \frac{7.1\times10^{-5}}{3.36\times10^{-9}} = 2.11\times10^4$$

计算表明，上述转化反应向右进行的趋势很大。

一般来说，相同类型的难溶电解质，沉淀转化程度的大小取决于两种难溶电解质溶度积的相对大小，溶度积较大的难溶电解质易转化为溶度积较小的难溶电解质，且两种难溶电解质的溶度积相差越大，沉淀转化就越完全。

6.3 配位平衡及其利用

6.3.1 配位化合物

配位化合物简称配合物，也称络合物，是由中心离子或原子(形成体)与中性分子或负离子(配位体)以配位键结合而成的复杂化合物。自1789年法国化学家塔赦特合成第一个配位化合物$[Co(NH_3)_6] \cdot Cl_3$以来，迄今人类已经合成了成千上万种具有光、电、磁、信息储存等特殊功能的配合物，其在许多领域有着广泛的应用。

配合物一般由内界和外界两部分组成，内界的结合比较紧密，但外界与内界的结合比较松弛。内界一般由金属(也有非金属)离子或原子与负离子或中性分子组成，通常用方括号括起来，而与内界结合的部分就是外界。内界中金属离子或原子处于配合物的中心，称为配位中心或配合物的形成体，也可称中心离子或中心原子，其特征是：具有空的价电子轨道，能接受孤对电子形成配位键。按一定的空间位置排列在形成体周围、并通过配位键与形成体结合的负离子或中性分子称为配位体，简称配体。配体中直接与形成体结合的原子称为配位原子，而与形成体结合的配位原子总数称为配位中心的配位数。只有一个配位原子的配体称为单齿配体，有两个或两个以上配位原子的配体称为多齿配体或螯合剂，由多齿配体形成的配合物称为螯合物。配位体和配位中心结合构成了配合物的内界，其电荷数等于配位中心的电荷与配体电荷的代数和。如在$[Co(NH_3)_6] \cdot Cl_3$中，Co^{3+}是中心离子，NH_3是配体，N原子是配位原子，中心离子Co^{3+}的配位数是6，配合物的内界为$[Co(NH_3)_6]^{3+}$，外界为Cl^-。又如在$[Co(NH_3)_5Cl]Cl_2$中，中心离子为Co^{3+}，配体为NH_3、Cl^-，中心离子Co^{3+}的配位数为6，配合物的内界为$[Co(NH_3)_5Cl]^{3+}$，外界为Cl^-；再如配合物$[Cu(H_2NCH_2CH_2NH_2)_2] \cdot SO_4$(其结构如图6.1所示)，其中$Cu^{2+}$是中心离子，$H_2NCH_2CH_2NH_2$是多齿配体，N原子是配位原子，中心离子$Cu^{2+}$的配位数是4。

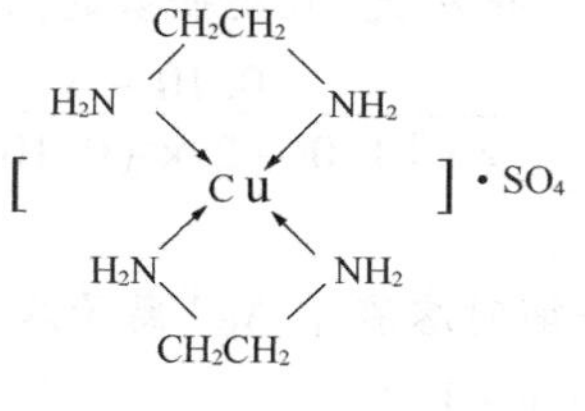

图6.1 $[Cu(H_2NCH_2CH_2NH_2)_2] \cdot SO_4$的结构图

配合物的命名服从一般无机化合物的命名原则，即先阴离子，后阳离子。如果是简单的阴离子，如Cl^-、S^{2-}、OH^-等，则命名为“某化某”；如果是复杂的阴离子，如SO_4^{2-}，CO_3^{2-}等，或阴离子为配离子，则命名为“某酸某”。

配合物内界具体命名规则如下：

(1) 先命名配体，再命名中心离子，中间加一个“合”(或“络”)字；在配体名称前加一、二、三等表示配体数目，在中心离子名称后面的括号里用罗马数字Ⅰ、Ⅱ、Ⅲ等表明中心离子的氧化数。具体格式为：配位体数目—配位体—合—中心离子(罗马数字)。

(2) 若配体不止一种，则不同配体名之间用圆点“·”隔开。配体命名的顺序：先离子后分子；先无机后有机，先简单后复杂。若配体同为中性分子则按配位原子元素符号的英文字母顺序命名。表6.2列举了一些配合物命名的实例。

表 6.2 配合物命名实例

配合物化学式	名称	配合物化学式	名称
$H_2[SiF_6]$	六氟合硅(Ⅳ)酸	$[CoCl(NH_3)_5]Cl_2$	二氯化一氯・五氨合钴(Ⅲ)
$K_4[Fe(CN)_6]$	六氰合铁(Ⅱ)酸钾	$[PtCl(NO_2)(NH_3)_4]CO_3$	碳酸一氯・一硝基・四氨合铂(Ⅳ)
$[Co(en)_3]Cl_3$	三氯化三乙二胺合钴(Ⅲ)	$[CrCl_2(NH_3)_4]Cl \cdot 2H_2O$	二水合一氯化二氯・四氨合铬(Ⅲ)
$[Ag(NH_3)_2]OH$	氢氧化二氨合银(Ⅰ)	$[Co(NH_3)_3(H_2O)Cl_2]Cl$	一氯化二氯・三氨・一水合钴(III)
$K_2[Zn(OH)_4]$	四羟基合锌(II)酸钾	$[Ni(CO)_4]$	四羰基合镍

6.3.2 配位平衡

6.3.2.1 配位化合物的生成与解离

许多过渡金属离子或原子都可以在溶液中或固态时形成配位化合物。配位化合物溶于水后完全离解,外界的性质与普通离子一致,而相对稳定的内界离子在水溶液中会像弱酸、弱碱一样发生部分的离解,存在着配离子的离解平衡。配位化合物的解离平衡称为称为配位平衡。

应用稳定常数 $K_f^{\ominus}$ 或不稳定常数 $K_d^{\ominus}$ 可以计算配合物溶液中有关离子的浓度。在实际工作中,配体的加入量往往是过量的,中心离子或中心原子绝大多数处在最高配位数状态,故一般较低级的配离子可忽略不计。

【例 6-9】 将 0.10mol$AgNO_3$溶于 1.0L 1.0mol・L^{-1}的氨水溶液中,试计算平衡时溶液中 Ag^+和 $[Ag(NH_3)_2]^+$ 的浓度。

解: 设平衡时 Ag^+ 离子浓度为 x mol・L^{-1},并忽略 $[Ag(NH_3)]^+$ 的形成,则

$$Ag^+(aq) + 2NH_3(aq) \rightleftharpoons [Ag(NH_3)_2]^+(aq)$$

	Ag^+	NH_3	$[Ag(NH_3)_2]^+$
起始浓度/(mol・L^{-1})	0.1	1.0	0
平衡浓度/(mol・L^{-1})	x	$1.0-2\times(0.10-x)$	$0.10-x$

$$K_f^{\ominus} = \frac{c\{[Ag(NH_3)_2]^+\}}{c(Ag^+)\cdot\{c(NH_3)\}^2} = \frac{0.10-x}{x\cdot[1.0-2\times(0.10-x)]^2} = 1.12\times10^7$$

因 $K_f^{\ominus}$ 值很大,且初始氨的浓度远大于 Ag^+ 离子的浓度,所以 $0.10-x\approx0.10$,则

$$\frac{0.10-x}{x\cdot[1.0-2\times(0.10-x)]^2} \approx \frac{0.10}{x\cdot(1.0-2\times0.10)^2} = 1.12\times10^7$$

$$x = 1.40\times10^{-8}$$

即平衡时溶液中 Ag^+ 离子浓度约为 1.40×10^{-8} mol・L^{-1},$[Ag(NH_3)_2]^+$ 离子的浓度约为 0.10 mol・L^{-1}。

6.3.2.2 配位平衡的移动

与所有平衡体系一样,改变维持平衡的条件,配位平衡也会发生移动。

由于大多数配体都是弱碱,如 F^-、CN^-、SCN^-、NH_3等,因此溶液酸度增加时,平衡通常会向着配离子解离的方向移动。例如,往 $[Cu(NH_3)_4]^{2+}$ 溶液中加入少量 H^+,由于 H^+与 NH_3结合生成了 NH_4^+,溶液中 NH_3浓度减小,促使 $[Cu(NH_3)_4]^{2+}(aq)$ 进一步离解,溶液由深蓝色变为浅蓝色,该过程的反应如下:

$$[Cu(NH_3)_4]^{2+}(aq) \rightleftharpoons Cu^{2+}(aq) + 4NH_3(aq)$$

$$H^+(aq) + 2NH_3(aq) \rightleftharpoons NH_4^+(aq)$$

总反应为: $[Cu(NH_3)_4]^{2+}(aq) + 4H^+(aq) \rightleftharpoons Cu^{2+}(aq) + 4NH_4^+(aq)$

沉淀的生成也可影响配位平衡。如向 $[Ag(NH_3)_2]^+$ 溶液中加入少量 KI 溶液，可观察到黄色沉淀 AgI 产生。这是由于中心离子 Ag^+ 与 I^- 生成 AgI 沉淀而使配离子的解离平衡受到破坏，配位平衡向解离方向移动的结果，其反应如下：

$$[Ag(NH_3)_2]^+(aq) \rightleftharpoons Ag^+(aq) + 2NH_3(aq)$$

$$Ag^+(aq) + I^-(aq) \rightleftharpoons AgI(s)$$

总反应为：$[Ag(NH_3)_2]^+(aq) + I^- \rightleftharpoons AgI(s) + 2NH_3(aq)$

此外，类似于沉淀的转化，在配离子的解离平衡中，一种配离子可以转化为另一种更为稳定的配离子，即平衡会向生成更难解离的配离子方向移动；同时借助于氧化还原反应等也能使配位平衡发生移动。

6.3.3 配位化合物的应用

配合物化合物在分析分离、冶金、电镀和生物医药等方面有着广泛的应用。

在分析分离中，在欲分析、分离的体系中加入配体，可利用所形成配合物的性质对体系所含成分进行定性、定量的分析与分离。在不同的场合下，配体可作沉淀剂、萃取剂、滴定剂、显色剂、掩蔽剂、离子交换中的淋洗剂等应用于各种分析方法与分离技术中。如丁二肟在弱碱性介质中与 Ni^{2+} 可形成鲜红色难溶的二(丁二肟)合镍(II)配合物沉淀，藉此可鉴定 Ni^{2+}，也可用于 Ni^{2+} 含量的分析测定。

在冶金方面，难于氧化的贵金属可与配位剂反应形成配合物而溶解。例如，矿石中金含量是很低的，其性质又不稳定，只能用湿法冶金即氰化法提炼，具体反应如下：

$$4Au + 8NaCN + 2H_2O \rightleftharpoons 4Na[Au(CN)_2] + 4NaOH$$

$$2Na[Au(CN)_2] + Zn \rightleftharpoons Na_2[Zn(CN)_4] + 2Au$$

目前湿法冶金向无毒无污染方向发展。例如，在用 $S_2O_3^{2-}$ 代替 CN^- 浸出贵金属的同时，向溶液中加入 $[Cu(NH_3)_4]^{2+}$ 配离子，加速贵金属的溶解。其反应式为：

$$Au + 5S_2O_3^{2-} + [Cu(NH_3)_4]^{2+} \rightleftharpoons [Au(S_2O_3)_2]^{3-} + 4NH_3 + [Cu(S_2O_3)_3]^{5-}$$

然后根据 $[Au(S_2O_3)_2]^{3-}/Au$ 和 $[Cu(S_2O_3)_3]^{5-}/Cu$ 电极电势(参阅第 7 章)的差别，电沉积法先后析出金和铜。

在电镀方面，为获得牢固、均匀、致密、光亮的镀层，通常要控制镀液中有关金属离子的浓度。例如镀 Cu 工艺中采用焦磷酸钾($K_4P_2O_7$)为配合剂，可使 Cu^{2+} 转变为 $[Cu(P_2O_7)_2]^{6-}$ 配离子，从而达到降低镀液中 Cu^{2+} 的浓度、减慢晶体在镀件上的成长速率的目的，最终获得光滑、均匀和附着力好的镀层。

配合物在生物化学方面也具有重要的应用，如输氧的血红素是含 Fe^{3+} 的配合物，叶绿素是含 Mg^{2+} 的复杂配合物，起血凝作用的是 Ca^{2+} 的配合物；适量的 EDTA 螯合剂可与重金属离子 Hg^{2+}、Pb^{2+} 形成螯合物而排出体外；顺式的 $[PtCl_2(NH_3)_2]$ 具有抗癌活性等。

第 7 章　氧化还原反应与电化学基础

氧化还原反应是生活和实践中经常遇到的一类重要化学反应，如植物的光合作用、金属的腐蚀、金属的冶炼、电镀、精密仪器的电铸与电解加工、计算机电路的制造、航天器中高能化学电源的制造和使用、印刷电路板的制造，通过煤、石油、天然气的燃烧来获取能源等。如果氧化还原反应的反应物间不直接接触，则可利用特殊的装置将其化学能转化为电能而加以利用。

7.1　氧化还原反应

7.1.1　氧化数

氧化数亦可称为氧化值，表示的是化合物中各原子所带的电荷数或形式电荷数，该电荷数是假设将化合物中成键原子间的共用电子指定归于电负性较大的原子而求得的。确定元素氧化数的规则如下：

（1）单质中元素的氧化数为零。如 H_2 中 H 的氧化数、P_4 中 P 的氧化数都为零。

（2）单原子离子中，元素的氧化数等于离子所带的电荷数。如 K^+ 中 K 的氧化数为 +1。

（3）在大多数化合物中，氢的氧化数为 +1，在金属氢化物中，氢的氧化数为 -1。

（4）通常，氧的氧化数一般为 -2，但在过氧化物中为 -1，在超氧化物中为 -1/2，在氟氧化物中为 +2。

（5）在中性分子中，各元素氧化数的代数和为零；在多原子复杂离子中，元素氧化数的代数和等于该复杂离子的电荷数。

氧化数的概念是经验性的，是原子在形式上的电荷数，可以是整数、分数，它并不反映原子结合的本质。如在 Fe_3O_4 中氧的氧化数为 -2，那么铁的氧化数为 +8/3，实际上在 Fe_3O_4 中，两个铁原子的氧化数为 +3，一个铁原子的氧化数为 +2，氧化数 +8/3 是其平均氧化数，是铁原子的表观电荷数。

7.1.2　氧化还原反应及其配平

7.1.2.1　氧化还原反应的基本概念

反应前后元素氧化数发生改变的反应称为氧化还原反应，其中氧化数升高的过程称为氧化反应，氧化数降低的过程称为还原反应。氧化反应和还原反应同时存在于同一氧化还原反应之中。与此对应，反应物中发生氧化反应的物质称为还原剂，发生还原反应的物质称为氧化剂，即在反应的过程中，还原剂失去电子被氧化的同时，自身的氧化数升高了，而氧化剂在得到电子被还原的同时，自身的氧化数降低了。如典型的 Zn 与 Cu^{2+} 之间的反应

$$Zn(s) + Cu^{2+} \rightleftharpoons Zn^{2+} + Cu(s)$$

其实质是 Zn 单质给出电子，自身氧化数升高转变为产物 Zn^{2+}，是反应中的还原剂，发生氧化反应（还原剂失去电子被氧化）：

$$Zn(s) - 2e \rightleftharpoons Zn^{2+}$$

而另一反应物 Cu^{2+} 得到电子,自身氧化数降低转变为产物 Cu 单质,是反应中的氧化剂,发生还原反应(氧化剂得到电子被还原):

$$Cu^{2+} + 2e \rightleftharpoons Cu$$

将氧化反应和还原反应加和即可得到一个完整的氧化还原反应,因此氧化反应、还原反应均称为氧化还原反应的半反应。在两个半反应中,每个半反应均涉及同一元素两种不同氧化态的物种,如 Zn 和 Zn^{2+}、Cu^{2+} 和 Cu。我们把同一元素两种不同氧化态的物质称为一个氧化还原电对,简称为电对。电对中氧化数高的物质称为氧化态物质,氧化数低的物质称为还原态物质。氧化还原电对可用符号表示为:氧化态物质/还原态物质,如 Zn^{2+}/Zn 和 Cu^{2+}/Cu。需要特别注意的是,书写电对符号时一定要写出不同氧化态元素实际存在的形态,如银离子与单质银组成的电对就有 Ag^{+}/Ag、$AgCl/Ag$、Ag_2O/Ag 等多种形式。

7.1.2.2 氧化还原反应的配平

配平氧化还原反应常采用的方法有电子法、氧化数法和离子－电子半反应法。但无论采用哪种方法都必须遵循电荷守恒和质量守恒。

下面以高锰酸钾与盐酸反应制取氯气为例说明离子－电子半反应法(简称离子－电子法)的配平步骤:

$$KMnO_4 + HCl \rightleftharpoons MnCl_2 + Cl_2$$

(1) 以离子的形式表示出主要的反应物和产物。

$$MnO_4^- + Cl^- \longrightarrow Mn^{2+} + Cl_2$$

(2) 写出两个半反应中的电对。

$$MnO_4^- \longrightarrow Mn^{2+}$$

$$Cl^- \longrightarrow Cl_2$$

(3) 配平两个半反应,使半反应两边的各元素原子总数和电荷总数相等。配平时要注意:在酸性条件下,多出的氧原子可以通过与氢离子作用转变成水分子来配平;在碱性条件下,多出的氧原子可以通过与水分子作用转变成氢氧根离子来配平。

$$MnO_4^- + 8H^+ + 5e \rightleftharpoons Mn^{2+} + 4H_2O$$

$$2Cl^- - 2e \rightleftharpoons Cl_2$$

(4) 根据氧化剂得到的电子数一定等于还原剂失去的电子数的原则,将已经配平的两个半反应乘以适当的系数并相加,以消去电子,简化得到配平的氧化还原反应。

$$2MnO_4^- + 16H^+ + 10\,Cl^- = 2Mn^{2+} + 5Cl_2 + 8H_2O$$

将离子反应式改为分子反应方程式为

$$2KMnO_4 + 16HCl = 2MnCl_2 + 2KCl + 5Cl_2 + 8H_2O$$

【例 7－1】 试用离子－电子法配平反应:$Cl_2 + NaOH \longrightarrow NaCl + NaClO_3$

解:(1) 以离子形式表示的主要反应物和产物为

$$Cl_2 + OH^- \longrightarrow Cl^- + ClO_3^-$$

该反应中氯元素的氧化数从 $0(Cl_2)$ 转变为 $+5(ClO_3^-)$ 和 $-1(Cl^-)$。这种氧化数升高和降低发生在同一物种中同一元素上的反应称为歧化反应。

(2) 两个半反应中的电对为:

$$Cl_2 \longrightarrow Cl^-$$

$$Cl_2 \longrightarrow ClO_3^-$$

(3) 配平两个半反应：

$$Cl_2 + 2e \rightleftharpoons 2Cl^-$$

在氧化半反应中，产物中多出3个氧原子，在碱性溶液需要用反应物中的 OH^- 提供。

$$Cl_2 + 12\ OH^- - 10e \rightleftharpoons 2ClO_3^- + 6H_2O$$

(4) 得失电子的最小公倍数是10，因此还原半反应乘以5并与氧化半反应相加消去电子，整理后可得配平的反应：

$$3Cl_2 + 6\ OH^- = ClO_3^- + 5\ Cl^- + 3H_2O$$

其分子方程式为：

$$3Cl_2 + 6NaOH = NaClO_3 + 5NaCl + 3H_2O$$

7.2 原电池与电极电势

7.2.1 原电池

在常温常压下可自发进行的锌置换铜的氧化还原反应，当反应物转变成产物的同时，化学势能降低。若该反应在烧杯中进行，由于 Zn 与 $CuSO_4$ 溶液直接接触，电子从 Zn 原子直接转移给 Cu^{2+}，此时电子流动毫无秩序，不能产生电流，反应产生的化学能转化为热能。若将金属 Zn 片插入 $ZnSO_4$ 溶液，将金属 Cu 片插入 $CuSO_4$ 溶液，并用一个倒置的、装满电解质凝胶（通常用含 KCl 饱和溶液的琼胶）的“U”形管（盐桥）将两个溶液连接起来。此时用导线经电流表将金属 Zn 片和 Cu 片连接时，电子就会自动地由 Zn 片向 Cu 片转移，其装置图如图7.1所示。与各自的平衡状态相比，Zn 片上的电子密度会减小，多余出正电荷；而 Cu 片上的电子密度会增加，多余出电子，所以在金属 Cu 片上会发生还原反应：

$$Cu^{2+} + 2e \rightleftharpoons Cu$$

这一反应的进行会降低 Cu 片上的电子密度，同时也会促进 Zn 发生失电子氧化反应：

$$Zn(s) - 2e \rightleftharpoons Zn^{2+}$$

氧化反应和还原反应的发生会使电子经导线由金属 Zn 片向 Cu 片定向运动，形成电流。同时，上述反应的进行也会使 $CuSO_4$ 溶液中因 Cu^{2+} 浓度的降低而多出带负电荷的 SO_4^{2-}，使 $ZnSO_4$ 溶液中产生多余的带正电荷的 Zn^{2+}。由于 $CuSO_4$ 溶液中多出的负离子会吸引 Cu^{2+} 离子而阻碍其得电子的反应，$ZnSO_4$ 溶液中多出的正电荷会排斥 Zn^{2+} 的进入而阻碍 Zn 失去电子的反应，此时电流不能够持续。当有盐桥存在时，盐桥中的 K^+ 和 Cl^- 分别向 $CuSO_4$ 溶液和 $ZnSO_4$ 溶液扩散（K^+ 和 Cl^- 在溶液中迁移速率几乎相等），从而保持了溶液的电中性，维持了电子通路，从而在回路中形成了持续的电流。

当用导线将金属 Zn 片和 Cu 片连接起来时，整个体系中电子只是发生了转移，并未增加或减少。因此，把在 Zn 片和 Cu 片上发生的反应相加并消除电子，就可以得到由于电子转移而使物质所发生的化学变化：

$$Zn(s) + Cu^{2+}(aq) \rightleftharpoons Zn^{2+}(aq) + Cu(s)$$

据上述分析，锌置换铜的氧化还原反应通过图7.1所示装置进行时，化学能是以电能的形式被释放出来的，这种将化学能转变成电能的装置称为原电池，简称电池，电池中发生的化学反应称为电池反应，电池发生电池反应的过程也称为电池的放电。图7.1所示的装置是由丹尼尔首先发明的原电池的示意图，称为丹尼尔铜锌原电池。

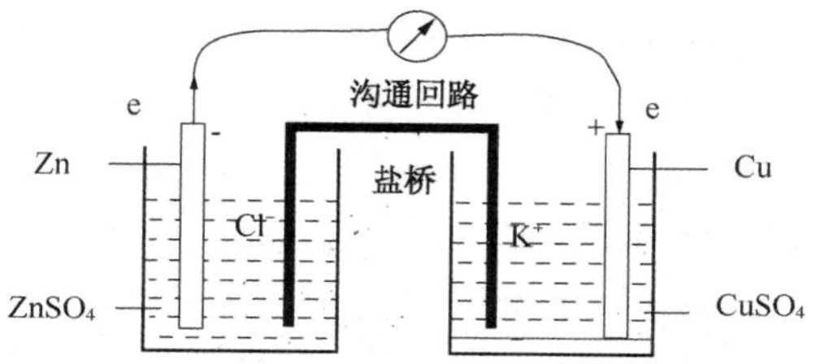

图 7.1　丹尼尔铜锌原电池

在丹尼尔电池的回路中，从 Zn 片经导线、开关和用电器等到 Cu 片是外电路，从 Cu 片经溶液到 Zn 片是内电路。根据物理学中的规定，外电路中电子流入的一端称为正极，用符号“(＋)”表示，外电路中电子流出的一端称为负极，用符号“(－)”表示。连接内外电路的导电材料则称为电极，因此，铜电极是电池的正极，锌电极是电池的负极。电池中的每个电极和与其相连接的电解质溶液及相关装置相当于电池的一半，称作半电池。一个电池中发生在电极上的反应称为电极反应，也就是发生在半电池中的反应，故也称作半电池反应。在一个实际电池的负极半电池中，一定是发生失去电子的氧化反应，而在正极半电池中，一定是发生得到电子的还原反应。例如在丹尼尔铜锌电池中，锌电极(负极)上发生的电极反应或半电池反应是 Zn 失去电子的氧化反应，而在铜电极(正极)上发生的电极反应或半电池反应则是 Cu 得到电子的还原反应，该电池的电池反应为：

$$Zn(s) + Cu^{2+}(aq) \longrightarrow Zn^{2+}(aq) + Cu(s)$$

在丹尼尔电池中，负极上发生的半反应涉及到电对 Zn^{2+}/Zn，正极上发生的半反应涉及到电对 Cu^{2+}/Cu。从化学的角度可以认为，由 Zn^{2+}/Zn 电对构成了锌电极，由 Cu^{2+}/Cu 电对构成了铜电极。可见，任意两个电极都可以组成一个原电池。电池放电时，锌电极不仅参与了电子转移的导电作用，同时还参与了电极反应，此类电极被称为非惰性电极，而铜电极仅起到转移电子的作用，并不参与电极的反应，此类仅起导电作用的电极称为惰性电极。理论上惰性电极可以用其他导电材料如反应活性很低的贵金属铂或石墨等进行替代。

原电池的装置可用电池符号来进行表示。例如，丹尼尔铜锌原电池的表示符号如下：

$$(-)Zn(s)\,|\,Zn^{2+}(c_{Zn^{2+}})\parallel Cu^{2+}(c_{Cu^{2+}})\,|\,Cu(s)(+)$$

书写原电池符号的基本规则是：首先在最左边写出负极的表示符号(－)，再写出负极材料，沿着原电池的内电路一直写到正极材料，最后在最右边写出正极的表示符号(＋)。书写的符号要能够表达出电池组成的物相、物种及其作用，若遇到不同物相之间的界面，就用“|”表示，若遇到盐桥，就用“||”表示，同一相态中的不同物种之间一般要加上“，”，固相相态的不同物种之间也可以加上“|”。

在书写原电池表示符号时还要特别注意：不仅要写出组成电极的氧化态物质和还原态物质，还要写出它们转化时的介质条件；电池放电时的各物种的温度和压力可以在叙述中说明，若没有特别说明，则均是暗指 298.15 K 和 100 kPa；在电池符号中不用写出溶剂，而在书写与电池反应直接相关的物种时要同时标出其浓度或气体的分压。

7.2.2　电极电势

7.2.2.1　电极电势的产生

原电池能够产生电流，说明在其正负极之间存在着一定的电势差，也说明其正负极都具有电势，那么正负极的电势到底是怎样产生的呢？

以将金属插入含有该金属离子的溶液中所构成的金属电极为例。在金属中存在着大量的自由电子和金属离子，一方面由于受到极性水分子的吸引，金属离子有进入溶液的倾向，金属越活泼或溶液中金属离子的浓度越小，这种倾向越大；另一方面，溶液中的金属离子碰到金属表面时，有与金属中的电子结合而沉积到金属表面的倾向，金属越不活泼或溶液中金属离子的浓度越高，这种倾向越显著。当金属的溶解速率与金属离子的沉积速率相等时，就达到了动态平衡。由于平衡时进入溶液的金属离子总数与沉积到金属表面的金属离子总数并不相等，在静电引力的作用下，电性相反的电荷集中在金属和溶液的界面处，形成正负两个电层，称为双电层，如图7.2所示。双电层之间存在的电势差称为该金属电极的电极电势，用符号 $E(M^{n+}/M)$ 表示，单位是伏特。不同的金属电极，由于溶解和沉积的平衡状态不同，因此具有的电极电势不同。金属越活泼，越容易失去电子，电极电势值就越小；相反，金属越不活泼，越不容易失电子，电极电势就越大。当然，电极电势的大小也与溶液中金属离子的浓度、温度等因素有关。

若组成电极（或参与电极反应）的各物质均处在各自的标准条件下，则相应电极就称为标准电极，其电极电势就为标准电极电势，用符号 $E^{\ominus}$ 表示。原电池中正负极间因电极电势的不同而存在电势差，这一电势差称为原电池的电动势或电池的电压，用符号"E_{MF}"表示，单位为伏（特）（V）。若用 E_+ 和 E_- 分别表示正负极的电极电势，则原电池的电动势为：

$$E_{MF} = E_+ - E_- \tag{7-1}$$

若一个原电池是由两个标准电极组成的，则该标准原电池的电池电动势为：

$$E_{MF}^{\ominus} = E_+^{\ominus} - E_-^{\ominus} \tag{7-2}$$

7.2.2.2 电极电势的测定

迄今为止，人们尚无法直接测定电极电势的绝对值。为此人们提出了相对电极电势的概念。相对电极电势值确定的方法是：以待测电极为正极与规定的标准参比电极组成测试电池，并规定该标准参比电极的电极电势为零，则此测试电池的电动势 E_t 即为待测电极的电极电势 E_x。由于规定了待测电极为测试电池的正极，而正极发生还原反应，故用该方法得到的相对电极电势称为还原电极电势。

1953年，IUPAC建议用氧化还原电对 H^+/H_2 所构成的标准氢电极作为标准参比电极，并规定其 $E^{\ominus}(H^+/H_2) = 0.0000V$。氢电极的结构如图7.3所示，它是将镀有高活性铂黑的铂片插入氢离子溶液中，并不断通入氢气使铂黑吸附且维持饱和状态。若氢离子和氢气均处在各自的标准条件下时，此氢电极就为标准氢电极。

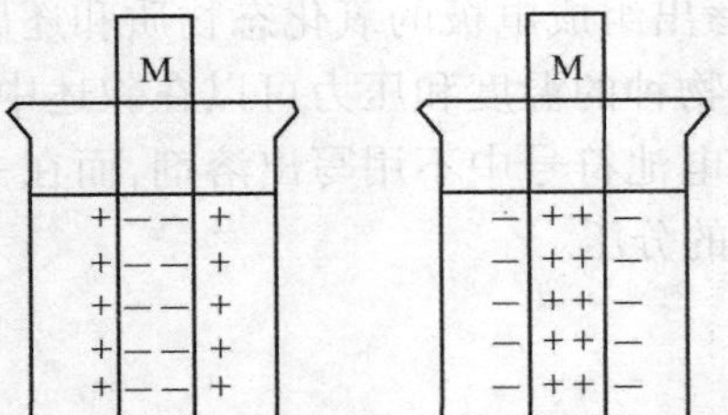

图7.2　双电层示意图

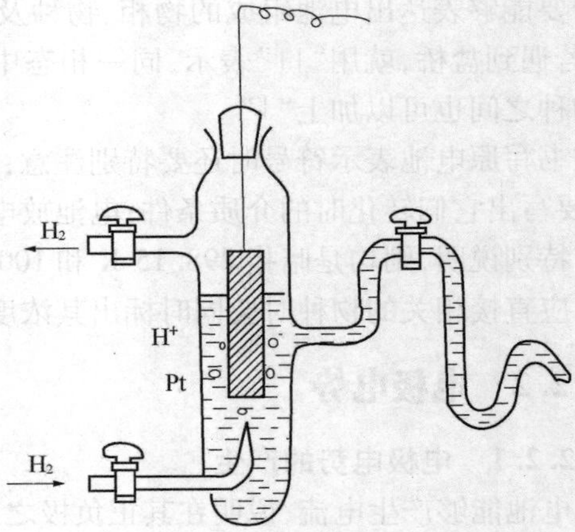

图7.3　氢电极的结构示意图

若待测电极是标准电极，那么对应的测试电池就是一个标准测试电池，相应的电池电动势 $E_{MF}^{\ominus}$ 就是其标准电极电势 $E^{\ominus}$ 。如标准铜电极的电极电势就是如下标准测试电池的电动势：

$$(-)Pt(s), H_2(100kPa) | H^+ (1.0mol \cdot L^{-1}) \parallel Cu^{2+}(1.0mol \cdot L^{-1}) | Cu(s)(+)$$

负极反应：$H_2(100kPa) - 2e = 2H^+ (1.0mol \cdot L^{-1})$

正极反应：$Cu^{2+}(1.0mol \cdot L^{-1}) + 2e = Cu(s)$

电池反应：$H_2(100kPa) + Cu^{2+}(1.0mol \cdot L^{-1}) = 2H^+ (1.0mol \cdot L^{-1}) + Cu(s)$

标准铜电极的电极电势：$E^{\ominus}(Cu^{2+}/Cu) = +0.34V$

由于标准氢电极要求的氢气纯度很高，制备麻烦且使用不便，在实际测量电极电势时，通常使用一些易于制备和使用，且电极电势稳定的电极来代替标准氢电极作为参比。如由 Hg、糊状 Hg_2Cl_2 和 KCl 组成的甘汞电极。依此方法，可以测定任意电极的电极电势，附录 5 列出了 298.15K 时常见氧化还原电对的标准电极电势。

由于标准电极电势是标准还原电势，描述的是电极中氧化态物质被还原的过程，即

$$a\text{ 氧化态物质} + ne \rightleftharpoons b\text{ 还原态物质}$$

因此，电对的标准电极电势的代数值越小，其还原态物质的还原能力越强，相应的氧化态物质的氧化能力越弱；相反，电对的标准电极电势的代数值越大，其氧化态物质的氧化能力越强，还原态物质的还原能力越弱。

7.2.2.3 电动势与吉布斯函数

热力学指出：在恒温恒压下，体系吉布斯自由能的减少等于体系对外所做的最大非体积功。对于电池反应，非体积功就是电功 W'_e 。

$$-\Delta_r G_m = W'_e \tag{7-3}$$

根据物理学原理，电功等于电路中所通过的电量 q 与电势差 E_{MF}的乘积，即

$$W'_e = qE_{MF} = nFE_{MF} \tag{7-4}$$

式(7-4)中，n 为氧化还原反应中转移电子的物质的量；F 为法拉第常数，数值近似为 $96485C \cdot mol^{-1}$；E_{MF}为原电池的电动势。联系式(7-3)和式(7-4)得到热化学与电化学之间的桥梁公式：

$$\Delta_r G_m = -nFE_{MF} \tag{7-5}$$

若组成原电池的各相关组分均处于标准态，则有：

$$\Delta_r G_m^{\ominus} = -nFE_{MF}^{\ominus} \tag{7-6}$$

7.2.2.4 能斯特方程式

对于任意原电池反应：

$$aA + bB = lL + mM$$

其非标准电池电动势或非标准电极电势可由热力学等温式求得：

$$\Delta_r G_m(T) = \Delta_r G_m^{\ominus}(T) + RT\ln\frac{[c(L)/c^{\ominus}]^l \cdot [c(M)/c^{\ominus}]^m}{[c(A)/c^{\ominus}]^a \cdot [c(B)/c^{\ominus}]^b}$$

将式(7-5)、式(7-6)代入上式，整理后可得：

$$E_{MF} = E_{MF}^{\ominus} - \frac{RT}{nF}\ln\frac{[c(L)/c^{\ominus}]^l \cdot [c(M)/c^{\ominus}]^m}{[c(A)/c^{\ominus}]^a \cdot [c(B)/c^{\ominus}]^b} \tag{7-8}$$

即

$$E_{MF} = E_{MF}^{\ominus} - \frac{RT}{nF}\ln Q \tag{7-9}$$

式(7－9)称为能斯特方程式,该方程描述了温度、物质浓度等因素对电池电动势的影响。如温度不加特殊说明,则为298.15 K,此时7－9式可简化为如下形式:

$$E_{MF} = E^{\ominus}_{MF} - \frac{0.0592}{n}\lg Q \qquad (7-10)$$

对处于任意状态下的电极反应(Ox表示氧化态物质,Re表示还原态物态)

$$Ox + ne \rightleftharpoons Re$$

根据电极电势的确定方法,将其作为正极与标准氢电极组成原电池,则该电池的电动势为:

$$E_{MF} = E(Ox/Re) - E^{\ominus}(H^+/H_2) = E(Ox/Re)$$

而根据式(7－10),该电池在298.15K时电动势也可表示为

$$\begin{aligned} E_{MF} &= E^{\ominus}_{MF} - \frac{0.0592}{n}\lg Q \\ &= E^{\ominus}(Ox/Re) - E^{\ominus}(H^+/H_2) - \frac{0.0592}{n}\lg Q \\ &= E^{\ominus}(Ox/Re) - \frac{0.0592}{n}\lg Q \end{aligned}$$

因此

$$\begin{aligned} E(Ox/Re) &= E^{\ominus}(Ox/Re) - \frac{0.0592}{n}\lg Q \\ &= E^{\ominus}(Ox/Re) - \frac{0.0592}{n}\lg \frac{c(Re)}{c(Ox)} \end{aligned} \qquad (7-11)$$

式(7－11)称为电极的能斯特方程式。方程中的反应商实质上是测试电池反应的反应商,但由于测试电池中参比电极处于标准态,各物种的相对浓度或压力均为1,所以最终体现的是电极反应的反应商。因此,若在电极反应中含有除氧化态和还原态之外的其他物种,如H^+、OH^-等,则这些物种的浓度及其在反应中的化学计量数也应根据反应写在电极的能斯特方程式中。

【例7－2】 计算pH＝1.00、$c(Mn^{2+}) = 1.0\ mol \cdot L^{-1}$时$E(MnO_2/Mn^{2+})$值。

解:在酸性介质中,电极反应为

$$MnO_2(s) + 4H^+(aq) + 2e \rightleftharpoons Mn^{2+}(aq) + 2H_2O(l) \qquad E^{\ominus}(MnO_2/Mn^{2+}) = 1.23V$$

在pH＝1.00时,$c(H^+) = 0.1\ mol \cdot L^{-1}$,则

$$\begin{aligned} E(MnO_2/Mn^{2+}) &= E^{\ominus}(MnO_2/Mn^{2+}) - \frac{0.0592}{n}\lg \frac{c(Mn^{2+})/c^{\ominus}}{\{c(H^+)/c^{\ominus}\}^4} \\ &= 1.23 - \frac{0.0592}{2}\lg \frac{1.0}{(0.1)^4} \\ &= 1.11V \end{aligned}$$

【例7－3】 求$p(Cl_2) = p^{\ominus}$,$c(Cl^-) = 2.0$时$E(CL_2/Cl^-)$。

解:电极反应为:

$$Cl_2(g) + 2e \rightleftharpoons 2Cl^-(aq) \qquad E^{\ominus}(Cl_2/Cl^-) = 1.36V$$

$$\begin{aligned} E(Cl_2/Cl^-) &= E^{\ominus}(Cl_2/Cl^-) - \frac{0.0592}{n}\lg \frac{\{c(Cl^-)/c^{\ominus}\}^2}{p(Cl_2)/p^{\ominus}} \\ &= 1.36 - \frac{0.0592}{2}\lg \frac{2^2}{1} \\ &= 1.34V \end{aligned}$$

可见，增加氧化态一侧各物种的浓度或减小还原态一侧各物质的浓度，电极电势增大；减小氧化态一侧各物种的浓度或增加还原态一侧各物质的浓度，电极电势减小。

【例 7-4】 已知：$E^{\ominus}(Cu^{2+}/Cu) = 0.34V$，$E^{\ominus}(Zn^{2+}/Zn) = -0.76V$，试计算如下电池的电动势：

$$(-)Zn(s)\,|\,Zn^{2+}(0.8mol \cdot L^{-1}) \parallel Cu^{2+}(0.08mol \cdot L^{-1})\,|\,Cu(s)(+)$$

解：方法一，利用电池反应的能斯特公式计算

电池反应：$Zn(s) + Cu^{2+}(0.08mol \cdot L^{-1}) \rightleftharpoons Zn^{2+}(0.8mol \cdot L^{-1}) + Cu(s)$

$$E^{\ominus}_{MF} = E^{\ominus}(Cu^{2+}/Cu) - E^{\ominus}(Zn^{2+}/Zn) = [0.34 - (-0.76)]V = 1.10V$$

故

$$E_{MF} = E^{\ominus}_{MF} - \frac{0.0592}{n}\lg Q = E^{\ominus}_{MF} - \frac{0.0592}{n}\lg\frac{c(Zn^{2+})/c^{\ominus}}{c(Cu^{2+})/c^{\ominus}}$$

$$= [1.10 - \frac{0.0592}{2}\lg\frac{0.8/1}{0.08/1}]V = 1.07V$$

方法二：利用电极反应的能斯特公式计算；

正极反应：$Cu^{2+}(0.08mol \cdot L^{-1}) + 2e \longrightarrow Cu(s)$

$$E(Cu^{2+}/Cu) = E^{\ominus}(Cu^{2+}/Cu) - \frac{0.0592}{n}\lg\frac{1}{c(Cu^{2+})/c^{\ominus}}$$

$$= [0.34 - \frac{0.0592}{2}\lg\frac{1}{0.08/1}]V = 0.31V$$

负极反应：$Zn(s) - 2e \longrightarrow Zn^{2+}(0.8mol \cdot L^{-1})$

$$E(Zn^{2+}/Zn) = E^{\ominus}(Zn^{2+}/Zn) - \frac{0.0592}{n}\lg\frac{1}{c(Zn^{2+})/c^{\ominus}}$$

$$= [-0.76 - \frac{0.0592}{2}\lg\frac{1}{0.8/1}]V \approx -0.76V$$

电池电动势：

$$E_{MF} = E(Cu^{2+}/Cu) - E(Zn^{2+}/Zn)$$
$$= [0.31 - (-0.76)] = 1.07V$$

7.3 电极电势的应用

7.3.1 判断氧化剂和还原剂的相对强弱

还原电势的大小反映了电对中氧化态物质获得电子被还原能力的大小。因此，电极电势的代数值越大，说明电对中氧化态物质得电子的能力越大，越容易被还原，是强氧化剂；相反，若电极电势的代数值越小，则说明电对中还原态物质失去电子的能力大，越容易被氧化，是强还原剂。

【例 7-5】 已知 $E^{\ominus}(MnO_4^-/Mn^{2+}) = 1.51V$，$E^{\ominus}(Cl_2/Cl^-) = 1.36V$。试判断：(1)在标准状态下；(2) $c(MnO_4^-) = 0.1\ mol \cdot L^{-1}$，其他物质处于标准状态；(3) $pH = 2.00$，其他相关物质处于标准状态的件下，哪种物质是最强的氧化剂？哪种物质是最强的还原剂？

解：两个电对所涉及的电极反应分别为

$$MnO_4^-(aq) + 8H^+(aq) + 5e \rightleftharpoons Mn^{2+}(aq) + 4H_2O(l)$$

$$Cl_2(g) + 2e \rightleftharpoons 2Cl^-(aq)$$

(1) 在标准状态下，$E^\ominus(MnO_4^-/Mn^{2+}) > E^\ominus(Cl_2/Cl^-)$。所以在标准状态下最强的氧化剂是 MnO_4^-，最强的还原剂是 Cl^-。

(2) 当 $c(MnO_4^-) = 0.1\ mol \cdot L^{-1}$、其他物质均处于标准状态时：

$$E(MnO_4^-/Mn^{2+}) = E^\ominus(MnO_4^-/Mn^{2+}) - \frac{0.0592}{n}\lg\frac{c(Mn^{2+})/c^\ominus}{\{c(MnO_4^-)/c^\ominus\}\{c(H^+)/c^\ominus\}^8}$$

$$= [1.51 - \frac{0.0592}{5}\lg\frac{1}{(0.1/1)(1)^8}]V$$

$$= 1.50V$$

此时，$E(MnO_4^-/Mn^{2+}) > E^\ominus(Cl_2/Cl^-)$，所以当 $c(MnO_4^-) = 0.1\ mol \cdot L^{-1}$ 时最强的氧化剂是依然是 MnO_4^-，最强的还原剂依然是 Cl^-。

(3) 当 $pH = 2.00$，其他相关物质处于标准状态时：

$$E(MnO_4^-/Mn^{2+}) = E^\ominus(MnO_4^-/Mn^{2+}) - \frac{0.0592}{n}\lg\frac{c(Mn^{2+})/c^\ominus}{\{c(MnO_4^-)/c^\ominus\}\{c(H^+)/c^\ominus\}^8}$$

$$= [1.51 - \frac{0.0592}{5}\lg\frac{1.0}{(1.0)(0.01)^8}]V$$

$$= 1.32V$$

此时 $E(MnO_4^-/Mn^{2+}) < E^\ominus(Cl_2/Cl^-)$，所以在 $pH = 2.00$ 时，最强的氧化剂是 Cl_2，最强的还原剂是 Mn^{2+}。

7.3.2 判断氧化还原反应进行的方向

根据 $\Delta_r G_m = -nFE_{MF}$，欲使 $\Delta_r G_m < 0$，反应正向自发进行，则 $E_{MF} > 0$。也就是说，若原电池的电池电动势大于零，则组成此电池的氧化还原反应必然正向自发进行。

【例 7-6】 已知：$E^\ominus(MnO_2/Mn^{2+}) = 1.23V$，$E^\ominus(Cl_2/Cl^-) = 1.36V$。(1) 判断在 298K 的标准状态下，反应 $MnO_2 + 2Cl^- + 4H^+ == Mn^{2+} + Cl_2 + 2H_2O$ 能否自发进行？(2) 实验室为什么可以用浓盐酸($12\ mol \cdot L^{-1}$)制氯气？

解：(1) 在标准状态下：

$$E_{MF}^\ominus = E^\ominus(MnO_2/Mn^{2+}) - E^\ominus(Cl_2/Cl^-) = -0.13V$$

由于 $E_{MF}^\ominus$ 小于0，因此该反应在在 298K 的标准状态下不能自发进行。

(2) 采用浓盐酸时：

方法一：利用原电池反应的能斯特公式计算

$$E_{MF} = E_{MF}^\ominus - \frac{0.0592}{n}\lg Q$$

$$= E_{MF}^\ominus - \frac{0.0592}{2}\lg\frac{\{c(Mn^{2+})/c^\ominus\}\{p(Cl_2)/p^\ominus\}}{\{c(Cl^-)/c^\ominus\}^2\{c(H^+/c^\ominus)\}^4}$$

$$= [-0.13 - \frac{0.0592}{2}\lg\frac{1}{12^6}]V = 0.06V$$

由于 $E_{MF} > 0$，因此反应可以自发地正向进行，即实验室可以用浓盐酸制氯气。

方法二：利用电极的能斯特公式计算

正极反应：$MnO_2(s) + 4H^+(aq) + 2e \rightleftharpoons Mn^{2+}(aq) + 2H_2O(l)$

$$E(MnO_2/Mn^{2+}) = E^{\ominus}(MnO_2/Mn^{2+}) - \frac{0.0592}{n}\lg\frac{c(Mn^{2+})/c^{\ominus}}{\{c(H^+)/c^{\ominus}\}^4}$$

$$= 1.23 - \frac{0.0592}{2}\lg\frac{1.0}{(12)^4}$$

$$= 1.36V$$

负极反应：$Cl_2(g) + 2e \rightleftharpoons 2Cl^-(aq)$

$$E(Cl_2/Cl^-) = E^{\ominus}(Cl_2/Cl^-) - \frac{0.0592}{n}\lg\frac{\{c(Cl^-)/c^{\ominus}\}^2}{p(Cl_2)/p^{\ominus}}$$

$$= 1.36 - \frac{0.0592}{2}\lg\frac{12^2}{1}$$

$$= 1.30V$$

$$E_{MF} = E(MnO_2/Mn^{2+}) - E(Cl_2/Cl^-) = 0.06V$$

7.3.3 判断反应进行的程度

对于任意电池反应，因为

$$\Delta_r G_m^{\ominus} = -RT\ln K^{\ominus} = -nFE_{MF}^{\ominus}$$

所以

$$E_{MF}^{\ominus} = \frac{RT}{nF}\ln K^{\ominus} \qquad (7-12)$$

在298.15K时，将R、T、F代入得

$$\lg K^{\ominus} = \frac{nE_{MF}^{\ominus}}{0.0592} \qquad (7-13)$$

一般来说，如果反应中转移的电子数n为2，$E_{MF}^{\ominus} > 0.2V$，$K^{\ominus} > 6.0 \times 10^6$，说明反应进行完全。当$E_{MF}^{\ominus} < -0.2V$，$K^{\ominus} < 2.0 \times 10^{-7}$，反应不能正向进行或正向进行的程度很小。

【例7-7】 已知：

$$Ag^+(aq) + e \rightleftharpoons Ag(s) \qquad E^{\ominus}(Ag^+/Ag) = 0.7991V$$

$$AgCl(s) + e \rightleftharpoons Ag(s) + Cl^-(aq) \qquad E^{\ominus}(AgCl/Ag) = 0.2222V$$

试计算AgCl(s)的溶度积常数。

解：设计如下所示的原电池

$$(-)Ag(s)|AgCl(s)|Cl^-(1.0mol \cdot L^{-1}) \parallel Ag^+(1.0mol \cdot L^{-1})|Ag(s)(+)$$

则该电池的电池电动势为

$$E_{MF}^{\ominus} = E^{\ominus}(Ag^+/Ag) - E^{\ominus}(AgCl/Ag) = 0.5769V$$

该电池的电池反应为

$$Ag^+(aq) + Cl^-(aq) \rightleftharpoons AgCl(s)$$

该反应对应的平衡常数为

$$\lg K^{\ominus} = \lg\frac{1}{K_{sp}^{\ominus}(AgCl)} = \frac{nE_{MF}^{\ominus}}{0.0592} = \frac{0.5679}{0.0592} = 9.75$$

$$K_{sp}^{\ominus}(AgCl) = 1.8 \times 10^{-10}$$

第 8 章　物质的微观结构与键合

L Pauling 认为“当任何一种物体的性质和物体的结构（以原子、分子和组成它的更小的粒子来表示）联系起来时，那么这种性质是最容易、最清楚地被认识和理解的。”可见，物质的许多宏观性质在很大程度上依赖于各组分之间的作用力和组分内部的结构。因此，要研究物质运动的规律、预言新物质的合成、了解物质的性质、预测物质结构与性能间的定量关系都必须先研究物质的结构和组成。

人们比较深入地认识物质结构是在 19 世纪末汤姆逊发现电子、戈德斯坦发现质子及伦琴发现放射性之后。1900 年，普朗克根据黑体辐射能量密度随频率的分布规律提出能量量子化的概念，他认为物质在吸收或发射电磁波时，只能是一份一份地吸收或释放能量。1905 年爱因斯坦利用量子化的概念成功地解释了曾使经典力学处于困境的光电效应，爱因斯坦认为辐射场就是由光量子组成的，即入射光本身的能量也按普朗克方程量子化的。1911 年卢瑟福提出了著名的“含核模型”，该模型将经典物理学推到前所未有的尴尬境地，因为按照经典电动力学，带电微粒在力场中运动时总要产生电磁辐射并逐渐失去能量。因此绕核运动的电子必然会沿螺旋轨道坠落到原子核上，原子随之坍塌。尖锐的矛盾呼唤揭示微观世界运动规律的全新理论。

8.1　微观粒子的运动特性

8.1.1　波粒二象性

在光的波粒二象性的启发下，L de Broglie 通过类比大胆的设想：实物粒子也具有波动性，而且波动性和粒子性之间存在必然的联系，Planck 常数必然出现于其中，并预言高速运动的微观粒子（如电子）的波长为

$$\lambda = \frac{h}{p} = \frac{h}{mv} \qquad (8-1)$$

式中，m 是微观粒子的质量，v 是微观粒子的运动速度，p 是微观粒子的动量。式（8－1）即为著名的 de Broglie 关系式，这种实物粒子所具有的波称为德布罗依波或物质波。

然而，任何大胆的假设在成为真理并被人们接受之前必须经过科学实验的验证。令人振奋的是：1927 年戴维逊和革末将一束高速电子流通过薄的镍单晶，得到了完全类似于单色光通过狭缝那样明暗相间的衍射图像，证实了 de Broglie 波的存在。此后，进一步的实验证明，不仅电子，其他如质子、中子、原子等微观粒子在运动时都具有波动性。实际上，任何物质在运动时都具有波动性，只不过电子等微观粒子的波长较宏观物体的大，可以测量，而宏观物体的波长很小，至今无法测量而已，这也是宏观物体仅表现为粒子性、可以用经典力学来描述的原因。

8.1.2　不确定原理

用牛顿力学研究质点的运动，可以同时求得某一时刻质点的位置、速度和动量。然而，在

微观世界中，微粒的动量总是与波长联系在一起（ $\lambda = h/p$ ），研究某一位置的动量就等于研究某一位置的波长，而波长根本就不是位置的函数，也就是说“某一位置的波长”是毫无意义的。

1927 年德国物理学家海森堡经严格推导提出了不确定原理，亦称测不准原理。该原理指出对于具有波粒二象性的微观粒子不能同时测准其位置和动量，即动量和位置中某一个量测得愈准确，那么它的共轭量就变得越不确定。

对于微观粒子而言，如电子（$m = 9.1 \times 10^{-31}$ kg，运动速度一般为 10^6 m · s^{-1}），由于原子尺寸的数量级为 10^{-10}m，因而电子运动的不确定量应小于 10^{-10}m 才有意义。按不确定原理可得出该运动电子的速度不确定量 $\Delta v \approx 10^7$ m · s^{-1}，甚至超过了电子本身的速度，这说明微观粒子不能同时确定其位置和速度。

必须指出，不确定原理并不意味着微观粒子是不可认识的，微观粒子的运动无规律可循。恰恰相反，不确定原理恰好反映了微观粒子的波粒二象性，是对微观粒子运动规律认识的进一步深化，它说明微观粒子的运动规律不同于宏观物体。

8.1.3 微观粒子运动的统计规律

微观粒子的波粒二象性和测不准原理使人们认识到要描述核外电子的运动状态、获得电子的运动规律必须通过统计学的方法。

在电子衍射实验中，如果可以控制电流的强度，假设电子是一个一个地发射出去并依次落到感光片上，每一个电子落到感光片上就会出现一个斑点，但感光斑点的位置忽上忽下，忽左忽右，似乎毫无规律可言，这显示了电子的微粒性。随机出现的感光斑点表明了电子的运动无确定的轨道。

随时间的增加，到达感光片上的电子数目增多，感光屏上会出现规律的明暗相间的条纹，其结果与大量电子短时间内发射形成的条纹完全一致，这不仅说明了电子运动的波动性，也反映了衍射图像是大量电子的集体行为，符合统计学的规律。因此，核外电子的运动具有概率分布的规律，衍射强度大的地方表明粒子出现的机会多（概率大），而衍射强度小的地方说明粒子出现的机会小（概率小）。从这个意义上讲，物质波可以称为概率波。

8.2 核外电子运动状态的描述

8.2.1 薛定谔方程

由于微观粒子运动的特殊性，遵循不确定原理，因此不能用传统的牛顿力学去研究，而应该研究电子运动的统计规律，研究电子出现的空间区域。要研究电子出现的空间区域，则必须寻找一个函数，用该函数的图像与这个空间区域建立联系。这种函数就是微观粒子运动的波函数。

1926 年奥地利物理学家薛定谔提出了一个可以描述微观粒子运动规律的波动方程——Schrödinger 方程。Schrödinger 方程是一个二阶偏微分方程：

$$\frac{\partial^2 \psi}{\partial x^2} + \frac{\partial^2 \psi}{\partial y^2} + \frac{\partial^2 \psi}{\partial z^2} + \frac{8\pi^2 m}{h^2}(E - V)\psi = 0 \qquad (8-2)$$

式（8－2）中 E 为体系的总能量（动能和势能之和）；V 为势能，与被研究粒子具体的环境有关；m 是微观粒子的质量；h 是 Planck 常数；x、y、z 是空间坐标；ψ 为 Schrödinger 方程的解，称为波函数。可见，在薛定谔方程中，包含着体现粒子性（如 m、E、V）和波动性（ψ）的两种物理量，能正确地反映电子的核外运动状态。

求解薛定谔方程可以得到一系列波函数的具体表达式和与其相对应的一组能量 E。从理论上讲，通过 Schrödinger 方程可以得到波函数，但 Schrödinger 方程的许多解在数学上并不合理，只有满足特定条件的合理解才有实际意义。为求解 Schrödinger 方程需要引入一组量子数 n,l,m。对应一组合理的 n,l,m 取值则有一个确定的波函数，此特定的波函数（即薛定谔方程的合理解）就代表了一定电子的核外运动状态，借用经典力学中"轨道"的概念可把合理的波函数称为"原子轨道"，此原子轨道具有相应的能量 E。但是，波函数所描述的"原子轨道"并非经典意义上质点运动所具有的轨迹。波动力学中一个原子轨道是指 n,l,m 都具有一定合理取值时的一个波函数，与经典的原子轨道存在本质的区别。鉴于此，也有人建议将 ψ 称为原子轨函。

8.2.2 波函数的图像

波函数不是具体的数值，而是一组数学函数式。利用数学中的方法进行坐标变换，将 $\psi(x,y,z)$ 转化为 $\psi(r,\theta,\varphi)$，然后利用数理方法分离变量得到

$$\psi(x,y,z) = \psi(r,\theta,\varphi) = R(r)\cdot Y(\theta,\varphi) \qquad (8-3)$$

式（8－3）中 $R(r)$ 仅是 r 的函数，与电子离核距离的远近有关，称为波函数的径向部分或径向波函数。$Y(\theta,\varphi)$ 与角度 θ 和 φ 有关，称为波函数的角度部分或角度波函数。如氢原子某一激发态的波函数可以表示为

$$\psi = \frac{1}{4}\sqrt{\frac{1}{2\pi a_0^3}}\left(\frac{r}{a_0}\right)e^{-r/a_0}\sin\theta\cos\varphi = \sqrt{\frac{1}{24a_0^3}}\left(\frac{r}{a_0}\right)e^{-r/a_0} \times \sqrt{\frac{1}{4\pi}}\sin\theta\cos\varphi$$

其中 $\sqrt{\frac{1}{24a_0^3}}\left(\frac{r}{a_0}\right)e^{-r/a_0}$ 为径向波函数，$\sqrt{\frac{3}{4\pi}}\sin\theta\cos\varphi$ 为角度波函数。

若将抽象的波函数表达式用图形的形式加以描述，就可得到波函数随半径和空间角度的变化关系。图 8.1 给出了氢原子部分轨道的径向分布图，图 8.2 给出了一些原子轨道的角度分布图。

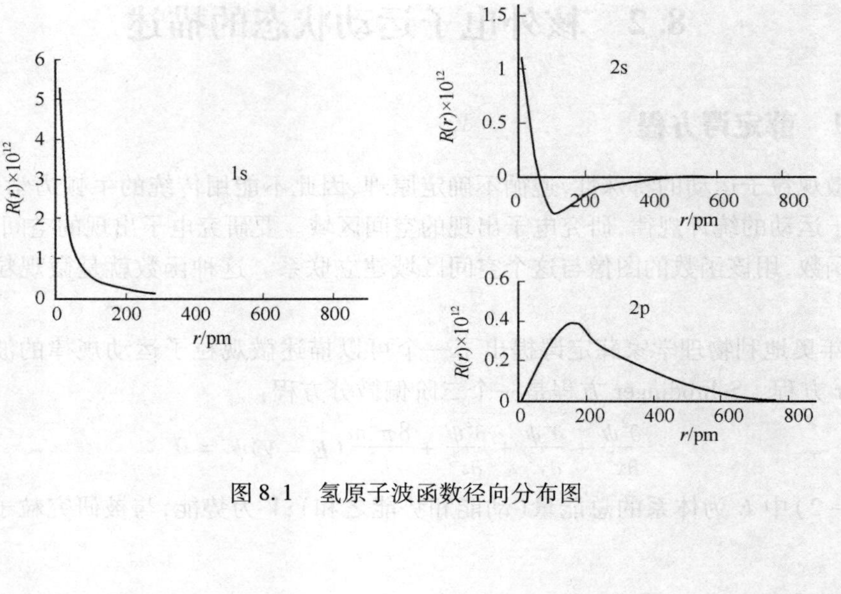

图 8.1　氢原子波函数径向分布图

图 8.1 和 8.2 中 s、p、d 将在后文予以解释。从图 8.2 可以看出，波函数在空间位置上有正、负之分（s 轨道除外）。波函数的角度分布图在讨论共价键的形成时具有重要作用。

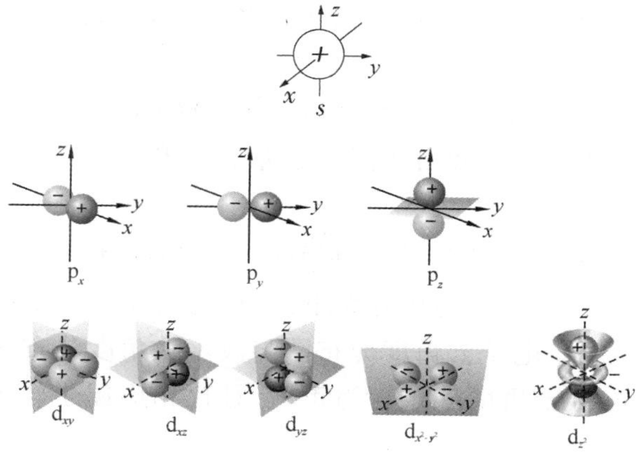

图 8.2　原子轨道的角度分布图

8.2.3　概率密度与电子云

8.2.3.1　概率密度与电子云

求解 Schrödinger 得到的是一系列的数学方程，将空间某一点的坐标代入 ψ 中，可求得某一数值，该数值代表空间某一点什么性质却不清楚，即 ψ 没有明确的物理意义。那么 ψ 到底带给了我们什么，这一点可以将波函数和经典电磁波联系起来加以说明。

从波动的观点看，电子和光一样产生衍射得到衍射条纹。光的衍射条纹是用光强表示明暗程度的，光强正比于波幅平方，光强在明纹处取得极大值，在暗纹处取得极小值。与之类比，则物质波的强度应正比于振幅的平方，即正比于 $|\psi|^2$，且亮环处 $|\psi|^2$ 取极大值。

从粒子的观点看，对于电子束而言，电子束流量大，短时间形成衍射条纹，明纹处说明电子束密度大，暗纹处说明电子束密度小。对微观粒子（电子）而言，一个电子形成一个感光点，大量电子短时间内得到的衍射条纹相当于一个电子大量的重复行为，明纹处说明电子在该区域内出现的机会较大。这种电子在空间出现的机会在数学上称为概率，即衍射图像的明纹代表电子在该区域内出现的概率较大。

结合波动和粒子两种观点：感光点密得地方就是电子出现概率较大的地方，同时也是 $|\psi|^2$ 取极大值的区域；感光点稀疏地方就是电子出现概率较小的地方，同时也是 $|\psi|^2$ 取极小值的区域。因此，电子在空间某区域出现概率的大小是和 $|\psi|^2$ 成正比的。通常把单位体积内的电子出现的概率称为概率密度，即 $|\psi|^2$ 表示微观粒子在 t 时刻在离核距离为 r 处单位体积内出现的概率。

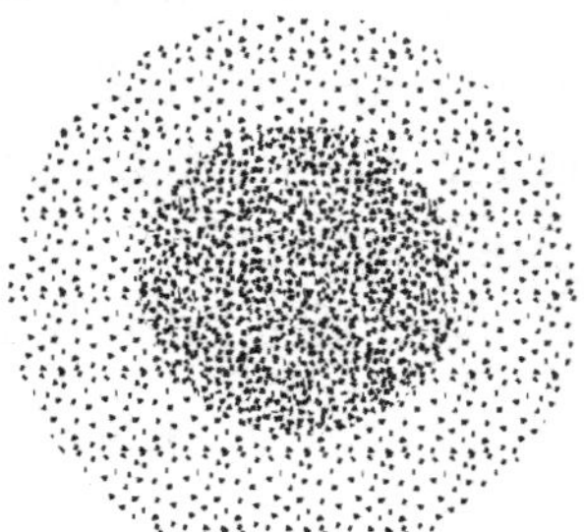

图 8.3　电子云

如果用小黑点的疏密来表示电子在核外空间的概率密度（$|\psi|^2$），则小黑点密集的地方代表电子出现的概率密度大，电子在空间出现的概率也大。以小黑点的疏密来表示电子在核外空间出现概率密度大小而得到的图形如图 8.3 所示，图中这些密密麻麻的小黑点像一团团带负电的云将原子核紧紧的包围起来，如同天空中的云雾一样。因此，人们形象的将其称为电子云。可见，电子云是

概率密度的形象化描述,因而有时也将 $|\psi|^2$ 称为电子云。

由于

$$\psi(x,y,z) = \psi(r,\theta,\varphi) = R(r) \cdot Y(\theta,\phi)$$

所以

$$|\psi(r,\theta,\varphi)|^2 = |R(r)|^2 \cdot |Y(\theta,\varphi)|^2$$

其中 $|Y(\theta,\varphi)|^2$ 称为电子云角度分布函数, $|R(r)|^2$ 称为电子云径向分布函数。

8.2.3.2 电子云图

由 $|Y(\theta,\varphi)|^2$ 对不同的 θ 和 ϕ 作图,可得到电子云角度分布图。该图可以理解为在距核 r 处的某一球面上各点几率密度的相对大小,反映的是几率密度在同一球面上、不同角度、不同方向上的分布情况。电子云角度分布图与波函数角度分布图类似,但波函数角度分布图有正负之分,而电子云角度分布均为正值,且比相应原子轨道角度分布要"瘦长"一些。

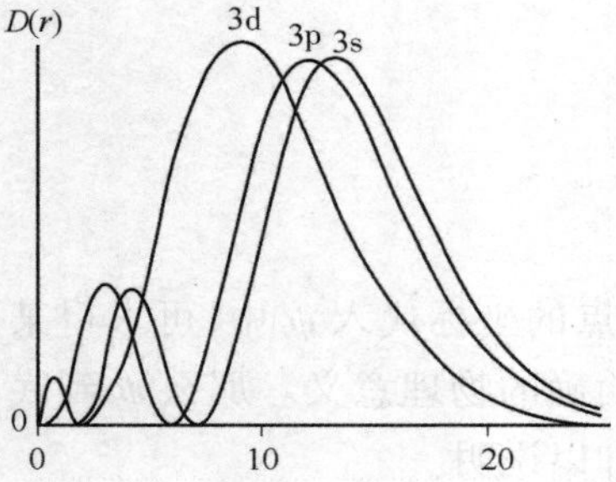

图 8.4 氢原子的 3s 、3p、3d 电子云径向分布图

由 $|R(r)|^2 - r$ 作图,可得到电子云径向分布图。电子云的径向分布图反映的是:电子在核外空间出现的概率密度与离核远近的关系。但是,在原子核附近尽管概率密度最大,但由于球面半径较小,球壳的体积也很小,所以电子出现的概率也较小;而在离核较远处,球壳的体积较大,但该处电子出现的概率密度却很小,因而电子出现的概率也不大。因此,为了较好的反映电子在核外空间出现的概率随距离的变化,通常以 $D(r) - r$ 作图($D(r) = 4\pi r^2 \mathrm{d}r \times |R(r)|^2$)。氢原子 3s、3p、3d 轨道电子云的径向分布图如图 8.4 所示。电子云径向分布函数在讨论原子轨道能级的高低、屏蔽效应和钻穿效应等方面有重要的应用。

8.2.4 四个量子数

前已述及,求解 Schrödinger 方程时需引入 n, l, m 三个量子数,由这三个量子数所确定的波函数合理解即为原子轨道。除了求解 Schrödinger 方程过程中引入的这三个量子数之外,还有一个描述电子自旋特征的量子数 m_s。这四个量子数对所描述的电子的能量、原子轨道或电子云的形状和空间伸展方向,以及多电子原子核外电子的排布是十分重要的。

(1) 主量子数

主量子数通常用 n 来表示。它表示原子中电子出现概率最大的区域离核的远近,是决定电子能量高低的主要因素。n 越大,电子出现概率最大处离核越远,轨道的能量越高。n 的值可取 1,2,3…等正整数,迄今已知的最大值为 7。当 $n = 1$ 时,表示能量最低、离核最近的第一电子层,以此类推。

在光谱学上可用拉丁文表示 n 不同的电子层:

主量子数 n	1	2	3	4	5	6	7
电子层符号	K	L	M	N	O	P	Q

(2) 角量子数

角量子数全称为轨道角动量量子数，通常用 l 来表示。它决定了轨道角动量的大小，或直观的说它决定了轨道或电子云的空间形状。$l=0$，表示原子轨道或电子云是球形的；$l=1$，表示原子轨道或电子云是哑铃形的；$l=2$，表示原子轨道或电子云是花瓣形的。l 的取值受限于 n，可取 0 到包括 $n-1$ 在内的 n 个数值，如下所示。

n	1	2	3	4
l	0	0,1	0,1,2	0,1,2,3

每一个 l 值对应于一个亚层。像 n 一样，l 值与光谱学符号的对应关系为：

角主量子数 l	0	1	2	3	4	5	···
电子层符号	s	p	d	f	g	h	···

l 是决定能量的次要因素。当 n 相同而 l 不同时，各亚层的能量按 s，p，d，f 的顺序增大。

(3)磁量子数

磁量子数通常用 m 来表示，它决定了角动量在磁场方向分量的大小，即决定了电子云或原子轨道角度分布的空间取向(伸展方向)。

m 的取值决定于 l，可取如下所示的 0，±1，±2，···，$\pm l$ 共 $2l+1$ 个整数。

l	0 (s)	1 (p)	2 (d)	3 (f)
m	0	−1,0,1	−1, −2,0,1,2	0,1,2,3
轨道数目	1	3	5	7

可见 l 数值越大，轨道空间的取向越多，一种空间取向代表一条原子轨道。因此，在 l 相同的亚层中，能量完全相同的 $2l+1$ 个原子轨道称之为等价轨道或简并轨道。如 $l=2$ 的 d 亚层，m 可取0，±1，±2 五个数值，即 d 亚层有五个伸展方向不同的简并轨道。简并轨道在磁场作用下，能量也会有微小的差异，因而其线状光谱在磁场中也会发生分裂。

可见，主量子数决定了电子所处的电子层，角量子数决定了电子处于该层的那一亚层，而磁量子数则决定了电子所处在该亚层的那一个各轨道。因而，当有一组合理的 n、l、m 时，电子运动的轨道 ψ 也随之确定，也就是说电子的运动轨道可由 3 个量子数来描述，通常写为 $\psi_{n,l,m}$。

(4) 自旋角动量量子数

光谱实验发现，强磁场存在时光谱图上的每条谱线均由两条十分靠近的谱线组成。为解释此现象，1925 年乌伦贝尔和歌德希密特提出了电子自旋的假设，认为电子具有不依赖于轨道运动的自旋运动，自旋是电子的一种基本属性。自旋运动可用自旋角动量量子数 m_s 来描述。m_s 的允许取值为 ±1/2，它说明电子自旋角动量有两种取向，代表电子的两种自旋状态，一般用箭头“↑”和“↓”表示。

自旋角动量量子数使电子具有类似于微磁体的性质。在成对电子中，自旋方向相反的两个电子产生的反向磁场相互抵消，不显磁性。

综上所述，若要描述一个电子的运动状态，需要四个量子数，通常记为 ψ_{n,l,m,m_s}。它指出了电子能级、原子轨道、电子云的形状以及轨道或电子云的空间取向和电子的自旋方向。如氢原子的一个量子态 $\psi_{1,0,0,1/2}$，表示该电子处于 K 层，s 亚层，电子云或轨道的形状为球形，电子自旋的方向是"↑"或"↓"。

8.3　多电子原子结构和元素周期律

用 Schrödinger 方程可对氢原子或类氢离子电子的概率分布与轨道的能量进行精确求解。但对于多电子原子而言，电子不仅受到核的吸引，而且电子之间还存在相互作用，其势能函数 V 比较复杂，导致多电子原子系统的能量难以用 Schrödinger 方程精确求解。因此，描述多电子原子中电子的运动状态，关键是解决原子轨道的能级。

8.3.1　轨道的能级

8.3.1.1　Pauling 近似能级图

多电子原子轨道的能量除了与 n 有关外还和 l 有关，各原子轨道能级的高低主要是根据光谱实验确定的。1939 年，美国化学家 Pauling 根据大量的光谱实验结果，提出了多电子原子中原子轨道的近似能级图——鲍林近似能级图，如图 8.5 所示。

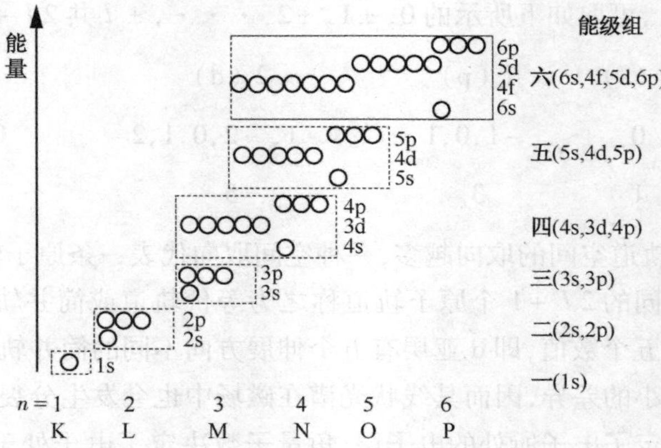

图 8.5　鲍林近似能级图

在鲍林近似能级图中，每个小圆圈代表一个原子轨道，同一水平线上的圆圈为简并轨道。近似能级图按原子轨道能量高低排列，箭头所指方向表示轨道能量升高的方向。能量相近的轨道合并成一组，称为能级组，共七个能级组，能级组之间能量相差较大而同一能级组之内能量相差很小。

从鲍林近似能级图中还可以看出：

① 当主量子数 n 相同时，轨道的能级由角量子数 l 决定。l 越大，能级越高。同一电子层内各亚层能级不同的现象称为能级分裂。如：

$$E_{ns} < E_{np} < E_{nd} < E_{nf}$$

② 当角量子数 l 相同，轨道的能级随主量子数 n 的增大而升高。如

$$E_{1s} < E_{2s} < E_{3s} < E_{4s} < E_{5s} \cdots$$

③ 当主量子数 n 和角量子数 l 都不相同时，主量子数小的轨道能量可能高于主量子数大

的轨道能量,即出现能级交错现象。如

$$E_{5s} < E_{4d} < E_{5p}$$

需要说明的是鲍林近似能级图并未考虑轨道能量与原子序数的关系,不是真正意义上的能级图,而是核外电子的填充顺序图。我国著名化学家徐光宪院士也从大量的光谱学数据总结出了多电子原子轨道的能级规律,即:

① 原子的外层电子,$(n+0.7l)$值越大,电子的能量越高,称为徐光宪第一规则;

② 离子的外层电子,$(n+0.4l)$值越大,则电子的能量越高,称为徐光宪第二规则。

③ 当原子失电子时,先失去 ns 轨道上的电子,而不是先失去$(n-1)$ d 轨道上的电子,即先失去最外层的电子。

8.3.1.2 屏蔽效应

对于单电子类氢原子或离子而言,轨道的能量仅决定于主量子数,并随 n 的增大而增大,其能量公式为

$$E = -2.179 \times 10^{-18} \times \left(\frac{Z}{n}\right)^2 \tag{8-4}$$

在多电子原子中,电子除了受到核的引力外,还受到其余电子的排斥力,可认为每一个电子都是在原子核和其余电子所构成的平均势场中运动,即可将其余电子对指定电子的排斥作用看作部分地抵消了核电荷对该电子的引力。这种在多电子原子中把其余电子削弱了核电荷对指定电子引力的作用称为屏蔽效应,屏蔽效应的强弱可用屏蔽常数 σ 来衡量,σ 可看作是核电荷的减少值,相当于被削弱的正电荷数。受屏蔽后指定电子实际上受到的核电荷称为有效核电荷,用符号 Z^* 表示

$$Z^* = Z - \Sigma\sigma \tag{8-5}$$

近似处理后,可将量子力学对类氢原子或离子处理的结果应用到多电子原子中。此时,电子受到的正电荷为有效核电荷 Z^*,即

$$E = -2.179 \times 10^{-18} \times \left(\frac{Z^*}{n}\right)^2 = -2.179 \times 10^{-18} \times \left(\frac{Z - \Sigma\sigma}{n}\right)^2$$

由上式可以看出,多电子原子的能量不仅取决于主量子数 n,还与 σ 有关。对某一指定电子,σ 除了与起屏蔽作用电子的数量、电子所处的轨道有关外,还和本身所处的轨道有关。σ 的数值无法精确计算,可通过 Slater 经验规则进行近似计算。

① 写出基态原子的核外电子排布式(见 8.3.2);

② 将原子中的轨道按下列方式分组:

(1s);(2s,2p);(3s,3p);(3d);(4s,4p);(4d);(4f);(5s,5p);(5d);…

③ 原子中其余电子对指定电子的屏蔽常数值规定如下:

a. 指定电子右侧各组轨道中的电子对指定电子无屏蔽作用,即屏蔽常数 $\sigma = 0$;

b. 1s 轨道上的 2 个电子相互间的屏蔽常数 $\sigma = 0.3$,其他同一轨道上的其余电子对指定电子的屏蔽常数 $\sigma = 0.35$;

c. 若被屏蔽电子为 ns 或 np 电子时,$(n-1)$电子层中的每个电子对指定电子的屏蔽常数 $\sigma = 0.85$,$(n-2)$层以及更内层电子对指定电子的屏蔽常数 $\sigma = 1.0$;

d. 若被屏蔽电子为 nd 或 nf 电子时,则所有左侧的每个电子对它的屏蔽常数 $\sigma = 1.0$。

④ 将原子中屏蔽电子对指定电子的屏蔽常数求和,即得总的屏蔽常数 $\Sigma\sigma$。

8.1.3.3 钻穿效应

多电子原子中，每个电子既可以屏蔽其他电子，也会被其余电子所屏蔽。在原子核附近出现概率较大的电子，可更多地避免其余电子的屏蔽，感受到更强的核的作用力，也就是说电子“钻”的越“深”，就会尽可能小的受到其他电子的屏蔽。我们把电子“钻”向原子内部空间的作用称为钻穿效应。

钻穿效应可以用原子轨道的径向分布函数图加以说明。图 8.6 是氢原子 3d、4s、4d 轨道的径向分布图，由图 8.6 可以看出，主量子数 n 相同时，角量子数 l 越小的电子，钻穿效应越明显，能级越低。同时利用钻穿效应也可以解释轨道的能级交错现象，如在图 8.6 中虽然 4s 的最高峰比 3d 的最高峰离核远，但 4s 电子钻入的程度深，在离核较近的区域出现 3 个小峰，由于钻穿效应对能量的降低作用超过了主量子数对能量的升高作用，导致 $E_{3d} > E_{4s}$。

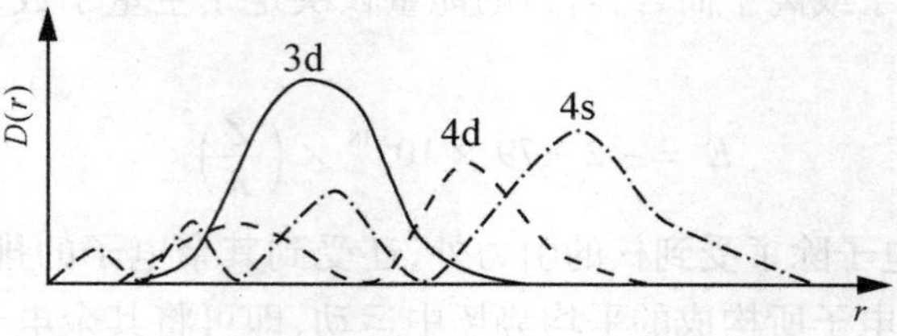

图 8.6　氢原子 3d、4s、4d 轨道的径向分布图

屏蔽效应和钻穿效应从不同角度说明了电子间的相互作用对轨道能量的影响。屏蔽效应侧重于被屏蔽电子所受到的屏蔽作用，而钻穿效应主要考虑被屏蔽电子回避其他电子对它的屏蔽，这两种作用的总效果体现在核电荷的吸引力或轨道的能量上。

8.3.2 基态原子的核外电子排布

8.3.2.1 核外电子的排布原则

基态原子核外电子的排布应遵从能量最低原理、Pauli 不相容原理和 Hund 规则。

(1) 能量最低原理

多电子原子在基态时，核外电子总是尽可能地分布到能量最低的轨道，待能量最低的轨道填充满后，才依次进入能量较高的轨道以保证整个原子处于能量最低的状态，这就是核外电子排布的能量最低原理。根据 Pauling 近似能级图和能量最低原理，电子按 1s 2s 2p 3s 3p 4s 3d 4p 5s 4d 5p 6s 4f 5d 6p 7s 5f 6d 6p... 的次序依次填入轨道。需要注意的是：铬（$Z=24$）之前的原子严格遵守这一次序，钒（$Z=23$）之后的原子有时出现例外。

(2) Pauli 不相容原理

多电子原子中的所有电子并不能都处在能量最低 1s 轨道中，这涉及到一个原子轨道中最多容纳电子数目的问题。Pauli 不相容原理指出，在同一原子中不存在四个量子数完全相同的电子，即同一原子轨道最多容纳两个自旋方式相反的电子。

根据 Pauli 不相容原理和 n、l、m 量子数之间的关系，可以推算出各电子层、电子亚层的最大容量，并可得到各电子层所能容纳电子数最多为 $2n^2$，如表 8.1 所示。

(3) Hund 规则

德国物理学家 F. Hund 根据大量的光谱实验数据总结出：当电子进入能量相同的简并轨道时，总是尽可能的以自旋平行的方式占据不同的轨道。例如，氮原子的 3 个 2p 电子以相同的自旋方式分占三个简并轨道，如图 8.7 所示。

需要说明的是，作为 Hund 规则的特例，等价轨道全充满（p^6、d^{10}、f^{14}）、半充满（p^3、d^5、f^7）和全空（p^0、d^0、f^0）时能量较低，原子结构较稳定，如$_{29}Cu$ 的核外电子排布式为：$1s^22s^22p^63s^23p^63d^{10}4s^1$，而不是 $1s^22s^22p^63s^23p^63d^94s^2$。除 Cu 以外，类似的还有$_{24}Cr$、$_{42}Mo$、$_{47}Ag$ 等。

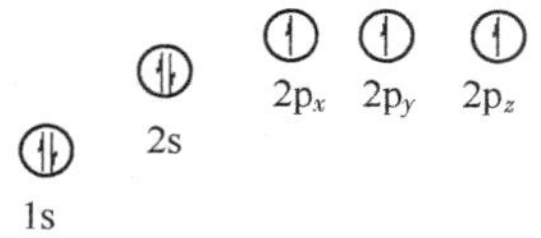

图 8.7　氮原子核外电子排布图

表 8.1　量子数与各电子层、电子亚层容纳的最多电子数

主量子数 电子层符号	1 K	2 L		3 M			4 N			
角量子数 电子亚层符号	0 1s	0 2s	1 2p	0 3s	1 3p	2 3d	0 4s	1 4p	2 4d	3 4f
磁量子数	0	0	0 ±1	0	0 ±1	0 ±1 ±2	0	0 ±1	0 ±1 ±2	0 ±1 ±2 ±3
亚层轨道数 亚层最大容量	1 2	1 2	3 6	1 2	3 6	5 10	1 2	3 6	5 10	7 14
n 电子层轨道数（n^2） n 电子层中电子最大容量（$2n^2$）	1 2	4 8		9 18			16 32			

以上三原则是多电子原子核外电子排布的一般规律，适用于大多数基态原子核外电子的排布，但也有部分副族元素不能用上述规则予以圆满的解释。

8.3.2.2　基态多电子原子核外电子的排布

结合 Pauling 近似能级图和多电子原子核外电子排布的原则，就可以正确的写出绝大部分元素基态原子的核外电子排布式（核外电子构型）。如书写$_{42}Mo$ 核外电子排布式的步骤为：①根据 Pauling 近似能级图写出原子轨道的能级顺序——1s 2s 2p 3s 3p 4s 3d 4p 5s 4d 5p 6s 4f 5d 6p 7s 5f 6d 7p…；②按照核外电子排布的规则填充电子，轨道中的电子数目以数字的形式写在轨道符号的右上角，直至所有电子全部填完，如 $1s^22s^22p^63s^23p^64s^23d^{10}4p^65s^14d^5$；③整理最高能级组的轨道，按主量子数由低到高最后为 $1s^22s^22p^63s^23p^63d^{10}4s^24p^64d^55s^1$。

如果要标明电子的磁量子数和自旋角动量量子数，也可用轨道排布式表示，如图 8.7 所示。图中小圆圈"○"表示 n、l、m 确定的一个轨道（也可以用小方框"□"或小短线"_"表示），上下箭头表示电子的自旋状态。

为了避免电子排布式书写过长，常将内层电子排布式用相同电子数的稀有气体符号加方括号（称为"原子实"或"原子芯"）来代替相应的电子排布，如$_{29}Cu$ 的核外电子排布式 $1s^22s^22p^63s^23p^63d^{10}4s^1$ 也可以表示为 $[Ar]3d^{10}4s^1$。原子实以外的电子排布称为外层电子构型或价层电子构型，通常化学反应只涉及价层电子。

根据光谱实验数据，表 8.2 列出了基态原子的核外电子构型。

表 8.2 基态原子的电子排布

周期	原子序数	元素	电子构型
一	1	H	$1s^1$
	2	He	$1s^2$
二	3	Li	$[He]2s^1$
	4	Be	$[He]2s^2$
	5	B	$[He]2s^2 2p^1$
	6	C	$[He]2s^2 2p^2$
	7	N	$[He]2s^2 2p^3$
	8	O	$[He]2s^2 sp^4$
	9	F	$[He]2s^2 sp^5$
	10	Ne	$[He]2s^2 sp^6$
三	11	Na	$[Ne]3s^1$
	12	Mg	$[Ne]3s^2$
	13	Al	$[Ne]3s^2 3p^1$
	14	Si	$[Ne]3s^2 3p^2$
	15	P	$[Ne]3s^2 3p^3$
	16	S	$[Ne]3s^2 3p^4$
	17	Cl	$[Ne]3s^2 3p^5$
	18	Ar	$[Ne]3s^2 3p^6$
四	19	K	$[Ar]4s^1$
	20	Ca	$[Ar]4s^2$
	21	Sc	$[Ar]3d^1 4s^2$
	22	Ti	$[Ar]3d^2 4s^2$
	23	V	$[Ar]3d^3 4s^2$
	24	Cr	$[Ar]3d^5 4s^1$
	25	Mn	$[Ar]3d^5 4s^2$
	26	Fe	$[Ar]3d^6 4s^2$
	27	Co	$[Ar]3d^7 4s^2$
	28	Ni	$[Ar]3d^8 4s^2$
	29	Cu	$[Ar]3d^{10} 4s^1$
	30	Zn	$[Ar]3d^{10} 4s^2$
	31	Ga	$[Ar]3d^{10} 4s^2 4p^1$
	32	Ge	$[Ar]3d^{10} 4s^2 4p^2$
	33	As	$[Ar]3d^{10} 4s^2 4p^3$
	34	Se	$[Ar]3d^{10} 4s^2 4p^4$
	35	Br	$[Ar]3d^{10} 4s^2 4p^5$
	36	Kr	$[Ar]3d^{10} 4s^2 4p^6$

周期	原子序数	元素	电子构型
五	37	Rb	$[Kr]5s^1$
	38	Sr	$[Kr]5s^2$
	39	Y	$[Kr]4d^1 5s^2$
	40	Zr	$[Kr]4d^2 5s^2$
	41	Nb	$[Kr]4d^3 5s^2$
	42	Mo	$[Kr]4d^5 5s^1$
	43	Tc	$[Kr]4d^5 5s^2$
	44	Ru	$[Kr]4d^7 5s^1$
	45	Rh	$[Kr]4d^8 5s^1$
	46	Pd	$[Kr]4d^{10}$
	47	Ag	$[Kr]4d^{10} 5s^1$
	48	Cd	$[Kr]4d^{10} 5s^2$
	49	In	$[Kr]4d^{10} 5s^2 5p^1$
	50	Sn	$[Kr]4d^{10} 5s^2 5p^2$
	51	Sb	$[Kr]4d^{10} 5s^2 5p^3$
	52	Te	$[Kr]4d^{10} 5s^2 5p^4$
	53	I	$[Kr]4d^{10} 5s^2 5p^5$
	54	Xe	$[Kr]4d^{10} 5s^2 5p^6$
六	55	Cs	$[Xe]6s^1$
	56	Ba	$[Xe]6s^2$
	57	La	$[Xe]5d^1 6s^2$
	58	Ce	$[Xe]4f^1 5d^1 6s^2$
	59	Pr	$[Xe]4f^3 6s^2$
	60	Nd	$[Xe]4f^4 6s^2$
	61	Pm	$[Xe]4f^5 6s^2$
	62	Sm	$[Xe]4f^6 6s^2$
	63	Eu	$[Xe]4f^7 6s^2$
	64	Gd	$[Xe]4f^7 5d^1 6s^2$
	65	Tb	$[Xe]4f^9 6s^2$
	66	Dy	$[Xe]4f^{10} 6s^2$
	67	Ho	$[Xe]4f^{11} 6s^2$
	68	Er	$[Xe]4f^{12} 6s^2$
	69	Tm	$[Xe]4f^{13} 6s^2$
	70	Yb	$[Xe]4f^{14} 6s^2$
	71	Lu	$[Xe]4f^{14} 5d^1 6s^2$
	72	Hf	$[Xe]4f^{14} 5d^2 6s^2$

周期	原子序数	元素	电子构型
六	73	Ta	$[Xe]4f^{14} 5d^3 6s^2$
	74	W	$[Xe]4f^{14} 5d^4 6s^2$
	75	Re	$[Xe]4f^{14} 5d^5 6s^2$
	76	Os	$[Xe]4f^{14} 5d^6 6s^2$
	77	Ir	$[Xe]4f^{14} 5d^7 6s^2$
	78	Pt	$[Xe]4f^{14} 5d^9 6s^1$
	79	Au	$[Xe]4f^{14} 5d^{10} 6s^1$
	80	Hg	$[Xe]4f^{14} 5d^{10} 6s^1$
	81	Tl	$[Xe]4f^{14} 5d^{10} 6s^2 6p^1$
	82	Pb	$[Xe]4f^{14} 5d^{10} 6s^2 6p^2$
	83	Bi	$[Xe]4f^{14} 5d^{10} 6s^2 6p^3$
	84	Po	$[Xe]4f^{14} 5d^{10} 6s^2 6p^4$
	85	At	$[Xe]4f^{14} 5d^{10} 6s^2 6p^5$
	86	Rn	$[Xe]4f^{14} 5d^{10} 6s^2 6p^6$
七	87	Fr	$[Rn]7s^1$
	88	Ra	$[Rn]7s^2$
	89	Ac	$[Rn]6d^1 7s^2$
	90	Th	$[Rn]6d^2 7s^2$
	91	Pa	$[Rn]5f^2 6d^1 7s^2$
	92	U	$[Rn]5f^3 6d^1 7s^2$
	93	Np	$[Rn]5f^4 6d^1 7s^2$
	94	Pu	$[Rn]5f^6 7s^2$
	95	Am	$[Rn]5f^7 7s^2$
	96	Cm	$[Rn]5f^7 6d^1 7s^2$
	97	Bk	$[Rn]5f^9 7s^2$
	98	Cf	$[Rn]5f^{10} 7s^2$
	99	Es	$[Rn]5f^{11} 7s^2$
	100	Fm	$[Rn]5f^{12} 7s^2$
	101	Md	$[Rn]5f^{13} 7s^2$
	102	No	$[Rn]5f^{14} 7s^2$
	103	Lr	$[Rn]5f^{14} 6d^1 7s^2$
	104	Rf	$[Rn]5f^{14} 6d^2 7s^2$
	105	Db	$[Rn]5f^{14} 6d^3 7s^2$
	106	Sg	$[Rn]5f^{14} 6d^4 7s^2$
	107	Bh	$[Rn]5f^{14} 6d^5 7s^2$
	108	Hs	$[Rn]5f^{14} 6d^6 7s^2$
	109	Mt	$[Rn]5f^{14} 6d^7 7s^2$
	110	Ds	$[Rn]5f^{14} 6d^8 7s^2$
	111	Uuu	
	112	Uub	

8.3.3 原子的电子层结构与元素周期系

1869 年,俄国化学家 D. I. Mendeleev 以当时发现的 63 种元素为基础发表了第一张具有里程碑意义的元素周期表。在随后 100 多年的发展历程中,人们越来越深刻地理解了核外电子排布与元素周期系的本质联系,并提出了多种形式的周期表。目前,最通用的是瑞士化学家 A. Werner 所倡导的长式周期表。该周期表分为主表和副表,主表分为 7 行 18 列,表中的行称为周期,列称为族。副表包含镧系元素和锕系元素。

周期表中七个周期对应于 Pauling 近似能级图中的七个能级组,具体包括:①原子具有的电子层数与该元素所在的周期数具有对应关系;②各周期起始于 s 区元素并终止于 p 区元素,即电子填入的起始轨道为 s 轨道,终止于 p 轨道;③不同能级组中包含的原子轨道数目不同,故元素周期有长短之分,但各周期中包含的元素数对应于各能级组中电子的最大容量。

周期表中,从左至右共有 18 列,依次称为第 1 族到第 18 族,也可用罗马数字Ⅰ、Ⅱ、Ⅲ…表示。其中,第 1、2 列和 13 ~ 18 列为主族元素,用符号ⅠA ~ ⅧA 表示。主族元素的价层电子构型为(ns np),即主族元素的最后一个电子填入 ns 或 np 亚层,价电子总数等于族数。第 3 ~ 12 列称为副族元素或过渡元素,以符号ⅢB ~ ⅡB 表示,其中ⅧB 族也称Ⅷ族(8 ~ 10 列)。副族元素的价层电子构型不仅包括最外层的 s 亚层,还包括($n-1$)d 亚层甚至($n-2$)f 亚层。ⅢB ~ ⅦB 族元素的族序数对应价电子数,即等于最外层的 s 电子和次外层 ($n-1$)d 亚层的电子数目之和;ⅠB 和ⅡB 族元素由于($n-1$)d 亚层已填满,所以其族数等于最外层电子数,即 ns 轨道上的电子数目;ⅧB 情况较为特殊,价电子排布为($n-1$)$d^{6\sim10}ns^{0\sim2}$,其价电子数分别为 8、9 和 10。排列在ⅢB 族中的镧系和锕系元素称为内过渡元素。副族元素最外层只有 1 ~ 2个电子,其差异主要在于次外层的电子数不同,而次外层上的电子对元素性质的影响较小,因此,副族元素性质上的差异没有主族元素明显。

根据元素不同的价层电子构型,将元素周期表分为五个区,以最后填入电子的能级代号作为该区符号,如图 8.8 所示。

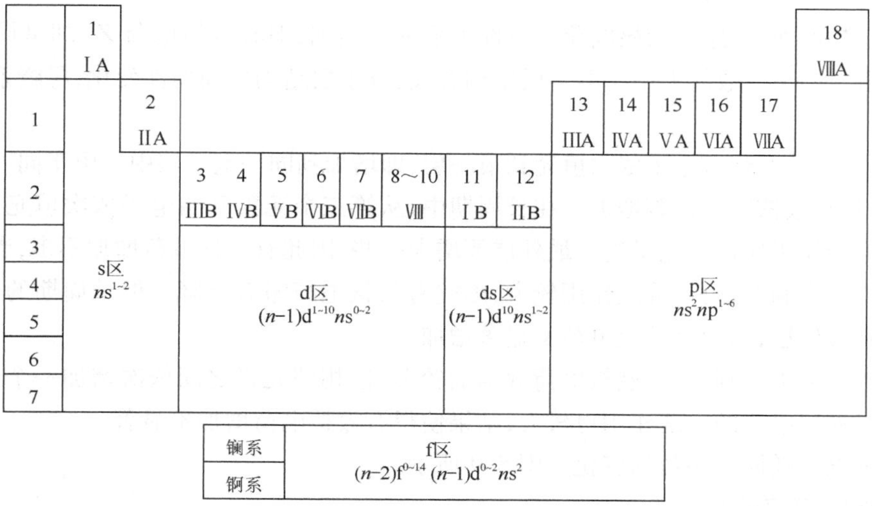

图 8.8 周期表中元素的分区

s 区元素:最后一个电子填入 ns 轨道,价电子排布为 $ns^{1\sim2}$,包括ⅠA 和ⅡA 族元素,属于活泼金属。

p 区元素：最后一个电子填入 np 轨道，价电子排布为 $ns^2np^{1\sim6}$，包括ⅢA 到ⅧA 族元素。随着最外层电子数目的增加，原子失电子的能力变弱，得电子的能力变强。

d 区元素：最后一个电子填入 $(n-1)d$ 轨道，价电子排布为 $(n-1)d^{1\sim10}ns^{0\sim2}$，包括ⅢB 到Ⅷ族元素。

ds 区元素：原子的次外层为充满电子的 d 轨道，最后一个电子填入 ns 轨道，价电子排布为 $(n-1)d^{10}ns^{1\sim2}$，包括ⅠB 和ⅡB 族元素。

f 区元素：最后一个电子填入 f 轨道，价电子排布为 $(n-2)f^{0\sim14}(n-1)d^{0\sim2}ns^2$，包括镧系元素和锕系元素。

【例 8-1】 已知某元素的原子序数为 29，写出该元素原子的核外电子排布式，并说明该元素的名称、符号以及所属的周期、族和区。

解：该元素核外有 29 个电子，其排布式为 $1s^22s^22p^63s^23p^63d^{10}4s^1$ 或 $[Ar]3d^{10}4s^1$，该元素最高能级组数为 4，属于第四周期。价层有 11 个电子，为 ds 区 IB 元素，元素符号为 Cu。

【例 8-2】 已知某元素在周期表中位于第五周期、ⅥA 族。试写出该元素的基态原子核外电子排布式、元素的名称、符号和原子序数。

解：元素位于第五周期，故电子的最高能级组是第五能级组，即 5s4d5P；元素位于第ⅥA 族，故价层具有 6 个电子，即 $5s^25p^4$，此时 4d 轨道全充满。因此，该元素的核外电子排布式为 $1s^22s^22p^63s^23p^63d^{10}4s^24p^64d^{10}5s^25p^4$ 或 $[Kr]4d^{10}5s^25p^4$，元素的名称是碲，符号为 Te，原子序数为 52。

8.3.4 元素性质的周期性

由于原子电子层结构的周期性，因此与电子层结构有关的基本性质如原子半径、电离能、电子亲和能、电负性、金属性、非金属性等也呈现周期性的变化。

8.3.4.1 有效核电荷

原子序数增加时，原子的核电荷呈线性关系依次增加，但有效核电荷 Z^* 却呈周期性的变化。这是由于屏蔽系数的大小与电子层结构有关，电子层结构呈周期性变化，屏蔽系数亦呈周期性变化。

在短周期，从左到右电子依次填充到最外层，即增加到同一电子层中。由于同一层电子间的屏蔽较弱，有效核电荷显著增加。在长周期中，从第三个元素开始电子依次填充到次外层，所产生的屏蔽作用比这个电子进入最外层要增大一些，因此有效核电荷增加不多，当次外层电子半充满或全充满时，由于屏蔽作用较大，因此有效核电荷略有下降。但长周期的后半部，电子又填充到最外层，因而有效核电荷又显著增加。

同一族元素由上到下，虽然核电荷数增加较多，但相邻元素之间依次增加一个电子层，而内层电子对外层电子的屏蔽作用也较大，结果使得有效核电荷增加不显著。

有效核电荷随原子序数的变化如图 8.9 所示。

8.3.4.2 原子半径

根据量子力学的观点，原子不存在固定的半径。如果将原子视为球体，则两原子的核间距的一半即为原子半径。基于此假设以及原子间作用力的不同，原子半径可分为金属半径、共价半径和 van der Waals 半径三种类型。

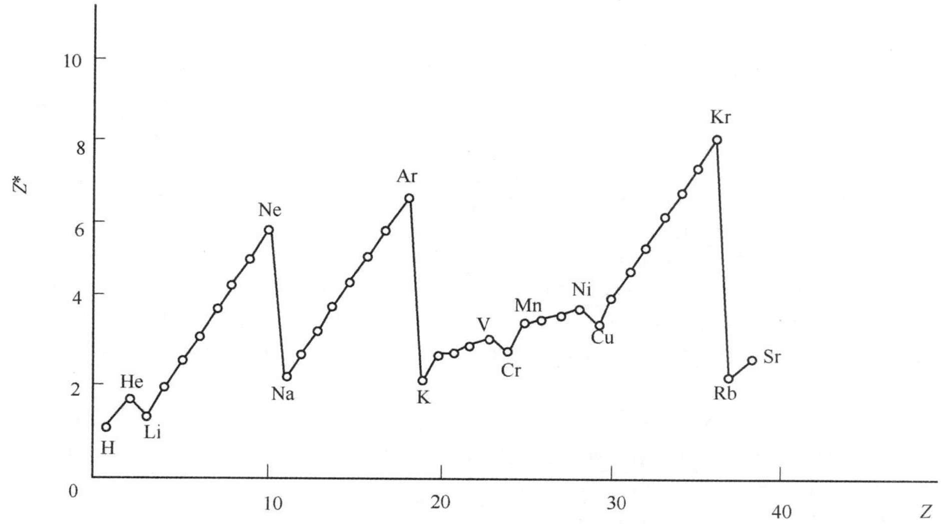

图 8.9　有效核电荷的周期性变化

同种元素的两个原子间以共价单键连接时，它们核间距的一半称为该原子的共价半径。金属晶体可以看成是由球状的金属原子密堆积而成的，其相邻金属原子核间距的一半称为金属半径。分子晶体中，分子之间以 van der Waals 力结合时，非键同种两原子核间距的一半称为 van der Waals 半径。周期系中各元素的原子半径见表 8.3 所示。

从表 8.3 可看出元素的原子半径呈现周期性的变化，其变化规律总结如下：

①同一周期中，随着原子序数的增加，原子半径逐渐减小，但长周期中 d 区过渡元素的原子半径随核电荷的增加减小较慢，ds 区原子半径略有增大。

同一周期中原子半径的变化主要受到两个相反因素的作用：一是随着原子序数的增加，核电荷增大，原子核对外层电子的吸引力增强，使原子半径逐渐减小；二是随着核外电子数的增加，电子间的排斥力增强，使原子半径增大。

在短周期中，由于增加的电子不足以完全屏蔽增加的核电荷，所以从左到右，有效核电荷逐渐增加，原子半径逐渐减小。在长周期中，过渡元素原子半径减小的幅度小于主族元素，这是因为从左到右 d 区元素的电子逐一填入 $(n-1)$d 轨道，增加的电子对最外层电子的屏蔽作用较大，有效核电荷增加较少，因而原子半径减小缓慢。而 ds 区过渡元素（ⅠB、ⅡB 族），由于 d 轨道已经填满，d^{10} 电子屏蔽效应显著，因而原子半径略有增大。

长周期的内过渡元素（镧系、锕系元素）中，从左到右，原子半径也是逐渐减小的，只是减小的幅度更小。这是因为新增加的电子填入 $(n-2)$f 轨道，它们对外层电子的屏蔽作用更大，有效核电荷增加更小，因此原子半径减小更为缓慢。从 $_{57}$La 到 $_{71}$Lu 原子半径缩小的幅度远远小于非过渡元素的现象称作镧系收缩。由于镧系收缩，使镧系以后的元素如 Hf、Ta、W 等元素的原子半径也相应缩小，致使其半径与第五周期同族元素 Zr、Nb、Mo 的原子半径非常接近，性质也极为相似，在自然界中往往共生，难以分离。

表 8.3　元素的原子半径 r(单位:pm)

H 37																	He 122
Li 152	Be 111											B 88	C 77	N 70	O 66	F 64	Ne 160
Na 186	Mg 160											Al 143	Si 117	P 110	S 104	Cl 99	Ar 191
K 227	Ca 197	Sc 161	Ti 145	V 132	Cr 125	Mn 124	Fe 124	Co 125	Ni 125	Cu 128	Zn 133	Ga 122	Ge 122	As 121	Se 117	Br 114	Kr 198
Rb 248	Sr 215	Y 181	Zr 160	Nb 143	Mo 136	Tc 136	Ru 133	Rh 135	Pd 138	Ag 144	Cd 149	In 163	Sn 141	Sb 141	Te 137	I 133	Xe 217
Cs 265	Ba 217		Hf 154	Ta 143	W 137	Re 137	Os 134	Ir 136	Pt 138	Au 144	Hg 160	Tl 170	Pb 175	Bi 155	Po 167	At 145	Rn

La 187.7	Ce 182.5	Pr 182.8	Nd 182.1	Pm 181	Sm 180.2	Eu 204.2	Gd 180.2	Tb 178.2	Dy 177.3	Ho 176.6	Er 175.7	Tm 174.6	Yb 194.0	Lu 173.4
Ac 187.8	Th 179.8	Pa 160.6	U 138.5	Np 131.0	Pu 151	Am 184	Cm	Bk	Cf	Es	Fm	Md	No	Lr

注:金属原子的半径为金属半径,稀有气体的原子半径为 van der Waals 半径,其余均为共价半径。

②同一主族中,从上到下元素的价层电子构型完全相同,尽管核电荷数增多,但电子层数的增加对原子半径起决定性作用,所以原子半径显著增加。副族元素从上到下原子半径增大不明显,特别是第二、三过渡系的元素,由于镧系收缩,它们的原子半径非常相近。

8.3.4.3　电负性

为全面描述分子中原子争夺电子能力的强弱,Pauling 于 1932 年提出了电负性的概念。Pauling 定义的元素电负性是指原子在分子中吸引电子能力的相对大小。电负性是相对值,无单位,可以衡量元素金属性和非金属性的相对强弱,元素电负性的数值越大,其原子在分子中吸引电子的能力越强,即非金属性越强;电负性的数值越小,表示该元素的金属性越强。表 8.4 列出了部分元素的电负性。

电负性有多种标度,如 Pauling 电负性、Mulliken (密立根)电负性、Allred (阿莱德)电负性和 Rochow (罗周)电负性等。由于它们建立的基础不同,因此电负性数值也不完全相同,但它们在周期表中的变化规律是相同的。

表 8.4　元素的电负性(Pauling 电负性)

H 2.1																	He
Li 1.0	Be 1.5											B 2.0	C 2.5	N 3.0	O 3.5	F 4.0	Ne –
Na 0.9	Mg 1.2											Al 1.5	Si 1.8	P 2.1	S 2.5	Cl 3.0	Ar –
K 0.8	Ca 1.0	Sc 1.3	Ti 1.5	V 1.6	Cr 1.6	Mn 1.5	Fe 1.8	Co 1.9	Ni 1.9	Cu 1.9	Zn 1.6	Ga 1.6	Ge 1.8	As 2.0	Se 2.4	Br 2.8	Kr –
Rb 0.8	Sr 1.0	Y 1.2	Zr 1.4	Nb 1.6	Mo 1.8	Tc 1.9	Ru 2.2	Rh 2.2	Pd 2.2	Ag 1.9	Cd 1.7	In 1.7	Sn 1.8	Sb 1.9	Te 2.1	I 2.5	Xe –
Cs 0.7	Ba 0.9	La–Lu 1.0–1.2	Hf 1.3	Ta 1.5	W 1.7	Re 1.9	Os 2.2	Ir 2.2	Pt 2.2	Au 2.4	Hg 1.9	Tl 1.8	Pb 1.9	Bi 1.9	Po 2.0	At 2.2	Rn –
Fr 0.7	Ra 0.9	Ac 1.1	Th 1.3	Pa 1.4	U 1.4	Np–No 1.4–1.3											

在同一周期，从左到右有效核电荷逐渐增大，原子半径逐渐减小，原子在分子中吸引电子的能力逐渐增强，元素的电负性逐渐增大。同一主族，自上而下原子半径逐渐增大，元素的电负性逐渐减小。电负性大的元素集中在元素周期表的右上角，电负性小的元素集中在左下角。因此，氟的电负性最大，是最活泼的非金属元素；钫的电负性最小，是最活泼的金属元素。

8.4 原子键合与分子结构

分子或晶体中的原子（或离子）并不是简单地堆积在一起，而是存在着某种强烈的相互作用力。化学上将这种分子或晶体中相邻原子（或离子）之间的强烈作用力称做化学键。化学键主要有离子键、共价键和金属键。原子间的键合作用以及化学键的破坏所引起的原子重新组合是最基本的化学现象。化学键的性质和化学变化的规律不仅可说明各类反应的本质，而且对化合物的合成、化合物性质的解释等起指导作用。因此，本节将在原子结构的基础上，重点讨论分子的形成及其相关理论，主要包括化学键、分子中原子在空间的排列（分子的空间构型）、分子之间的相互作用力以及分子结构与物质性质的联系。

8.4.1 离子键

8.4.1.1 离子键的形成

1916 年，德国化学家 W. Kossel 根据稀有气体原子具有稳定电子层结构的事实，提出了离子键理论。该理论认为，当电负性较小的活泼金属原子和电负性较大的活泼非金属原子相互靠近时，它们都有达到稀有气体原子稳定结构的倾向，因此前者易失去电子形成正离子，后者易获得电子形成负离子，正、负离子通过静电吸引作用结合而形成离子型化合物。例如 NaF 的形成：

$$\left.\begin{array}{l}\mathrm{Na}(2s^2 2p^6 3s^1) - e^- \longrightarrow \mathrm{Na}^+(2s^2 2p^6) \\ \mathrm{F}(2s^2 2p^5) + e^- \longrightarrow \mathrm{F}^-(2s^2 2p^6)\end{array}\right\} \longrightarrow \text{NaF（离子型化合物）}$$

这种由正、负离子之间因静电作用而形成的化学键称为离子键。由离子键形成的化合物称为离子型化合物。

8.4.1.2 离子键的主要特征

离子键是正、负离子间通过静电作用而形成的化学键。因此，离子键的本质就是正、负离子之间的静电作用。离子所带电荷越多，离子半径越小，所形成的离子键就越强，离子化合物越稳定。

在离子键模型中，可近似地将正、负离子看做球形对称的电荷，由于离子的电场分布是球形对称的，因此可在任意方向上吸引带有相反电荷的离子，所以离子键没有方向性。

由于离子化合物中离子所产生的静电场没有方向性，因此，只要周围空间允许，每个离子都会尽量多地吸引异号电荷离子，所以离子键没有饱和性，但没有饱和性并不是说某一离子周围吸引异号电荷离子的数目是不受限制的。实际上每一种离子周围有多少异号电荷的离子受到离子半径、离子电荷数等多种因素的影响。

基于离子键的以上特征，在离子晶体中不存在独立的分子。例如在 NaF 晶体中，不存在所谓的 NaF 分子。因此，NaF 只是氟化钠的化学式，而不是分子式。

8.4.2 共价键

离子键理论可很好地说明电负性相差较大原子间所形成的化学键，但对电负性相差较小或相等的原子间所形成的化学键,离子键理论并不适用。为了阐明这一问题,美国科学家Lewis于1916年首先提出了共价键理论。他认为同种原子以及电负性相近的原子间可以通过共用电子对,使分子中各原子具有稀有气体原子的电子层结构。这种原子间通过共用电子对结合而形成的化学键称为共价键。Lewis的共价键理论被称为经典价键理论,该理论可以解释一些简单共价分子的形成,也可初步揭示共价键的核心——电子配对学说,但不能阐明电子成对的本质原因,未能揭示共价键的本质和特征,并且在应用中遇到很多困难。如BF_3和PCl_5分子中,B和P原子周围的电子数分别为6和10,都未达到8电子结构,但同样可以稳定存在。

8.4.2.1 价键理论

(1) 共价键的形成

1927年,Heitler和London将量子力学应用于H_2分子的结构,得到了氢分子能量与两个H原子核间距之间的关系以及电子状态对成键的影响,揭示了共价键的本质。1931年,Pauling等人发展了这一成就,建立了现代价键理论,又称电子配对理论。

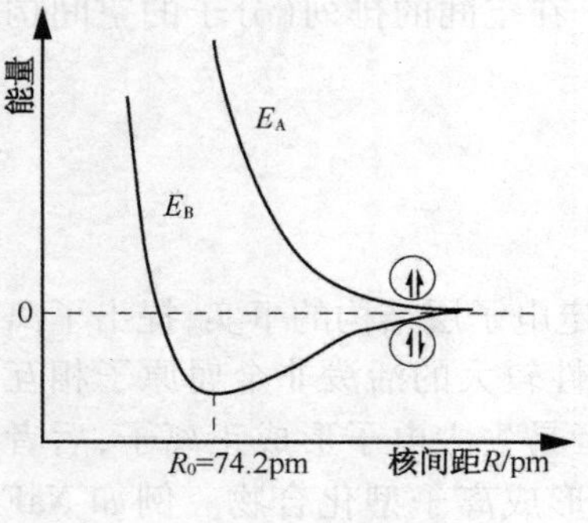

图8.10 H_2分子形成过程能量随核间距变化示意图

下面以氢原子形成氢分子为例说明共价键的形成。量子力学计算结果表明,当两个氢原子相互接近时,如果两个未成对电子的自旋方向相同,其原子间必将发生排斥作用,使得体系能量升高,且核间距R越小,势能V越大,如图8.10中E_A所示,此时不能形成稳定的氢分子,这种不稳定的状态称为排斥态。若原子靠近时,两个未成对电子的自旋方向相反,则两个1s轨道发生重叠,整个系统的能量降低并小于两个H原子单独存在时的能量。随着原子的接近,在核间距R_0 = 87pm(实验值为74pm)处系统的能量达到最低点,如图8.10中E_B所示,这种稳定的状态称为基态。如果两个原子继续靠近,由于原子核之间的斥力逐渐增大,使体系能量升高。

从量子力学对氢分子形成过程的处理结果可以看出:两个氢原子电子以自旋相反的方式靠近、重叠,在核间形成了一个电子概率密度较大的区域并吸引原子核形成共价键,系统能量降低。

将量子力学对H_2分子的处理结果推广到其他分子体系中,就形成了以量子力学为基础的现代价键理论,又称电子配对理论,简称V.B.理论。其基本要点为:①两原子相互接近时,自旋方向相反的未成对电子配对,核间电子云密度增大,体系的能量降低,形成稳定的共价键;②形成共价键的两原子轨道间重叠程度越大,形成的共价键越稳定,体系的能量越低。

(2) 共价键的特征

共价键是分子中原子间通过共用电子对结合而形成的化学键。在形成共价键时,相互结合的原子既未得到电子,也未失去电子,而是共用了电子对,所以共价键也被称为原子键。共价键的本质是电性的,是两个原子核对核间电子对的负电场或负电区域的吸引作用。共价键的强弱取决于原子轨道的重叠程度,而轨道的重叠程度与重叠方式有关,这是共价键的波性。因此,共价键的本质既是电性的又是波性的。

由于共价键是两个原子未成对电子占据的轨道重叠而形成的,因此原子中有几个未成对电子,就可以和几个自旋相反的未成对电子配对成键,即原子所能形成的共价键的数目是一定的,这体现了共价键的饱和性。如果两个原子各有一个未成对电子,则两个单电子可以以自旋相反的方式配对,形成稳定的共价单键;若两个原子各有两个或三个未成对电子,那么自旋相反的单电子可以两两配对，形成共价双键或叁键。

成键电子的原子轨道在对称性一致的前提下重叠越多，所形成的共价键就越牢固，即原子间总是尽可能地沿着原子轨道的最大伸展方向成键。原子轨道在空间具有特定的伸展方向，除 2 个 s 轨道因其对称性没有方向限制外，其他轨道在成键时为了达到最大重叠，必须尽可能地沿着原子轨道的伸展方向形成共价键。所以，共价键具有方向性。图 8. 11 为 s 和 p_x轨道的重叠方式示意图，在形成 HCl 分子时，只有当 H 原子的 1s 轨道沿 x 轴与 Cl 原子的 p 轨道成键时，才满足最大重叠，才可以形成稳定的共价键，如图 8. 11(a) 所示；但当 1s 轨道与 $2p_x$轨道沿 y 轴方向重叠时，因两轨道不具有对称性，故不能形成共价键，如图 8. 11(b) 所示。

原子轨道具有的空间伸展方向使得轨道重叠后生成的共价键具有方向性，共价键的方向性决定了共价化合物分子的空间构型，从而影响到分子的性质。

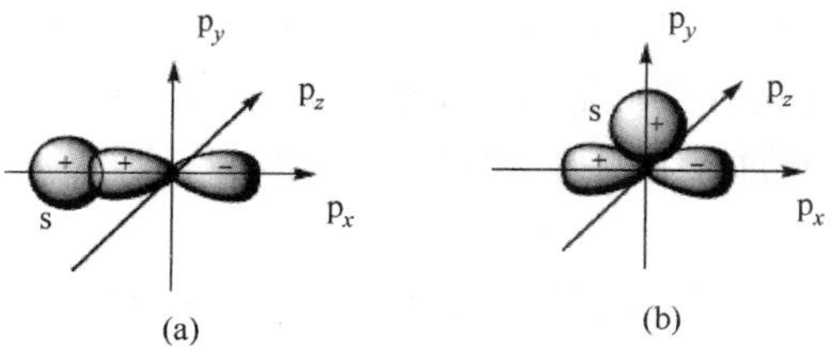

图 8. 11　s 和 p_x轨道的重叠方式示意图

(3) σ 键和 π 键

原子轨道重叠形成共价键时，由于成键原子对共用电子的吸引能力不同，原子轨道的重叠方式亦不相同。根据原子轨道的重叠方式和形成共价键的对称性，可将共价键的键型分为 σ 键和 π 键。

如果原子轨道沿键轴方向以“头碰头”的方式发生重叠，轨道的重叠部分对于键轴具有旋转对称性，即原子轨道绕着键轴旋转时，离键轴一定距离的波函数数值或电子出现的几率密度大小均不发生变化。这种具有旋转对称性的共价键称为 σ 键。如图 8. 12 所示，s - s 重叠、s - p_x重叠、p_x - p_x重叠都是以“头碰头”的方式重叠，形成的共价键都是 σ 键。

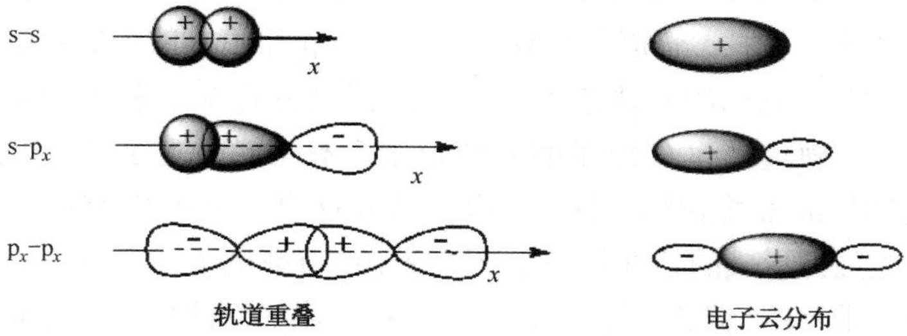

图 8. 12　σ 键示意图

如果原子轨道以“肩并肩”的方式发生重叠，轨道重叠部分对于通过键轴的某一平面具有镜面反对称性。这种具有镜面反对称性的共价键称为 π 键。如图 8. 13 所示，两个 $2p_y$轨道沿 y 轴方向重叠形成的共价键是 π 键。又如 N 原子的价电子结构为 $2s^2 2p^3$，三个 2p 轨道上各有一个未成对电子。当两个 N 原子成键时，每个 N 原子以任意一个 p 轨道沿键轴方向以“头碰头”的方式重叠，形成 1 个 σ 键。同时，垂直于键轴方向的其余 2 个 p 轨道只能以“肩并肩”的方式重叠，形成 2 个 π 键。因此，在 N_2分子中具有 1 个 σ 键和 2 个 π 键。

p_y–p_y

轨道重叠   电子云分布

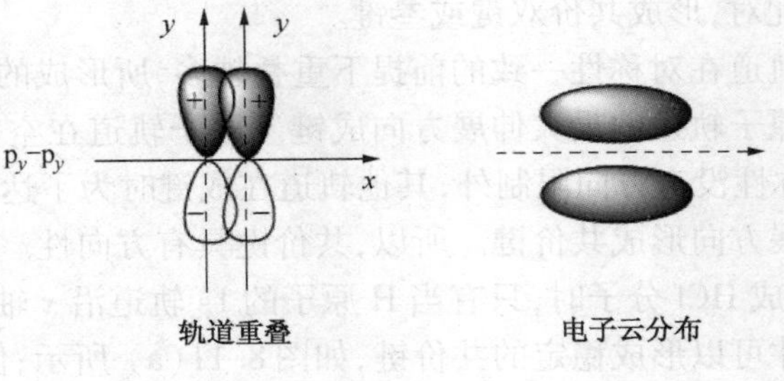

图 8.13 π 键示意图

由于形成 σ 键时，原子轨道的重叠发生在轨道空间伸展的最大方向，电子出现几率密度最大的区域位于两个原子核之间，受核的吸引作用强，不易受到其他原子的作用；而 π 键对于键轴平面呈镜面反对称，电子出现几率密度最大的区域位于键轴的两侧，受核的吸引作用弱，较易受到其他原子的作用。因此，σ 键的键能高，稳定性强，不易参与化学反应，而 π 键的稳定性差，π 电子的活泼性高，容易参与化学反应。

（4）配位键

形成共价键的共用电子对也可以只由成键原子中的一方提供，该原子称为电子对给予体；而另一方则必须提供空的原子轨道，该原子称为电子对接受体。这种由某成键原子提供键合电子对而形成的共价键称为配位共价键。例如 NH_3 与 H^+ 形成 NH_4^+，NH_3 分子中 N 原子含有一对孤电子对，而 H^+ 只有空的 1s 轨道，N 原子的孤电子对进入 H^+ 的空轨道中，形成一个 σ 配位共价键。配位键通常用"→"表示，箭头所指的原子为电子对接受体。NH_4^+ 的分子结构式可写成：

$$
\begin{array}{c} N \\ | \\ H-N: + H^+ \\ | \\ H \end{array}
\longrightarrow
\left[
\begin{array}{c} H \\ | \\ H-N \rightarrow H \\ | \\ H \end{array}
\right]^+
$$

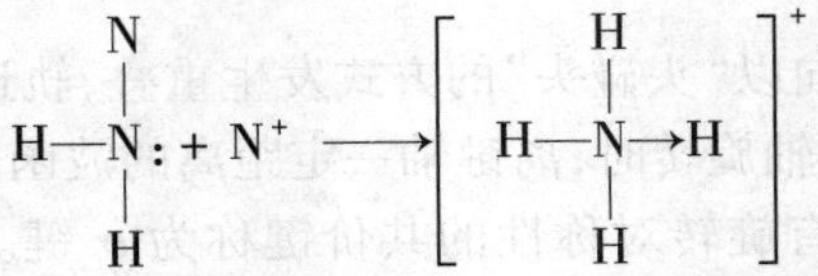

配位共价键也有 σ 键和 π 键之分。以 CO 分子为例，C 原子的价电子结构为 $2s^2 2p^2$，两个未成对电子分别分占 p_x、p_y 轨道，与 O 原子的 p_x、p_y 轨道中的未成对电子分别形成 1 个 σ 键和 1 个 π 键。同时，它们的 p_z 轨道也以"肩并肩"的方式发生重叠。需要注意的是：C 原子的 p_z 轨道是一个空轨道，而 O 原子的 p_z 轨道中含有一对孤电子对。因此，在 z 方向上 C 原子与 O 原子之间形成 π 配位键，其中的电子是由 O 原子单独提供的，可表示为：$C \equiv O$。

由此可见，配位键形成的条件是一个成键原子中有孤电子对，另一个原子中有可与孤电子对所在轨道相互重叠的空轨道。需要说明的是：配位共价键与正常共价键的区别仅在于成键过程，虽然共用电子对的来源不同，但成键后二者并无任何差别。

（5）离域 π 键

在平面形的多原子分子中，如果相邻原子中有相互平行的、未参与杂化的原子轨道，这些轨道可以相互重叠构成一个整体，形成多中心 π 键，电子在多个原子间运动。这种多中心 π 键又称为"共轭 π 键"、"离域 π 键"或"非定域 π 键"，简称大 π 键，通常用 π_a^b 表示，其中 a 为平行的 p 轨道的数目，b 为平行 p 轨道中的电子数。离域 π 键的形成可使体系的能量降低，分子的稳定性增加。

形成离域 π 键需要满足的条件是：①形成大 π 键的原子都在同一平面上；②这些原子

有相互平行的 p 轨道；③p 轨道上的电子总数小于 p 轨道数的 2 倍。

通常脂芳环的成环碳原子各以一个未杂化的 2p 轨道彼此侧向重叠形成封闭的共轭 π 键。例如，苯分子中六个碳原子都采取 sp^2杂化，形成三条杂化轨道，其中两条杂化轨道和相邻的两个碳原子结合形成两个 σ 键，另外一条杂化轨道与 H 原子结合形成 σ 键，组成一个平面六元环的分子结构。此外，每个 C 原子还剩余一条垂直与该平面的 p 轨道，由于这六条 p 轨道相互平行，可以以“肩并肩”的方式重叠后形成大 π 键，每个 p 轨道上有一个单电子，故苯分子中存在一个“6 轨道 6 电子”的 p－p 大 π 键，用 π_6^6 表示，如图 8.14 所示。又如，1，3－丁二烯（$H_2C=CH-CH=CH_2$）分子中，4 个碳原子均采取 sp^2杂化，杂化轨道相互重叠形成 σ 键，所有原子处于同一平面。每个碳原子还有一个未参与杂化的 p 轨道垂直于分子平面，每个 p 轨道里有一个单电子，故丁二烯分子中存在一个“4 轨道 4 电子”的 p－p 大 π 键，即 π_4^4 。

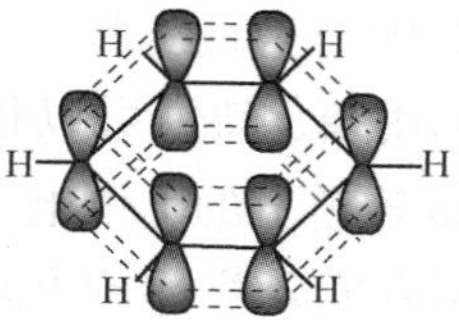

图 8.14　苯分子大 π 键示意图

无机化合物中也存在这样的 π 键，如 CO_2分子中，C 原子的价电子层为 $2s^22p^2$，中心原子 C 以 sp 杂化轨道与每个氧原子的 $2p_x$轨道重叠形成两个 σ 键，构成直线型分子骨架，三个原子的 p_y轨道垂直于通过键轴的平面，两两平行，并重叠形成一个大 π 键（ π_3^4 ）。此外，三个原子的 p_z轨道也同样垂直于通过键轴的平面，且相互平行，轨道重叠后又形成一个大 π 键（ π_3^4 ），这两个大 π 键互相垂直。

在这类分子中，共轭体系所有 π 电子的“游动”不局限于两个原子之间，而是扩展到组成共轭体系的所有原子之间。由于共轭 π 键的离域作用，当分子中任何一个组成共轭体系的原子受外界试剂作用时，必将影响到体系的其它部分。因此，共轭分子中的共轭 π 键是化学反应的核心部位。

8.4.2.2　杂化轨道理论

共价键的价键理论简明地阐述了共价键的形成过程，揭示了共价键的本质，但在解释多原子分子的空间构型时遇到了许多困难。如实验测定 CH_4分子的空间结构为正四面体，C 原子位于正四面体的中心，4 个 H 原子分别占据正四面体的四个顶点，具有 4 个完全等同的 C—H 键，键角为 109°28′。根据价键理论，碳原子的价电子结构为 $2s^22p^2$，只有 2 个未成对电子，只能与两个 H 原子形成 2 个共价单键，键角应为 90°，这些都与实验事实不符。为了解释多原子分子的空间构型，鲍林在价键理论的基础上于 1931 年提出了杂化轨道理论。

杂化轨道理论认为：成键原子在形成多原子分子的过程中，由于原子间的相互作用，若干不同类型、能量相近的轨道混合起来，重新组合成一组新的轨道，这种重新组合的过程称为杂化，所形成的新轨道称为杂化轨道。其基本要点为：①只有能量相近的原子轨道才能进行杂化，同时只有在形成分子的过程中才会发生杂化过程，而孤立的原子是不可能发生杂化的；②杂化轨道的数目等于参与杂化的原子轨道的总数；③杂化后原子轨道的形状发生变化，电子云分布更为集中，成键能力增强，杂化轨道的成键能力比未杂化轨道的成键能力强，形成的化学键的键能大；④杂化轨道成键时，要满足化学键间最小排斥的原理。键与键间排斥力的大小决定于键的方向，即决定于杂化轨道间的夹角，故杂化轨道的类型与分子的空间构型有关；⑤杂化轨道成键时，要满足原子轨道最大重叠原理。

根据参与杂化的原子轨道种类和数目的不同，可以组成不同类型的杂化轨道。

（1）sp 杂化

由一个 ns 轨道和一个 np 轨道参与的杂化称为 sp 杂化，所形成的轨道称为 sp 杂化轨道。每一个 sp 杂化轨道中含有 1/2 的 s 轨道成分和 1/2 的 p 轨道成分，两个杂化轨道间的夹角为 180°，呈直线形。

利用杂化轨道可以很好地解释 $BeCl_2$ 的空间构型和稳定性。Be 原子的电子构型为 $1s^2 2s^2$，2s 轨道上的 1 个电子得到能量被激发到空的 2p 轨道，2s 轨道和 2p 轨道的能量相近，重新组合成 2 条 sp 杂化轨道。Be 利用两个 sp 杂化轨道和两个 Cl 原子形成两个完全等同的共价键，其形成过程如图 8. 15 所示。

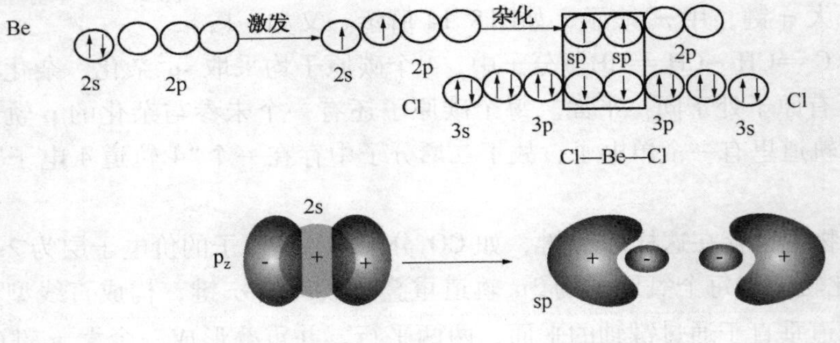

图 8. 15　$BeCl_2$ 分子的形成示意图

（2）sp^2 杂化

由一个 ns 轨道和两个 np 轨道参与的杂化称为 sp^2 杂化，所形成的三个杂化轨道称为 sp^2 杂化轨道。每个 sp^2 杂化轨道中含有 1/3 的 s 轨道成分和 2/3 的 p 轨道成分，杂化轨道间的夹角为 120°，呈平面正三角形，所形成的分子具有平面三角形结构。BF_3 的形成过程如图 8. 16 所示，中心 B 原子外层电子构型 $2s^2 2p^1$，采用 sp^2 杂化方式。

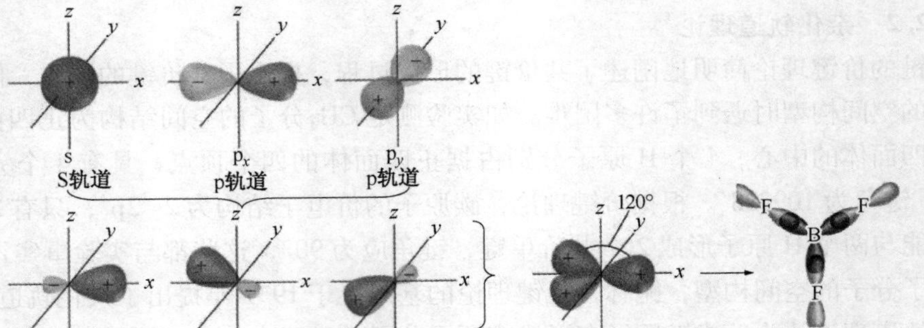

图 8. 16　BF_3 分子的形成示意图

（3）sp^3 杂化

由一个 ns 轨道和三个 np 轨道参与的杂化称为 sp^3 杂化，所形成的四个杂化轨道称为 sp^3 杂化轨道。每个 sp^3 杂化轨道中含有 1/4 的 s 轨道成分和 3/4 的 p 轨道成分，杂化轨道间的夹角为 109°28′，空间构型为四面体形。CH_4 分子的形成过程如图 8. 17 所示，中心 C 原子采取 sp^3 杂化。

除了上述 s－p 型杂化方式外，还存在 d－s－p 型和 s－p－d 型杂化，如 dsp^3、sp^3d、sp^3d^2 等。表 8. 5 列出几种常见的杂化轨道。

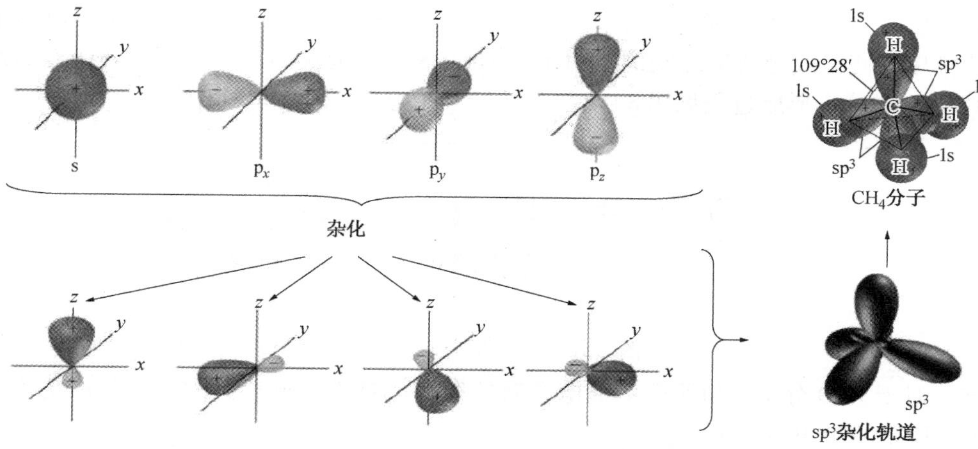

图 8.17　CH_4分子的形成示意图

表 8.5　常见杂化轨道的类型与所形成分子的性质

杂化类型	sp	sp^2		sp^3		$dsp^2(sp^2d)$	$dsp^3(sp^3d)$	$d^2sp^3(sp^3d^2)$
杂化的原子轨道数目	2	3		4		4	5	6
杂化轨道的数目	2	3	4	4*	4◆	4	5	6
杂化轨道间的夹角	180°	120°	109°28′	107°18′	104°45′	90°，180°	90°，120° 180°	90°，180°
杂化轨道空间构型	直线形	平面三角形	正四面体	四面体	四面体	四面体或 平面正方形	三角双锥形	八面体
杂化轨道的成键能力	依次	→	→	→	→	→	→	增强
形成分子的几何构型	直线形	平面三角形	正四面体	三角锥	折线形	四面体或 平面正方形	三角双锥形	八面体
键角	180°	120°	109°28′	107°18′	104°45′	90°，180°	90°，120° 180°	90°，180°
实例	$BeCl_2$ $HgCl_2$	BF_3 SO_3	CH_4 SiH_4	NH_3	H_2O H_2S	$[Ni(NH_3)_4]^{2+}$ $[Ni(CN)_4]^{2-}$	$Fe(CO)_5$ PCl_5	$[Fe(CN)_6]^{3-}$ $[FeF_6]^{3-}$

*4 个杂化轨道中，有 1 孤电子对，◆4 个杂化轨道中，有 2 孤电子对，都为不等性杂化。

（4）等性杂化和不等性杂化

杂化过程中形成的杂化轨道可能是一组能量相同的简并轨道，也可能是一组能量彼此不等的轨道，因此杂化轨道有等性杂化和不等性杂化之分。若参与杂化的各原子轨道重新组合成一组能量相等、成分完全等同的杂化轨道，这种杂化称为等性杂化，如 $BeCl_2$、BF_3、CH_4、SF_6等分子中，其中心原子均为等性杂化。

若参与杂化的各原子轨道成分并不相等，杂化轨道中有不参加成键的孤对电子的存在，而造成不完全等同的杂化轨道，这种杂化称为不等性杂化。如 NH_3分子中，中心 N 原子经 sp^3杂化形成 4 个 sp^3杂化轨道，其中一个杂化轨道被一对孤电子对占据，N 原子只能提供其余3个能量相同的 sp^3 杂化轨道与3个H原子形成3个N—H σ 键。由于孤电子对对其他杂化轨道的排斥，使得成键轨道之间的夹角小于109°28′。实验测得 NH_3 分子N—H键的键角为107°18′。NH_3 分子形成过程见图8.18：

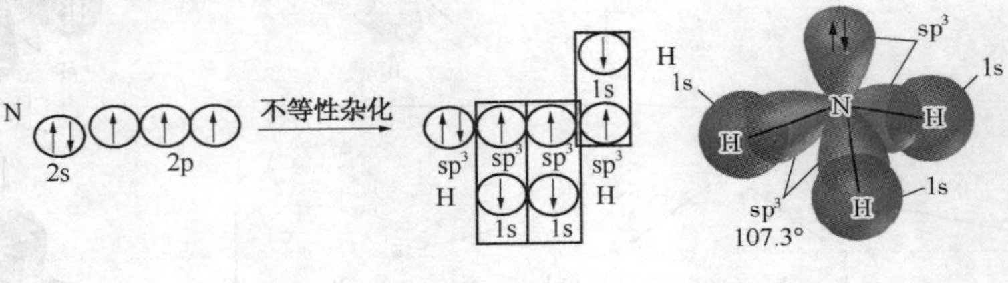

图8.18　NH_3 的形成过程

同样，对于 H_2O 分子，由于两对孤电子对的存在，对成键电子对的排斥作用更大，所以两个O—H键的键角为104.5°。

8.4.3　金属键

金属和许多金属合金都具有金属光泽，具有优良的导电性、导热性及延展性等。与非金属原子相比，金属原子的外电子层中电子数都少于4，难以通过共用电子对形成稀有气体的稳定电子构型。

8.4.3.1　改性共价键理论

在金属晶体中，金属原子的价电子可以脱离原子核的束缚，成为能够在整个晶体中自由运动的电子，这些电子称为自由电子，失去电子的原子则形成了带正电荷的离子。自由电子可以在整个金属晶体中运动，而不专属于某个金属原子。自由电子与金属离子相互作用，从而结合形成金属晶体，这种作用力称为金属键。由于金属只有少数价电子能用于成键，金属在形成晶体时，倾向于构成紧密堆积结构，从而使每个原子周围都有尽可能多的相邻原子，这样，电子能级可以尽可能多的得到重叠形成金属键。因此，可以认为金属键是一种改性的共价键。上述假设模型称为金属的自由电子模型，亦称为改性共价键理论，是1900年Drude等人为解释金属的导电、导热性能所提出的一种假设。该理论先后经过Lorentz和Sommerfeld等人的改进和发展，对金属的许多重要性质都给予了一定的解释。如：

(1) 自由电子能在整个金属晶体中自由运动，所以在外电场作用下，自由电子定向运动，产生电流。加热时，因为金属离子振动加剧，阻碍了自由电子作自由运动，因而金属电阻率一般和温度呈正相关。

(2) 当金属晶体受外力作用而变形时，尽管金属离子发生了位移，但自由电子的连接作用并没有改变，金属键没有被破坏，故金属晶体具有延展性。

(3) 自由电子很容易被激发，所以它们可以吸收在光电效应截止频率以上的光，并发射各种可见光，所以大多数金属呈银白色。

(4) 温度是分子平均动能的量度，而金属离子和自由电子的振动很容易一个接一个的传导，故金属局部分子的振动能快速地传至整体，所以金属导热性能一般很好。

但是，由于金属的自由电子模型过于简单化，不能解释金属晶体为什么有结合力，也不能解释金属晶体为什么有导体、半导体、绝缘体之分。随着科学技术的发展，金属键的能带理论随之产生。

8.4.3.2　能带理论

金属键的能带理论建立在量子力学的观点之上，因此，能带理论也称为金属键的量子力学模型，其基本观点如下：

由于金属原子的价层电子数较少(1、2 或 3)，而金属原子在金属晶体中的配位数却很高(8 或 12)，为使金属原子的少数价电子能够适应高配位数的需要，成键时价电子必须是“离域”的，即价电子不再从属于任何一个特定的原子，所有的价电子应该属于整个金属晶体所共有，这种价电子称为“离域”电子。

在金属晶体中，所有金属原子的轨道组成了大量的分子轨道。由于能级分裂，相邻分子轨道的能量差很小，并且随着组成金属晶体原子数目的增加而减小。由于晶体中原子数目较多，使得分子轨道的能量差极小，可认为各能级间的能量变化是连续的，因此称为能带。

分子轨道所形成的能带，也可以看成是紧密堆积的金属原子电子能级发生的重叠，这种能带属于整个金属晶体。例如，金属锂中 Li 原子的 1s 能级相互重叠形成了金属晶格中的 1s 能带。每个能带可以包括许多相近的能级。

金属能带可以有不同的类型：①满带：由已充满电子的原子轨道能级所形成的低能量能带，如金属锂中的 1s 能带。②导带：由未充满电子的原子轨道能级所形成的高能量能带。能带中的分子轨道只填充了一半电子，因能带中的空轨道与填充电子的轨道之间的能极差极小，电子可在能带内的不同能级之间自由运动，在外电场的作用下，未充满能带中的电子可做定向运动，形成电流。金属的导电性正是金属晶体中存在导带的结果。③禁带：两类能量相差较大的能带之间的能量间隔。④空带：没有电子填充的能带。例如：金属锂(Li 原子的电子层结构为 $1s^2 2s^1$)的 1s 轨道已充满电子，2s 轨道未充满电子，2p 或更高能级的原子轨道为空轨道，1s 能带是满带，2s 能带是导带，二者之间的能量差比较大，它们之间的间隔是禁带，是电子不能逾越的，即电子不能从 1s 能带跃迁到 2s 能带，但是 2s 能带中的电子却可以在接受外来能量的情况下，在带内相邻能级中自由运动，而 2p 能带是空带。

金属中相邻的能带也可以相互重叠，如铍(电子层结构为 $1s^2 2s^2$)的 2s 轨道已充满电子，2s 能带应该是个满带，铍应该是一个非导体。但由于铍的 2s 能带和空的 2p 能带的能量很接近而发生重叠，2s 能带中的电子可以跃迁进入 2p 能带运动，因此铍依然是一种具有良好导电性的金属，并且具有金属的通性。

根据能带理论的观点，金属能带之间的能量差和能带中电子填充的状况决定了物质是导体、非导体还是半导体(即金属、非金属或准金属)。如果物质所有的能带都全满(或最高能带全空)，而且能带间的能量间隔很大，该物质将是一个非导体；如果一种物质的能带被电子部分填充，或者有空能带且能量间隙很小，能够和相邻有电子的能带发生重叠，它将是一种导体。半导体的能带结构是满带被电子充满，导带是空的，而禁带的宽度很窄，在一般情况下，由于满带上的电子不能进入导带，因此晶体不导电。但由于半导体的禁带宽度很窄，在一定条件下，满带上的电子很容易跃迁到导带上去，使原来空的导带填充部分电子，同时在满带上也留下空位(空穴)，因此使导带与原来的满带均未充满电子，所以能导电。

能带理论也能很好地说明金属共同的物理性质。向金属施以外加电场时，导带中的电子便会在能带内向较高能级跃迁，并沿着外加电场方向通过晶格产生运动，因此金属具有导电性。能带中的电子可以吸收光能，并且也能将吸收的能量又发射出来，这印证了金属的光泽和金属是辐射能的优良反射体。给金属晶体施加应力时，由于在金属中电子是离域的，一个地方的金属键被破坏，在另一个地方又可以形成金属键，因此机械加工不会破坏金属结构，而仅能改变金属的外形，这也就是金属有延性、展性、可塑性等共同的机械加工性能的原因。金属原子对于形成能带所提供的不成对价电子越多，金属键就越强，反应在物理性质上就是熔点和沸点就越高，密度和硬度越大。因此，金属键的能带理论反映了金属键的本质。

目前能带理论还存在一定的局限性，对某些问题还难以说明，如某些过渡金属具有高硬度、高熔点等性质，有人认为是原子的次外层电子参与形成了部分共价性的金属键。可见，金属键理论仍在发展中，但其对新型半导体材料、固体功能材料等的研究开发和非晶态固体技术等仍具有重要的理论指导意义。

8.4.4 分子间作用力和氢键

化学键是分子内部原子间较强的结合力，是决定分子化学性质的主要因素。此外，分子与分子之间还存在着一种较弱的相互作用——分子间作用力，其比化学键小一到两个数量级，但它是决定物质熔点、沸点、溶解度等物理性质的重要因素。

8.4.4.1 分子的极性

由相同原子组成的双原子分子，原子核对共用电子对的吸引力相同，分子中电子云分布均匀，整个分子的正电荷重心与负电荷重心重合，这种分子称为非极性分子，如 H_2、Cl_2 等，所形成的共价键称为非极性共价键。由电负性不同的原子所形成的分子，由于电负性大的原子对成键电子的吸引作用强，使得成键电子偏向于电负性大的原子，导致分子中正电荷重心和负电荷重心不重合，形成正负两极，这种分子称为极性分子，如 HCl、CO 等，极性分子中的共价键是极性共价键。

分子极性的大小可用偶极矩 μ 来衡量，偶极矩定义为

$$\mu = q \times d \tag{8-6}$$

式(8 -6)中，q 为正、负电荷重心所带的电荷量；d 为正、负电荷重心之间的距离(偶极长)；μ 为偶极矩，单位为 D(Debye，德拜)，其 SI 单位是库(仑)米(C·m)。偶极矩是矢量，其方向由正电荷重心指向负电荷重心。

分子的偶极矩等于分子中各个化学键偶极矩的矢量和。显然，分子的极性不仅与键的极性有关，而且与分子的空间构型有关。如 CO_2、BF_3、CH_4 等多原子分子，其共价键都是极性键，但分子的空间构型均匀对称，键的极性相互抵消，使得正负电荷重心重合，偶极矩的矢量和为零，分子为非极性分子；而 SO_2、H_2O 为 V 型结构，NH_3 为三角锥型，键矩的矢量和不为零，因而是极性分子。

由于极性分子的正、负电荷重心不重合，因此极性分子中始终存在着一个正极端和一个负极端，极性分子的这种固有的偶极称为永久偶极。非极性分子的正、负电荷重心重合，不存在偶极，但在外电场诱导下，非极性分子的正、负电荷重心发生分离，变成具有一定偶极的极性分子，这种在外电场作用下产生的偶极称为诱导偶极。在没有外电场的作用下，非极性分子由于电子的不断运动和原子核的不断振动，经常发生电子云和原子核之间的瞬时相对位移，即正、负电荷重心发生了瞬时的不重合，这时产生的偶极称为瞬间偶极。

8.4.4.2 分子间作用力

分子间作用力是指存在于分子与分子之间或高分子化合物分子内官能团之间的作用力，简称分子间力，主要包括范德华力和氢键。

(1) 范德华力

早在 19 世纪末，范德华就已注意到分子间作用力的存在，并考虑这种作用力对实际气体的影响以及分子本身占有体积的事实，进而提出了著名的范德华状态方程。范德华力包括取向力、诱导力和色散力。

当两个极性分子相互靠近时，因分子的固有偶极之间同极相斥、异极相吸，使分子发生相对地转动，并由静电引力互相吸引从而在空间按一定取向排列。极性分子永久偶极之间的这种静电作用力称为取向力，取向力仅存在于极性分子之间。

极性分子与非极性分子相互接近时，极性分子永久偶极产生的电场作用使非极性分子电子云变形，且诱导其形成诱导偶极，固有偶极与诱导偶极之间的静电作用力称为诱导力。同样，极性分子与极性分子之间除了取向力外，由于极性分子电场相互的影响，极性分子也会发生变形，产生诱导偶极，从而也产生诱导力。

任何分子都会因电子和原子核的不断地运动而产生瞬间偶极，瞬间偶极与瞬间偶极之间的静电作用力称为色散力。色散力与分子的变形性有关，变形性越大，色散力越强。色散力存在于一切分子之间。一般情况下，分子间力主要以色散力为主，只有分子的极性非常强时，取向力才显得重要。

取向力、诱导力和色散力的产生过程如图 8.19 所示。

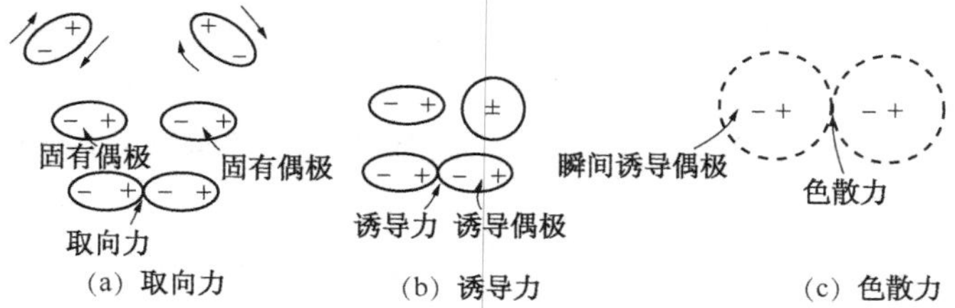

图 8.19　取向力、诱导力和色散力的产生

分子间力具有以下特点：①近程作用力，与分子间距离的 6 次方成反比。作用距离大约在 300 ~ 500 pm 范围内；②分子间力没有方向性和饱和性；③分子间力的作用很小，一般在 2 ~ 20 kJ · mol^{-1}，比化学键能小 1 ~ 2 个数量级。

卤素分子的物理性质很容易用范德华力作定性的说明。F_2、Cl_2、Br_2和 I_2都是非极性分子，随着相对分子质量的增大，原子半径增大，电子增多，分子变形性增强，因此色散力增加，分子间力增加，所以卤素分子的熔、沸点随着相对分子质量的增加而增大。但是，HF、H_2O、NH_3这三种氢化物的相对分子质量明显比同族其他氢化物的小，但它们的熔、沸点却反常的高，这是因为这些分子间还存在另一种分子间作用力——氢键。

（2）氢键

氢键是一种存在于分子之间也可存在于分子内部的作用力。当氢与电负性较大、半径较小的原子 X(如 F、O、N)形成共价键时，共用电子对偏向 X 原子，使得 X 原子带部分负电荷，而 H 原子一侧形成几乎裸露的质子。H 原子的半径很小，正电荷密度大，对相邻另一个分子中电负性较大、半径较小且含有孤电子对的 Y 原子可产生较强的静电吸引，这种吸引作用力就称为氢键。氢键通常可用---表示，如 X—H---Y，其中 X、Y 可以是同种原子，也可以是不同原子。例如：在 HF 分子中，由于氢键的存在，形成了图 8.20 所示的缔合分子。

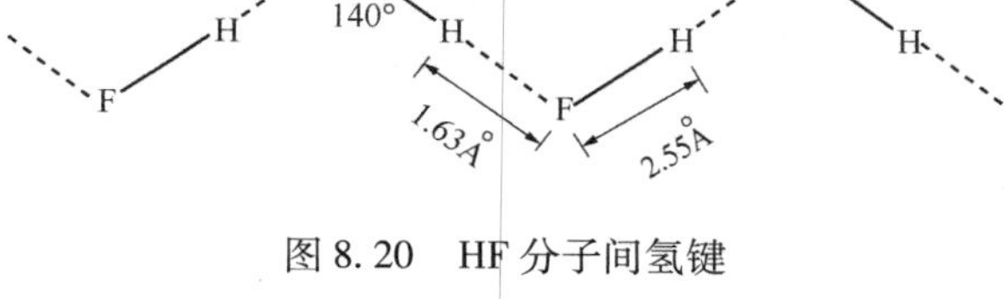

图 8.20　HF 分子间氢键

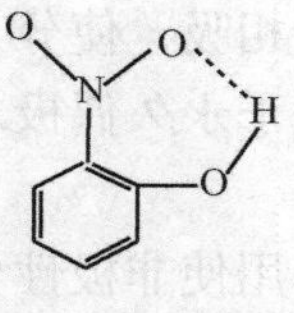

图 8.21 邻硝基苯酚的分子内氢键

氢键的形成必须满足：① H 原子与一个电负性较大、半径较小的 X 原子形成共价键；② 附近有另一个电负性较大、半径较小且含有孤电子对的 Y 原子存在。可见，除了分子间可形成氢键外，某些分子也可形成分子内氢键。如邻硝基苯酚的分子内氢键如图 8.21 所示。

在氢键中，H 原子两侧电负性较大的原子之间会产生相互排斥作用，使得氢键的方向与 X—H 键的键轴方向一致，即 X—H---Y 应在同一直线上。因此，氢键具有方向性。同时，由于 H 原子的体积小，一旦形成氢键 X—H---Y 后，X 和 Y 电子云的斥力将使另一个 Y 原子很难接近 H 核，故氢键也具有饱和性。

氢键的存在对物质的物理性质产生明显的影响。若分子间存在氢键时，分子间的结合力增强，物质的熔点、沸点将显著升高。当物质形成分子内氢键时，分子内氢键的存在将会削弱分子间氢键形成的可能。因此，含有分子内氢键的化合物其熔点、沸点会降低。如对硝基苯酚中—NO_2和—OH 之间距离远，不能形成分子内氢键，但可形成分子间氢键，且可以形成较大的缔合分子，间硝基苯酚由于空间位阻作用只能形成较小的缔合分子，而邻硝基苯酚中—NO_2和—OH 可形成分子内氢键。所以，对硝基苯酚、间硝基苯酚和邻硝基苯酚的熔点分别为 113℃、97℃和 45℃。

在极性溶剂中，如果溶质分子与溶剂分子之间形成氢键，则溶质的溶解度增大，如乙醇、氨气极易溶于水，这是由于 CH_3CH_2OH 分子与 H_2O 分子、NH_3分子与 H_2O 分子之间能形成氢键。如果溶质分子形成分子内氢键，则其在极性溶剂中的溶解度减小，而在非极性溶剂中的溶解度增大。

此外，新型的分子间作用力也不断有报道，包括双氢键和金键等。

8.5 晶体结构与晶体缺陷

固体是物质常见的存在状态，大部分单质和无机化合物在常温下均为固体。固体又可分为晶体、准晶体和非晶体，本节简要介绍晶体结构的一般特征、类型及晶体缺陷。

8.5.1 晶体的结构特征

晶体是由原子、离子或分子在空间按一定规律周期性地重复排列构成的。晶体中作周期性规律重复排列的那一部分称为结构基元，它是晶体中重复排列的基本单位，此基本单位必须满足化学组成相同、空间结构相同、排列取向相同和周围环境相同的条件。基本单元的周期性排列使晶体具有以下共同特征：

(1) 具有规则的几何外形。这是由微观质点在空间按一定的几何方式规律性地排列所致。例如，食盐晶体具有整齐的立方体外形，明矾晶体具有八面体外形。同一种晶体因形成条件的不同，其外观形状也可能不同，但其晶面夹角是相同的。此外，一些物质虽然不具备整齐的外形，但结构分析证明它们由微小的晶体组成。非晶体无一定的几何外形，也可称之为无定形体，如玻璃、石蜡、沥青、松香等。非晶体在形成的过程中，内部粒子的排列是无序的，因而不会形成规则的多面体外形。

(2) 具有固定的熔点。只有在温度达到熔点后晶体才会熔化，在全部熔化之前，继续加热，温度不会升高，直到晶体全部熔化。当晶体完全熔化后，继续加热，温度会升高。非晶体没有固定的熔点，加热时非晶体首先软化，继续加热，粘度变小，最后成为流动性的熔体。从开始软化到全熔化的过程中温度不断升高，不存在固定的熔点。一般把非晶体开始软化时的温度称为软化点。

（3）晶体的许多物理性质（如光学性质、电学性质和力学性质等）呈现各向异性，即晶体在不同方向上的性质是各不相同的。例如石墨晶体的电导率沿石墨层方向比垂直层方向大得多。非晶体的物理性质没有方向上的区别，具有各向同性。

（4）具有一定的对称性，包括宏观对称性和微观对称性。所谓晶体的对称性，就是通过一定的操作，晶体的结构能完全复原。晶体的宏观对称性包括对称轴（也称旋转轴）、对称面（也称镜面）和对称中心，其微观对称性主要指平移对称性。若晶体绕某直线旋转一定的角度（$360°/n$，n 为整数）使晶体复原，则晶体具有轴对称性，此直线为 n 重对称轴（也叫 n 重旋转轴）记为 C_n。例如，若绕直线旋转 180°后使晶体复原，则为二重对称轴，记为 C_2；若旋转 120°使晶体复原，则记为 C_3，等等。若晶体和它的镜像完全相同，且没有左右手那样的差别，则晶体具有平面对称性，此镜面为对称面，记为 m。若晶体中任一原子或离子与晶体中某一点连一直线，将此线延长，在和此点等距离的另一侧有一相同的原子或离子，那么此晶体具有中心对称性，此点称为对称中心，记为 l。平移对称性则是指在晶体中，相隔一定距离，总有完全相同的原子排列出现。这种呈现周期性的、整齐的排列是单调的，不变的。

图 8.22 给出了晶体和非晶体的微观结构。可以看出，晶体微观空间里的原子排列，无论近程远程，都是周期有序结构（平移对称性），而非晶体只在近程有序，远程则无序，无周期性规律。

总之，晶体可有一种或几种对称性，而非晶体则没有对称性。

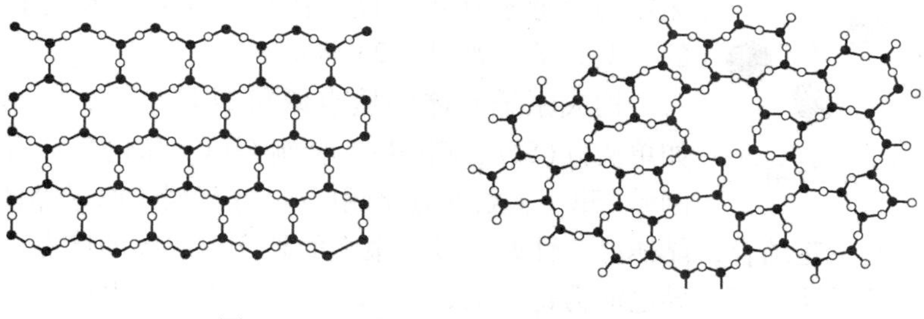

图 8.22　晶态与非晶态微观结构的对比

8.5.2　晶体结构的类型

组成晶体的质点（分子、原子、离子）以确定位置的点在空间作有规则的排列，这些点群具有一定的几何形状，称为结晶格子，简称晶格或点阵。每个质点在晶格中所占有的位置称为晶体的结点。晶体中能够客观完整地反映晶体内部质点在三维空间分布的化学和结构特征的基本重复单元，称为单元晶胞，简称晶胞。

晶体是由晶胞无间隙地堆砌而成，若知道晶胞的几何特征，也就知道整个晶体的结构了。晶胞的大小和形状可以用 6 个参数来表示，即晶胞参数或点阵参数。包括晶胞的 3 组棱长（即晶体的轴长）a、b、c 和 3 组棱相互间的夹角（即晶体的轴角）α、β、γ。根据晶胞参数的不同，晶胞可归结为七大类，即七个晶系，亦称为布拉维系。依照简单、体心、面心及底心，共有 14 种晶格，称为布拉维晶格。布拉维晶格及晶胞参数见表 8.6。

表 8.6　布拉维晶格及晶胞参数

晶系	边长	夹角	布拉维晶格	晶体实例
立方晶系	$a=b=c$	$\alpha=\beta=\gamma=90°$	简单立方、体心立方、面心立方	Cu，NaCl
四方晶系	$a=b\neq c$	$\alpha=\beta=\gamma=90°$	简单四方、体心四方	Sn，SnO_2
正交晶系	$a\neq b\neq c$	$\alpha=\beta=\gamma=90°$	简单正交、体心正交、面心正交、底心正交	I_2，$HgCl_2$
三方晶系	$a=b=c$	$\alpha=\beta=\gamma\neq 90°$	简单三方	Bi，Al_2O_3
六方晶系	$a=b\neq c$	$\alpha=\beta=90°$，$\gamma=120°$	简单六方	Mg，AgI
单斜晶系	$a\neq b\neq c$	$\alpha=\gamma=90°$，$\beta\neq 90°$	简单单斜、底心单斜	S，$KClO_3$
三斜晶系	$a\neq b\neq c$	$\alpha\neq\beta\neq\gamma\neq 90°$	简单三斜	$CuSO_4\cdot 5H_2O$

根据组成晶体中质点与质点间作用力的不同，可将晶体分为原子晶体、离子晶体、分子晶体和金属晶体。

8.5.2.1　原子晶体

原子晶体中，晶格结点上排列着中性原子，原子间以共价键结合。构成晶体的粒子通过共价键形成网络式结构，整个晶体构成一个巨大分子，不存在独立的小分子。由于共价键具有方向性和饱和性，所以原子晶体的配位数一般不变。

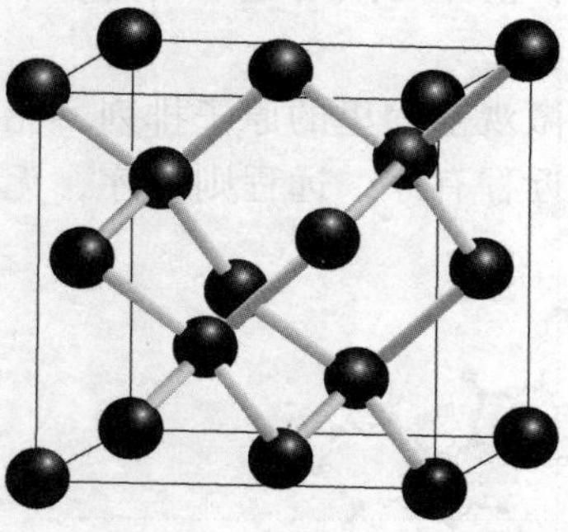

图 8.23　金刚石的晶体结构

金刚石是典型的原子晶体，每一个 C 原子以 sp^3 等性杂化轨道成键，与相邻的 4 个 C 原子形成 4 个等同的 C—C σ 键，无数的 C 原子互相连接，在空间延伸，形成了三维网状结构的巨型分子，如图 8.23 所示。

构成原子晶体的质点既可以是单质，也可以是化合物。如单质硅(Si)、硼(B)、金刚石(C)和化合物石英(SiO_2)、金刚砂(SiC)、立方氮化硼(BN)等都属于原子晶体。

原子晶体以共价键结合，晶体稳定性好，具有很大的硬度和很高的熔点，一般是电的不良导体，即使在熔融状态下，导电能力也很弱，但 Si、SiC 等是半导体材料，在一定条件下能导电。

8.5.2.2　离子晶体

离子晶体中，晶格结点上有规律地交替排列着正、负离子，正、负离子间通过静电引力即离子键结合。由于离子键没有方向性和饱和性，正、负离子按一定规律在空间排列，晶体中不存在独立的分子。晶体内一个离子相邻最近的异号离子数目称为该离子的配位数。如 NaCl 晶体中，每个 Na^+ 周围有 6 个 Cl^-，每个 Cl^- 周围有 6 个 Na^+，配位数都为 6，Na^+ 和 Cl^- 的数目比为 1∶1，因此可用 NaCl 表示晶体的组成。

由于正、负离子间的静电作用力较强，所以离子晶体一般熔点较高，硬度较大，难于挥发。但离子晶体质脆、延展性差，当受到外力作用时，晶体结构容易被破坏。离子晶体一般易溶于水，其水溶液或熔融态都能导电，但固态时晶格结点上的离子只能在平衡位置附近振动而不能在外电场作用下定向迁移，所以不会导电。

8.5.2.3　分子晶体

晶格结点上排列着中性分子，分子间以较弱的分子间力结合而形成的晶体称为分子晶体。大多数非金属单质（如卤素、O_2、N_2）、非金属之间形成的化合物（如卤化氢、H_2O 和 NH_3）、稀有气体和大部分有机化合物在固态时均为分子晶体。有些分子晶体中还存在氢键，如冰、硼酸、草酸等。

干冰（固体 CO_2）是典型的分子晶体，其晶体结构如图 8.24 所示。在干冰晶体中，晶格结点上排列着 CO_2分子，分子之间以分子间力结合，而分子内的 C 原子和 O 原子之间则以共价键相结合。干冰因可吸收大量的外界能量而直接升华成气态 CO_2，常被用作致冷剂。

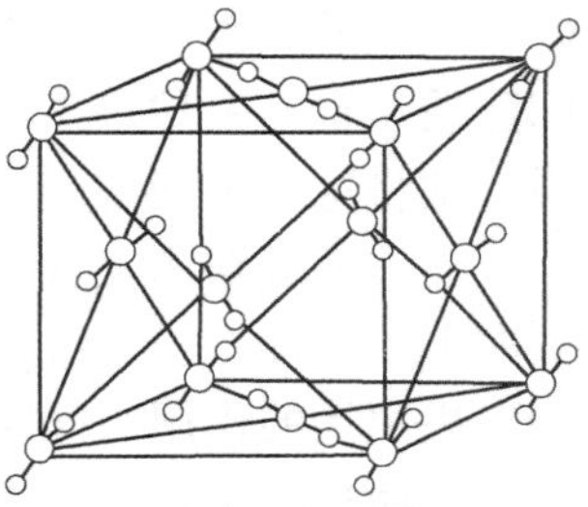

图 8.24　干冰的晶体结构

分子晶体中存在独立的分子。分子内的原子以共价键结合，而分子间则是以分子间力相结合。由于分子间力很弱，因此分子晶体的熔点低、硬度小、有较大的挥发性。

8.5.2.4　金属晶体

由金属原子或离子通过金属键形成的晶体称为金属晶体。金属晶体中，晶格结点上排列着同种金属原子或金属正离子，晶体中还存在被所有原子或离子共享的自由电子。与原子晶体和离子晶体一样，金属晶体中不存在孤立的原子或分子。金属原子只有少数价电子参与成键，为了形成稳定的金属晶体，金属原子倾向于最紧密的方式堆积，因此金属晶体的配位数较大。

大多数金属元素按照紧密堆积的几何方式构成金属单质晶体，其堆积方式主要有六方密堆积、面心立方密堆积和体心立方密堆积三种类型。

8.5.3　晶体缺陷

理想的晶体，具有周期性的晶体结构，即长程有序性。然而，实际晶体中质点（原子、分子或离子）的排列并非完美无缺，常存在各种偏离理想结构的情况。把实际晶体中质点偏离理想的、周期性排列的现象称为晶体缺陷。晶体缺陷对固体许多物理量（如临界切应力、扩散系数、耐腐蚀性等）有极大的影响。

按照缺陷的几何形式，可将晶体缺陷划分为点缺陷、线缺陷、面缺陷和体缺陷。

点缺陷是在晶格结点上或邻近区域偏离其正常结构的一种缺陷，是最简单的晶体缺陷。点缺陷在三维空间上的尺寸很小，为一个或几个原子尺度。点缺陷的存在破坏了晶体中原子间作用力的平衡，造成临近原子偏离平衡位置而发生晶格畸变，晶格内能升高。点缺陷包括如图 8.25 所示的空位、间隙质点和杂质质点等，还包括空位、间隙质点以及这几类缺陷的复合体。

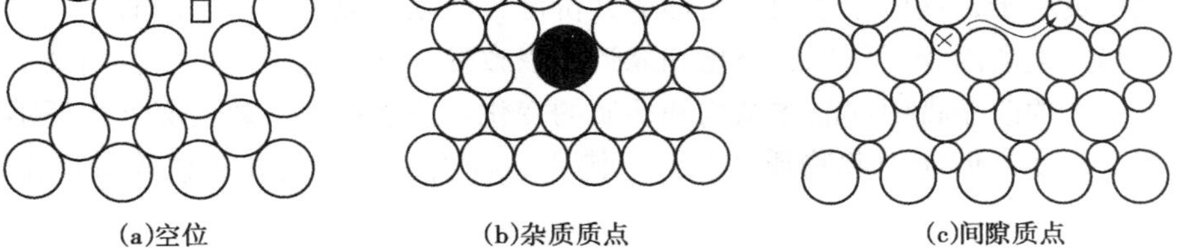

(a)空位　　(b)杂质质点　　(c)间隙质点

图 8.25　晶体中的点缺陷

空位是由原子脱离其平衡位置而形成的，是一种热平衡缺陷，即在一定温度下，空位有一定的平衡浓度。空位在晶体中的位置不是固定不变的，而是不断运动变化的。杂质质点是占据在基体平衡位置上的质点被其它异类原子所取代而形成的点缺陷。由于原子大小的差别，杂质质点会造成晶格畸变。若质点脱离平衡位置而处于晶格间隙中就构成了间隙质点，间隙质点也是一种热平衡缺陷，在一定温度下存在一定的平衡浓度。对于异类间隙原子来说，常将这一平衡浓度称为固溶度或溶解度，它通常比杂质质点的固溶度要小的多。

晶体的线缺陷表现为各种类型的位错，其在三维空间两个方向上的尺寸很小，另外一个方向上的延伸较长。线缺陷包括刃型位错、螺型位错。位错对晶体的强度与断裂等力学性能起着决定性的作用。同时，位错对晶体的扩散与相变等过程也有一定的影响。

晶体材料中存在着许多界面。界面通常包含几个原子层厚的区域，该区域内的原子排列甚至化学成分往往不同于晶体内部，又因其在三维空间表现为一个方向上尺寸很小，另外两个方向上尺寸较大，故称为面缺陷。晶体的外表面及各种内界面，如晶界、孪晶界、亚晶界、相界及层错等均属于面缺陷。

晶体的缺陷影响晶体的性质，可使晶体的某些优良性能降低，但从缺陷可以改变晶体性质的角度考虑，在晶体中形成种种缺陷，可以使晶体的性质发生变化。因此，改变晶体缺陷的形式和数量，可以制得所需性能的材料。

8.6 结构－性能关系

结构决定性能。物质的结构包括原子结构、原子或分子在晶体中与其临近原子或分子的结合方式(化学键、分子间作用力)、空间构型以及显微组织等。若此物质经一定的加工工序加工成具有工程使用价值的工程材料，则材料的宏观结构和加工工艺也会影响材料的性能。

8.6.1 结合方式与性质的关系

晶体类型是根据其内部微粒间作用力划分的。原子晶体、离子晶体、分子晶体和金属晶体内部微粒间的作用力分别是共价键、离子键、分子间力和金属键，很明显，如晶体内部微粒间作用力发生变化时，晶体类型必将改变，物质的性质亦随之改变。

若将典型的非极性共价键和典型的离子键分别看成是化学键的非极性和极性的极限，那么，共价键与离子键之间必然存在着一系列的中间过渡状态，即极性大小不同的各种极性共价键和离子性不很显著的离子键。在这个过渡系列中间，共价键和离子键间并没有绝对明确的界限。当组成共价键的原子之间电负性差值增加时，就会使共价键的极性变大，使共价键中带有越来越多的离子键特性。当成键原子间的电负性差值达到相当大时，便会发生价电子转移，形成正负离子，这样原子间不是形成共价键，而是形成离子键。同时，以离子键结合起来的离子间，也会因相互作用、极化和靠近，以致发生部分电子云重叠，向共价键转化。

化学键性质的改变将引起晶体结构和性质的变化。虽然在大多数情况下，还不会导致晶体类型的完全改变，但能引起物质在熔点、沸点、硬度、溶解度和颜色等方面出现较大的差别。

(1) 熔点和沸点

键能大小的次序一般来说是共价键 > 离子键 > 金属键 > 氢键 > 范德华力，所以化合物在发生物态变化时，所克服的作用力不同，其熔沸点各异。其中，共价键的能量最高，破坏共价键所需的能量最大，因此，共价化合物的熔、沸点相应地也最高。例如，金刚石是C以共价键连接而成的，所以金刚石的熔点(3825 K)很高。需要特别说明的是，通常所说的共价化合物大多数是指分子晶体，它们在熔化和气化时其分子结构并没有破坏，需要破坏的并不是共价键，而仅仅是分子间的范德华力。此类化合物的熔点和沸点不但远远低于金刚石类物质，就是比NaCl之类的离子晶体也要低许多，这种只有范德华力起决定作用的化合物又称为“范德华液(固)体”。离子键化合物的熔点和沸点也是比较高的，因为离子晶体在熔化和气化时要克服相当大的晶格能和库仑吸引力。同样，生成氢键的化合物也使熔点和沸点升高，要使它们熔化或气化，不仅要破坏分子间力，还必须提供额外的能量去破坏分子间的氢键。

离子的极化作用使键的离子性成分降低，共价性成分增加，晶体的构型随离子极化作用的加强而从离子型向分子型转变。由于分子型晶体在熔化或气化时只需克服范德华力，而不像离子晶体那样必须使其化学键断裂，所以极化作用强的离子晶体熔点和沸点都较低。如$A1F_3$(离子晶体)，熔、沸点分别为1313 K和1533 K；而$AlCl_3$的极化作用较强，含共价键成分较多，熔、沸点分别降为464K和453K(升华)。同样，极性分子的熔点和沸点较非极性分子的为高，因为极性分子除了要克服色散力外，还要克服分子偶极间的相互吸引力。

(2) 溶解度

水是常用的极性溶剂，由于偶极的作用，以离子键结合的无机物一般是可溶于水的，而共价型的无机晶体却难溶于水。

离子间的极化会改变彼此的电荷分布，导致离子、分子发生变形，间距缩短，使得离子键逐步过渡向共价键，因而相应化合物的溶解度降低。如CuCl与NaCl是同一元素的氯化物，但CuCl在水中溶解度比NaCl小得多，这是因为Cu^+是18电子构型，而Na^+是8电子构型，Cu^+比Na^+极化力要强得多，CuCl以共价键结合，而NaCl则以离子键结合。在极性溶剂中，如溶质分子与溶剂分子之间可以形成氢键，则溶质的溶解度增大，如乙醇能与水完全互溶主要是由于乙醇分子和水分子之间可以形成氢键。

一般来说，物质的溶解遵循“相似相溶”的经验规则，即极性物质易溶于极性溶剂中，非极性物质易溶于非极性溶剂中。若把物质的溶解过程看成是分子间相互穿插的过程，则溶质分子必须克服本身的范德华力，然后才能与溶剂分子碰撞，并依靠范德华力结合而溶解，因而溶质与溶剂分子间的范德华力必须相当才能完成这样的过程，即才易溶。如氨与水的极性都较大，若不考虑氢键的影响，彼此分子间都包含取向力，诱导力和色散力，很容易相互穿插，所以易溶。

当然，物质的溶解规律与多方面的因素有关，相当复杂，至今还没有完整和统一的理论。

(3) 导电性和导热性

物质的导电性和导热性与电子的自由移动关系密切。离子晶体中的离子是固定在晶格中的，不能自由移动，因此一般的离子晶体均不是电和热的良导体，但熔融状态下的离子化合物由于离子可以自由移动而成为导电体。金属晶体中存在着可以自由移动的自由电子，可以导电也可以传热。一般的共价化合物既无自由电子也无离子可以自由移动，因此都不是电和热的良导体。但是，如果共价化合物中有共轭大π键的形成，由于π电子可在一定范围内自由流动，则该化合物就可能是一种导体。例如人类发现的第一个导电聚合物——聚乙炔化合物就是一种高分子链的有机导电材料，其化学结构如下：

$$\left[CH=CH-CH=CH-CH=CH-CH=CH \right]_n$$

又如，近年来研究的热点聚苯胺

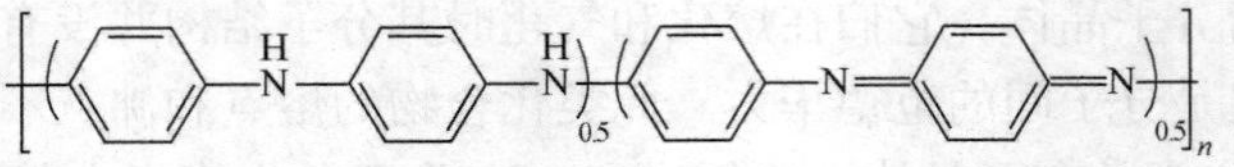

经掺杂后形成的掺杂太聚苯胺也可以导电。

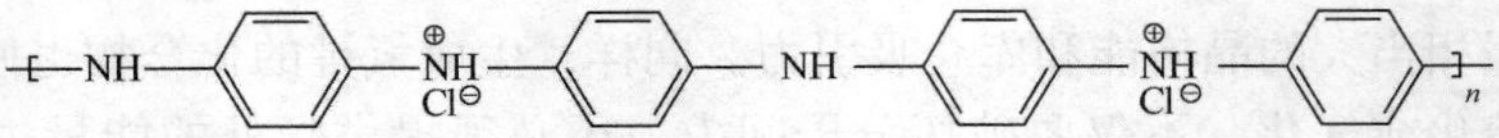

（4）离子极化对物质结构和性质的影响

离子晶体中，阳离子吸引阴离子的电子云，从而使阴离子发生变形；同时，阴离子排斥阳离子的电子云而使阳离子发生变形，结果使得阴、阳离子都形成了诱导偶极，即产生了离子极化。离子极化使离子中的离子键逐渐向共价键过渡，使相应的离子晶体带有某些共价特性，因而引起物质的颜色、溶解度发生变化。

离子极化对 AgF、AgCl、AgBr 和 AgI 的晶体结构、键型和性质的影响见表 8.7。

表 8.7　离子极化对晶体结构和性质的影响

晶体	AgF	AgCl	AgBr	AgI
离子半径之和/pm	262	307	321	342
实测的键长/pm	246	277	288	305
键型	离子键	过渡键	过渡键	共价键
晶体结构	NaCl	NaCl	NaCl	ZnS
颜色	白色	白色	淡黄	黄色
溶解度/$mol \cdot L^{-1}$	易溶	1.35×10^{-5}	7.05×10^{-7}	9.10×10^{-9}

8.6.2　材料的成分－结构－组织－性能关系

性能是工程材料选择、加工、应用的依据。工程材料的性能有两个方面的意义：一是材料的使用性能，指材料在使用条件下表现出的性能，如强度、塑性、韧性等力学性能，密度、熔点、导热性、导电性、热膨胀性和磁性等物理性能以及耐蚀性、耐热性和热稳定性等化学性能；二是材料的工艺性能，指材料在加工过程中表现出的性能，如冷热加工性能、压力加工性能、焊接性能、铸造性能、切削性能等。

工程材料的力学性能是指材料抵抗各种外加载荷的能力，通常表现为抵抗变形、断裂或表面损伤的能力。材料的力学性能包括弹性、刚度、强度、塑性、硬度、韧性、疲劳强度等。材料用于结构零件时，其力学性能是工程设计的主要依据。当材料以其他性能如物理、化学性能为主要使用要求时，其力学性能同样是设计的重要参考依据。

工程材料所有性能都是其化学成分、组织结构在一定外界因素（制备及加工方法、载荷性质、应力状态、工作温度、环境介质）作用下的综合反映。材料的化学成分是材料性能差异的内部依据，而性能上的差异则是具有一定化学成分和组织结构的外部表现。

所谓结构，包括了决定材料性质和使用性能的原子类型、排列方式、晶体结构、组织结构（显微组织、晶体缺陷等）。材料的组织结构是决定材料性能的基本因素，而化学成分是组织结构的主要决定因素之一。改变化学成分可调节组织结构，但在同一成分下，组织结构也可不同。化学成分相同时，可以通过改变制备、加工工艺改变材料的组织结构，从而导致材料在性能上差生较大的差异。

材料是否能提供生产上所需的性能，不仅取决于材料的化学成分、组织结构，还决定于其与各种外界因素的作用。

可见，材料的组成(成分)与结构、加工(合成)与制备、性质(或性能)以及使用效能之间构成了互相紧密联系的系统，如图8.26所示。我国材料工作者考虑到四要素中的组成(成分)与结构之间的区别，将它们二者分开，提出了一个五个基本要素的六面体模型，如图8.26(b)所示。

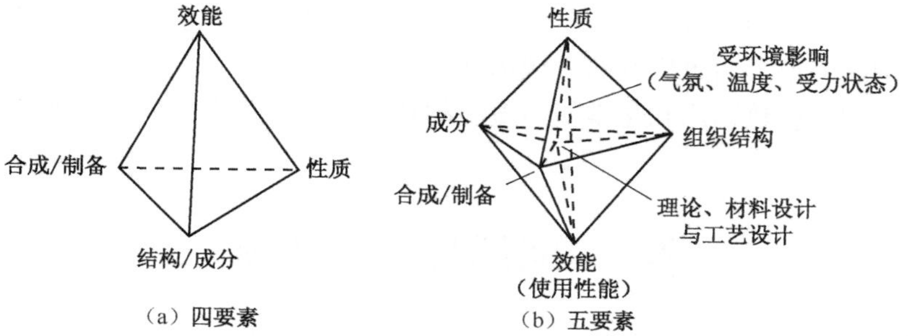

图8.26 材料科学与工程基本要素

总之，材料成分－结构－组织－性能间的关系可概括为：材料是有结构的；结构是分层次的；材料的结构决定材料的性能；材料的结构层次是可以改变的(通过其组成、制备加工、外界影响等)，最终达到所要求的目标(性能)。

此外，缺陷也会对物质的性质和材料的性能产生影响。1933年A. smekal将与晶体缺陷结构无关的一类性质称为非结构敏感性质，如比热、弹性模量和密度等，此类性质对同一种材料的不同样品进行测试，结果差别不大，而且和理想晶体的理论计算结果相符。另一类为结构敏感性质，如屈服强度、扩散性质和电导率等，此类性质不同样品的测试结果往往有较大差别，而且和理想晶体计算结果有较大差别。实际上，所谓的结构敏感性，反映了晶体结构，尤其是缺陷结构对性质的影响，绝对的非结构敏感的性质是不存在的，每一种性质都或多或少地受缺陷结构的影响。

第9章　化学与能源工程

——化学能的转化与利用

能源是指能够向人类提供能量的物质资源，是人类生存和发展的基础，能源的开发和利用是社会经济发展水平的重要标志。但是，随着社会的发展，能源的供需矛盾日趋尖锐，解决能源危机已是人类面临的紧迫问题。然而，化学不仅是创造新物质的能手，更是开发和利用能源的专家。在过去的几百年中，化学为传统能源的利用做出了重大的贡献，在未来，化学必将使新兴的能源革命向更广阔的领域拓展。

本章涉及化学反应热利用和化学能向电能的转化，是第2章、第7章理论知识的扩展和典型应用。

9.1　能源与能量转换

能源是能为人类提供热、光、动力等有用能量的物质或物质运动的统称。能源家族成员种类繁多，如柴草、煤炭、石油、天然气、太阳能、水能、风能、地热能、化学反应热等。

能源家族从不同的角度有不同的分类。按能量的来源可分为三大类：第一类来自地球外天体，包括太阳辐射和由它转化而来的化石能源；第二类为地球本身蕴藏的能量，包括地热能和原子核能；第三类是由于地球和其它天体相互作用而产生的能量，如潮汐能。按照能源的构成来分可以将能源分为一次能源和二次能源，一次能源是指直接从自然界取得的能源，如煤、石油、天然气；二次能源是指一次能源经过加工、转化而得到的能源，如汽油、酒精、化学电源等。对于一次能源，按照能否再利用可分为可再生能源和不可再生能源，按消费后能否产生污染又可分为清洁型能源和污染性能源，按照人类规模化应用程度可分为常规能源和新能源。能源的常见分类见表9.1。

表9.1　能源的分类

	类别	常规能源	新能源
一次能源	可再生能源	水能	生物质能、风能、太阳能、海洋温差能、潮汐能、海流能、地热能等
	不可再生能源	煤炭、石油、天然气、油页岩	核燃料
二次能源	焦炭、煤气、汽油、柴油、酒精、甲醇、液化气、电能、氢能、沼气、重油等		

能量是"产生某种效果(变化)的能力"或是"做功的本领"，是能源的表现形式。能量有各种不同的表现形式，到目前为止，人类所认识的能量有如下七种：①机械能，包括固体和流体的动能、势能和表面张力能；②热能，是构成物体的微观分子运动的动能，其宏观表现是温度的高低，反映了分子运动的强度；③电能，是和电子流动与积累有关的能量，通常是从电池中的化学能转化而来，或者通过发电机由机械能转换得到；④辐射能，是指物体以电磁波形式发射的能量；⑤化学能，是原子核外进行化学变化时放出的能量；⑥核能，是蕴藏在原子核内部的物质结构能；⑦声能，以声波形式传递的能量。能量的单位也是能源的单

位，为焦耳、千瓦时、千卡等。常见能量单位的换算关系如表9.2所示。

表9.2　能量单位的换算

单位	千焦(kJ)	千瓦·时(kW·h)	千卡(kcal)	马力·时(hp·h)	公斤力·米(kgf·m)
kJ	1	2.7778×10^{-4}	2.38846×10^{-1}	3.776726×10^{-4}	101.927
kW·h	3600	1	859.846	1.359621	3.67098×10^{5}
kcal	4.1868	1.163×10^{-3}	1	1.5812410^{-3}	426.936
hp·h	$2.647796 10^{3}$	7.3549910^{-1}	632.415	1	270000
kgf·m	9.8066510^{-3}	2.72406910^{-6}	2.3422810^{-3}	3.70370410^{-6}	1

各种不同形态的能量可以相互转化，转化规律服从能量守恒定律。能量的基本转化路线为化学能—热能—机械能，如煤燃烧放出的热是化学能转化为热能，热能经内燃机或蒸汽机进一步转化为机械能，又如热发电机可以将热能转化为电能，原电池反应可以将化学能转化为电能等。现已证明，很多能量不能彻底的转化为其他形式，如热能。然而，人们所需的电能，无论是煤、石油，还是原子能，都必须先将它们转化为热能，再转化为电能。因此，火力发电和原子能发电的效率只有30%～40%，即使目前研究较多的太阳能热发电，受热电转化效率的限制，其转化率也在30%左右。

9.2　化学反应热的利用

化学反应是能量转化的基础之一。能量的化学转化主要利用热化学反应(化学反应和热泵)、光化学反应(光合作用、光化学电池)、电化学反应(电池、电解)和生物化学反应(发酵)等。本节主要讨论热化学反应中的能量转化。

利用热化学反应中化学能向热能的转换，可实现化学能的直接利用——化学反应热利用。

9.2.1　煤及其燃烧热的利用

煤是远古植物遗体在地表湖沼或海湾环境中，受砂石黏土掩埋、地热作用，在缺氧条件下经过复杂的生物化学变化而形成的固体可燃物，是目前化石能源中蕴藏最多的一种。煤是有机物和无机物组成的混合物，主要成分为碳和氢，也含有少量硫、氧、氮和灰分，其目前公认的平均组成见表9.3，将其折算成原子比，可以用化学式$C_{135}H_{96}O_9NS$代表。

表9.3　煤的化学成分

化学元素煤	C	H	O	N	S
质量分数/%	85.0	5.0	7.6	0.7	1.7

煤的结构复杂，其化学结构至今已提出了几十种模型。图9.1是被普遍认可的平面结构模型之一。由图9.1可已看出，煤是由环状芳烃及含N和S的杂环通过酯键和醚键等共价键交联在一起而形成的三维网络型大分子。煤中存在的小分子则通过氢键、范德华力等弱的作用力嵌在大分子网络中，它们可以通过溶剂抽提出来。图9.2是通过计算机模拟得到的一种三维结构示意图。

煤分子大小不均，结构相似但不完全相同。因此，煤的热值随分子结构、煤的种类和煤

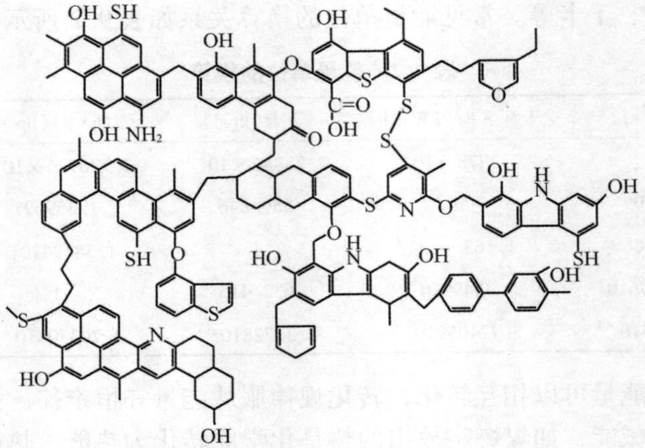

图 9.1　煤的结构示意图

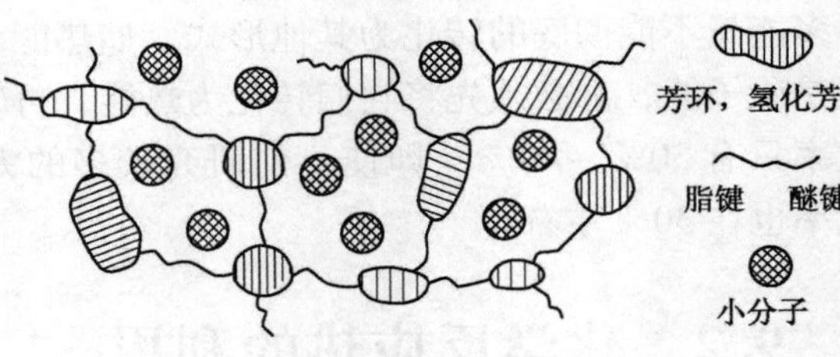

图 9.2　煤的三维结构模型示意图

的形成过程不尽相同。由低等植物(主要是水生植物藻类)形成腐泥转化而成的称为腐泥煤，由高等植物(陆生植物苔藓、蕨类和被子植物)形成泥炭而转化成的称为腐植煤，目前人类开采的都是腐植煤。

植物残骸堆积层在缺氧的条件下腐败并慢慢转化形成黑色腐植质。腐殖质经脱水可转变成棕褐色凝胶状腐植酸，即泥炭(泥煤)。疏松多水的泥煤在地表压力作用下，温度升高，逐渐发生脱水、胶结、聚合等变化，体积大大缩小，经过漫长时间，腐植酸减少，形成褐煤。当褐煤沉降到更深的地方，压力进一步增大，温度进一步提高，O、H、N 元素含量减小，C 含量增加，煤化程度进一步加深，形成烟煤，烟煤进一步除去掉挥发分便转化为无烟煤。煤的转化过程可表示为

$$\text{植物残骸}\xrightarrow{\text{脱 }H_2O\text{，脱 }CO_2}\text{泥炭}\xrightarrow{\text{脱 }H_2O}\text{褐煤}\xrightarrow{\text{脱 }CO_2}\text{烟煤}\xrightarrow{\text{脱 }H_2O\text{，脱 }CH_4}\text{无烟煤}$$

在煤的转化过程中，随煤化程度的提高，挥发物质量减小，碳氢含量增加，热值依次升高。煤的含碳量和热值(品味)如表 9.4 所示。

表 9.4　各种煤的品味

煤	泥炭(泥煤)	褐煤	烟煤	无烟煤
挥发物质质量分数/%	—	>40	10 ~ 40	<10
碳的质量分数/%	≈50	50 ~ 70	70 ~ 85	85 ~ 95
燃烧热值/MJ · kg^{-1}	≈1.3	25 ~ 30	30 ~ 32	32 ~ 36

煤的结构复杂，杂质多，直接燃烧反应不充分，放热效率低，而且燃烧产生的硫氧化物(SO_x)、氮氧化物(NO_x)和烟尘等气体严重污染了人类的生存环境。因此，将煤转变为气态或液态燃料不仅有利于提高煤的使用价值，使煤转化为清洁能源，而且可缓解我国煤多油少

的矛盾。

煤的气化是可控制的把煤和含氧化合物(H_2O、CO_2、空气)供如入气化炉，在高温下反应生成煤气，经过净化处理后用作燃气和化工原料。不同的气化条件所得到的气体成分不同。煤的气化方法主要有：

(1) 水煤气。将空气通过装有灼热焦炭的塔柱，发生放热反应：

$$C(石墨) + O_2(g) = CO_2(g) \qquad \Delta_c H_m^{\ominus}(298.15K) = -393.5kJ \cdot mol^{-1}$$

放出的热量可使焦炭温度达到1000K以上。再使水蒸气通过焦炭，发生如下反应：

$$C(石墨) + H_2O(g) = CO(g) + H_2(g) \qquad \Delta_r H_m^{\ominus}(298.15K) = 13.29kJ \cdot mol^{-1}$$

生成的水煤气含有86%的CO和H_2。此反应吸热，焦炭温度降低，因此必须间歇操作。水煤气中CO和H_2燃烧放出大量的热，其燃烧热值约为天然气的1/3。

(2) 合成气。将纯氧气和水蒸气在加压下通过灼热的煤，可使煤炭中的苯、酚等挥发物挥发出来，并生成一种气态燃料混合物——合成气，其成分为40% H_2、15% CO、15% CH_4、30% CO_2。反应如下：

$$C(s) + O_2(g) = CO_2(g)$$
$$C(s) + CO_2(g) = 2CO(g)$$
$$C(s) + H_2O(g) = CO(g) + H_2(g)$$
$$C(s) + 2H_2(g) = CH_4(g)$$
$$2CO(g) + 2H_2(g) = CH_4(g) + CO_2(g)$$
$$CO_2(g) + 4H_2(g) = CH_4(g) + 2H_2O(g)$$

该工艺可以连续操作，生成的合成气可以作为天然气的替代品，其燃烧的热效率比直接燃煤提高一倍多。同时，由气化得到的合成气可以制得氨、甲烷、甲醇、醋酸酐、二甲醚等化工原料。

煤的液化是指将煤催化加氢直接液化和煤气化后的CO、H_2等通过催化剂与煤的作用间接转化成液体燃料或化工原料的技术。由煤液化得到的液态油称为人造石油，其性状和燃烧特征有石油产品基本相同，其主要成分为烷烃、烯烃、乙醇和乙醛等。由于煤的平均表观分子质量大约是石油的10倍，含氢量只有石油的一半，因此煤的液化必须使煤裂解，大分子变小，然后进行加氢而得到液态燃料油。根据加工路线不同，通常煤的液化分为直接液化和间接液是化两大类。直接液化就是将煤在适当的温度和压力条件下，先裂解然后催化加氢转化为油品的过程，也称为加氢液化。煤的碳氢比越小越容易液化，因此褐煤和煤化程度较低的烟煤易于液化。间接液化是先将煤气化生成合成气，然后再在催化剂的作用下合成出汽油等液体燃料和化工原料，故又把煤的间接液化称为煤的合成液化。

煤的焦化(也称煤的干馏)就是把煤置于隔绝空气的密闭炼焦炉内加热使煤分解为固态的焦炭和气态的焦炉气。控制不同的干馏温度可得到不同的主要产品。低温干馏(500～600℃)所得到的焦炭数量和质量都比较差，但从焦炉气中分离的焦油产率较高。中温干馏(750～800℃)的主要产品是城市煤气，而高温干馏(1000～1100℃)的主要产品是主要用于冶金工业的焦炭。焦炉气通过水冷却可得到用作燃料(H_2、CO、CH_4、C_2H_4等)的气体、用于化肥工业的水溶液(含NH_3、H_2S)和用于染料、农药等的黏稠性油状液体(煤焦油)。

9.2.2 天然气及其燃烧热的利用

天然气是除石油和煤以外最重要的矿物燃料。天然气一般埋藏部位较深，且常与石油伴生。天然气的形成与煤和石油有关，可分为油田气、煤层气、气田气和凝析气等。在有机质残骸变化形成石油和煤的过程中，会分解产生一些气态物质，若此气态物质吸附于煤层中或另外聚集于煤系地层，就形成了煤层气。若煤层气中甲烷在空气中的比例达到5.53%～14.00%时，遇明火可发生瓦斯爆炸，因此将煤田中的天然气引出来，既可以得到宝贵的资源又可减少煤矿灾害。若古生植物有机残骸分解、转化的气体溶解在石油中，同时石油在地质作用下也会进一步分解转化为甲烷，这些溶解在石油中或是形成石油构造中的气帽，对石油储藏提供气压，此类从油气田开采出来的天然气称为油田气。此外，有60%的天然气不与石油伴生，而是埋藏在更深的纯气田中，从纯气田开采出来的天然气称为气田气。若气田气中含有较多的戊烷和更重的组分，当天然气从气藏引向地面分离器时，这些组分由于温度和压力的变化而发生凝析，从凝析气田中开采出来的天然气称为凝析气。

天然气是低级烷烃的混合物，其主要成分是甲烷，也有少量的乙烷、丙烷、丁烷、异丁烷等。天然气的一般化学成分如表9.5所示。一般气田气中甲烷含量约占天然气总体积的90%以上（称为干气），而油田伴生其中甲烷的含量一般占天然气总体积的80%～90%（称为富气或湿气）。

表9.5　天然气的一般化学成分　　%

成分	CH_4	其他烷烃	N_2	H_2S	H_2	CO	O_2	CO_2+SO_2
体积分数	85～95	3.5～7.3	1.5～5.0	-0.9	0.4～0.8	0.1～0.3	0.2～0.3	0.5～1.5

天然气重要的用途是高效洁净的气体燃料，其突出的优点是热值高。当然，天然气也是重要的化工原料，如利用天然气可以制造甲醇、甲醛，制造合成气、合成氨。目前，天然气主要作为工业或民用燃气，其热值是气体燃料中最高的，比一般煤气的热值高出一倍多。1kg甲烷燃烧可放出55625kJ的热量，其热化学方程式为：

$$CH_4(g)+2O_2(g)=\!=\!=CO(g)+2H_2O(l)\quad \Delta_r H_m^{\ominus}(298.145)=-890kJ\cdot mol^{-1}$$

同时，随着天然气液化技术的发展，天然气可替代汽油应用于汽车发动机，也可替代焦炭用于炼铁、发电等工业。

9.2.3　高能燃料化学反应热的利用

剧烈放热反应的反应热可以直接加以利用，如肼燃料和铝热剂反应等。联氨（N_2H_4）又称肼，是一种良好的燃料，与适当的氧化剂配合可组成比冲最高的可储存液体推进剂。肼与氧或氧化物反应时放出大量的热和气体，燃烧速率极快，能推动火箭升空。如大力神火箭发动机采用的就是液态N_2H_4和气态N_2O_4燃料，该反应生成稳定无害的N_2和H_2O，并放出大量的热，是理想的高能燃料。

$$2N_2H_4(l)+N_2O_4(g)=\!=\!=3N_2(g)+4H_2O(g)\quad \Delta_r H_m^{\ominus}(298.15K)=-1077.kJ\cdot mol^{-1}$$

铝和三氧化二铁配成的混合物用引燃剂点燃时，反应剧烈，该反应称为铝热剂反应。铝热剂反应中氧化铁可被V_2O_5、Cr_2O_3、MnO_2等代替。

$$2Al(s)+Fe_2O_3(s)=\!=\!=Al_2O_3(s)+2Fe(s)\quad \Delta_r H_m^{\ominus}(298.15K)=-851.5kJ\cdot mol^{-1}$$

铝热剂反应放出的热量可使体系温度达到2000K以上，并使被还原的金属（如铁）呈熔融状态，并跟熔渣分离开来。因此利用该反应可以焊接钢轨和提取难熔的金属，如钒、铬、锰等。此外，铝热剂反应释放出的巨大热量在军事上也有广泛的应用，例如在炮弹头装进铝热剂成分，可极大地提高杀伤力。

在化工生产中，能源既是燃料，又是原料，且多数化工厂进行的是以能源作为原料的化合或聚合反应（放热反应）。因此，将化学反应的反应热加以综合利用，可达到节约能源、降低成本和“自热维持”的目的。如氯化氢成产中，氯气和氢气燃烧反应温度在2000℃左右，每生产1kgHCl放出22kcal的热量。若年产量按1万吨计算，热回收率为60%，则每年可回收的热量相当于500t标准煤。又如合成氨过程中变换反应热

$$CO + H_2O \rightleftharpoons CO_2 + H_2$$

若半水煤气中CO含量以30%计，变换效率以90%计，每吨合成氨可得反应热为3.5×10^5 kcal，如加上氧的反应热，则可达到4.0×10^5 kcal。同时，在$p=300\text{kg}\cdot\text{cm}^{-2}$、$T=500℃$条件下合成1t液氨可放出$7.6\times10^5$ kcal热量。若将变换、合成氨的化学反应热综合可有1.16×10^5 kcal热量可供回收利用。若将变换、合成工段的化学反应热量网络联合起来自产蒸汽，可完全满足变换工段所需蒸汽和预加热各工段物料。

利用化学反应热还可以实现热能的输送。如果选择有强烈热效应、反应物和生成物都是流体的反应系统，即可实现可逆的吸、放热反应，吸收热源的热能使其转化为化学能，再通过管道输送到需要使用热能的地区，经过可逆的放热反应释放热能而加以利用。取出热能后的反应系统，通过再输送回到热源处继续利用。这样的输送管道称为化学热管。目前，可望成为化学热管的反应工质主要为CH_4、NH_3、SO_3和CH_3OH。以NH_3为工质的热能输送原理如图9.3所示。

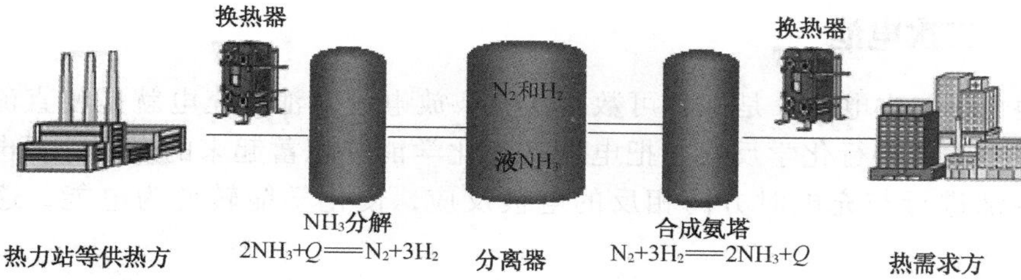

图9.3　以氨为工质热的输送示意图

9.3　电化学反应的利用

电能是重要的二次能源。煤和石油制品作为能源用于发电，实质上是化学能转变为机械能再转变为电能的过程。然而，利用电化学反应可实现化学能向电能的直接转化，我们将化学能转化为电能的装置称为化学电源或化学电池。

化学电池品种繁多，按其使用性质可分为干电池（一次电池）、蓄电池（二次电池）和燃料电池三类；按电池中电解质的性质可分为锂电池、碱性电池、酸性电池和中性电池。具有实用价值的化学电池应满足：①材料成本和生产成本低廉（对于特殊要求的电池，如用于空间探测和心脏起搏器等，电池成本是第二位的）。②使用寿命长，体积小（单位体积的能量高），使用方便。③耐贮存（即自放电要小），在快速放电时，电压能相对稳定。

9.3.1　一次电池

干电池也称一次电池，即电池中的反应物质在进行一次电化学放电之后就不能再次使用的电池。常用的一次电池有锌锰干电池、锌汞电池、镁锰干电池等。锌锰干电池（Zn－

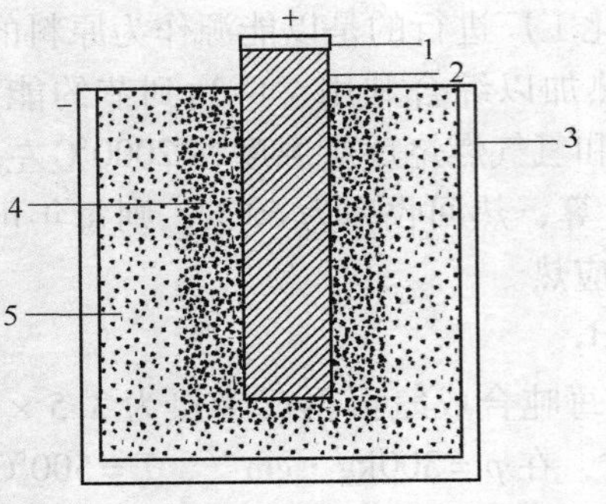

图 9.4 Zn − MnO_2 干电池构造图

1—铜帽；2—炭棒（正极）；3—锌皮（阴极）；

4—石墨与 MnO_2 混合物；5—糊状物

MnO_2）的构造如图 9.4 所示。

锌锰干电池中心是一根石墨炭棒做正极，外壳是锌皮做负极，内装由 MnO_2 粉、炭粉、NH_4Cl 溶液混合后压成的块状物，并以 NH_4Cl、$ZnCl_2$ 和淀粉调成的糊状物用做电解质。其放电反应是

锌极 $Zn \longrightarrow Zn^{2+} + 2e$

炭极 $2NH_4^+ + 2e \longrightarrow 2NH_3 + H_2\uparrow$

$$\frac{\quad H_2 + 2MnO_2 \longrightarrow 2MnO(OH)}{2NH_4^+ + 2MnO_2 + 2e \longrightarrow 2NH_3 + 2MnO(OH)}$$

干电池的总反应可以表示为

$$Zn + 2NH_4^+ + 2MnO_2 \longrightarrow Zn^{2+} + 2NH_3 + 2MnO(OH)$$

电池符号可表示为

$$(-)\ Zn \mid ZnCl_2,\ NH_4Cl(\text{糊状}) \parallel MnO_2 \mid C(\text{石墨})\ (+)$$

从反应式看，加入 MnO_2 是因为炭极上 NH_4^+ 离子获得电子产 H_2，它会妨碍炭棒与 NH_4^+ 的接触，使电池内阻增大，即产生“极化作用”，加入 MnO_2 后，它能将产生的 H_2 氧化生成 $MnO(OH)$，从而消除电池正极氢气的集积现象，使电流畅通，所以二氧化锰起到消除极化的作用，称为去极化剂。

9.3.2 二次电池

蓄电池也称二次电池，是一种可数百次充、放电的电池。充电就是使直流电通过蓄电池，使蓄电池内进行化学反应，把电能转为化学能并积蓄起来的过程。蓄电池在使用时，电池内部进行与充电时方向相反的电极反应，使化学能转变为电能，这一过程叫放电。

蓄电池按所用电解质的酸碱性质的不同可分为酸性蓄电池和碱性蓄电池。

铅蓄电池是一种酸性蓄电池。铅蓄电池的极板是两组铅 − 锑合金制成的栅状极片，正极的极片上填充着 PbO_2，负极极片上填塞着灰铅。这两组极片交替地排列在蓄电池中，并浸泡在 30% 的硫酸（$\rho = 1.2g \cdot cm^{-3}$）溶液中，蓄电池放电时（使用时）两极的反应分别是

负极：$Pb + SO_4^{2-} \underset{\text{充电}}{\overset{\text{放电}}{\rightleftharpoons}} PbSO_4 + 2e$

正极：$PbO_2 + SO_4^{2-} + 4H^+ + 2e \underset{\text{充电}}{\overset{\text{放电}}{\rightleftharpoons}} PbSO_4 + 2H_2O$

总反应：$Pb + PbO_2 + 2H_2SO_4 \underset{\text{充电}}{\overset{\text{放电}}{\rightleftharpoons}} 2PbSO_4 + 2H_2O$

随着电池放电，硫酸浓度逐渐降低，当硫酸相对密度降至 $1.05g \cdot cm^{-3}$ 时，蓄电池需进行充电，否则过度放电会影响到蓄电池寿命。蓄电池在充电时，外加电流使极片上的反应逆向进行，蓄电池经充电，恢复原状后（即硫酸相对密度恢复到 $1.2g \cdot cm^{-3}$ 时）就可继续使用。

铅蓄电池具有充放电可逆性好、放电电流大、稳定可靠、价格便宜等优点，缺点是笨重，常用作汽车和柴油机车的启动电源，坑道、矿山和潜艇的动力电源，以及变电站的备用电源。

镉镍电池（镍铁电池）反应是在碱性条件下进行的，是一种碱性蓄电池。其充放电时两极的反应分别是：

阴极：$Cd + 2OH^- \underset{充电}{\overset{放电}{\rightleftharpoons}} Cd(OH)_2 + 2e$

阳极：$2NiOOH + 2H_2O + 2e \underset{充电}{\overset{放电}{\rightleftharpoons}} 2Ni(OH)_2 + 2OH^-$

总反应：$Cd + 2NiOOH + 2H_2O \underset{充电}{\overset{放电}{\rightleftharpoons}} Cd(OH)_2 + 2Ni(OH)_2$

镉镍电池比铅酸电池昂贵，但坚固耐用，重量轻、体积小，抗震性好。除工业应用外，可以用于电动刮须刀、收录机与小型计算器中。这种电池的电压大约为 1.3V。

9.3.3 燃料电池

燃料电池是燃料在电池中氧化而产生电流的一种化学电源。不像一般电池把活性物质全部贮藏在电池体内，它是把燃料（如 H_2、CH_3OH、NH_2NH_2、甚至天然气等）不断输入负极作为活性物质，把 O_2或空气输入正极作为氧化剂，产物 CO_2 和 H_2O 不断排出。因此，燃料电池可望成为名副其实的把化学能转变成电能的“能量转换器”，其最大的优点是可以高效地将燃料燃烧释放的能量转换成有用功。在一般的发电厂里，燃料的利用需先经燃烧把化学能转化成热能，然后经热机把热能转化成机械能，最后再转化成电能，因此受到“热机效率”的限制。上述传统转换的能量利用率不超过 40%（柴油机），蒸汽机火车头的能量利用率还不到 10%。由于燃料电池不是热机，不受热机效率的限制，能量利用率可以高达 75%。

由于燃料电池具有很高的效率和工作时无污染的优点，因而是一种理想的化学电源。然而，实际上很难找到适宜的燃料—电极—电解质组合，其主要问题在于如何使燃料离子化，以便快速进行电极反应，因为大部分燃料都是有机化合物。这要求电极要有催化特性，即具有“电催化”的作用，一般需用多孔镍、多孔炭，以及铂、银等贵金属作电极。目前最成功的是用氢作燃料的 H_2-O_2燃料电池，但它成本很高，只能用于宇航等特殊场合。

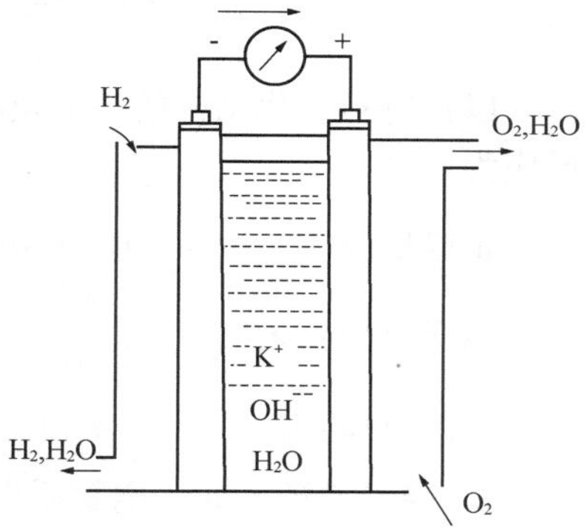

图 9.5 H_2-O_2燃料电池示意图

图 9.5 为 H_2-O_2燃料电池示意图。在 4.05MPa 的压力下，把氢压入一多孔镍电极，在电解质氢氧化钾水溶液的存在下，H_2被氧化为水，半反应是：

$$H_2(g) + 2OH^-(aq) = 2H_2O(l) + 2e \quad E^{\ominus} = -0.83V$$

电池正极是用氧化镍覆盖的镍，氧化镍的作用是催化氧的还原：

$$1/2\ O_2(g) + H_2O(l) + 2e = 2OH^-(aq) \quad E^{\ominus} = +0.40V$$

电池总反应为

$$H_2(g) + 1/2\ O_2(g) = H_2O(l)$$

其电池符号表示为

$$Ni | H_2 | KOH(30\%) | O_2 | Ag$$

氢－氧燃料电池工作温度为 20～140℃，理论电动势 $E^{\ominus}$ 为 1.23V，实际上电池电压只有 0.9V 左右。

若要求的电流不大，用浓度很大的氢氧化钾水溶液作电解质，则电池的工作压力可降低到 100kPa 左右，这种低压燃料电池已经在某些大型载人宇宙飞船中用作能源。

如能研制成功性能好、寿命长、廉价的电极催化剂燃料电池，就有可能普遍用作小型的区域性电站。在电催化研究高度发展的基础上，甚至可以使许多氧化还原反应在燃料电池内进行，将化学能充分转换成电能。这将是电化学和工程技术发展的一个标志。

9.3.4 新型绿色电池

随着现代信息技术的发展、环保意识的增强及便携式电源需求的增加，传统的含有铅、镉等有毒金属的电池将日益受到限制，人们对电池也提出了新的要求。

9.3.4.1 锂离子电池

锂离子电池又称锂电池，是指以两种不同的、能够可逆脱出和嵌入锂离子的化合物分别作为电池的正极和负极的二次电池体系。锂离子电池具有电压高、能量密度大、循环性能好、自放电小及无记忆效应等突出优点，是具有重要意义的高效绿色产品。

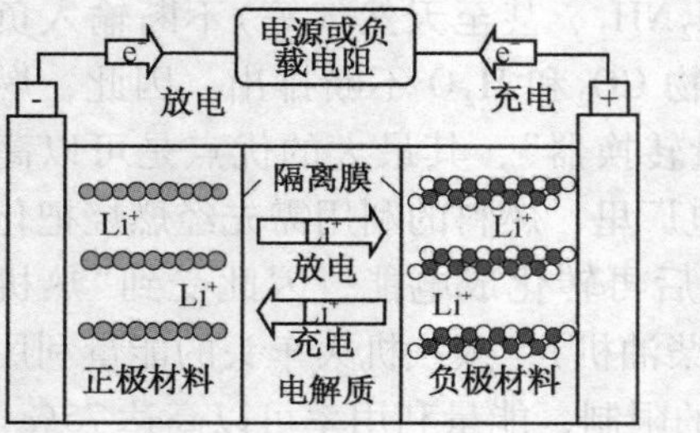

图 9.6　锂离子电池的充放电原理示意图

锂离子电池正负极材料均采用锂离子可以自由脱出和嵌入的具有层状或隧道结构的锂离子嵌入化合物。在充电时，正极材料中的锂离子脱离正极穿过隔膜向负极方向迁移，并最终嵌入负极材料中；在放电时，负极材料中的锂离子从负极脱出并穿过隔膜向正极方向迁移并嵌入正极材料中，其充放电原理如图 9.6 所示。这样，在充放电过程中，锂离子在正负极间摇来摇去，而无金属锂析出。因此锂离子电池被称作"摇椅电池"或"摇摆电池"。

以具有石墨化结构的炭为负极、氧化钴锂为正极的锂离子电池为例，其充、放电时电极反应为

正极反应：$CoO_2 + x\,Li^+ + xe \underset{充电}{\overset{放电}{\rightleftharpoons}} LiCoO_2\ Li_{1-x}$

负极反应：$Li_xC_6 - xe \underset{充电}{\overset{放电}{\rightleftharpoons}} x\,Li^+ + 6C$

总的反应：$Li_{1-x}\,CoO_2 + Li_xC_6 \underset{充电}{\overset{放电}{\rightleftharpoons}} LiCoO_2 + 6C$

9.3.4.2 锂－非水电解质电池

由于锂的电极电势很小，摩尔质量也较小，组成电池的比能量一定较高，所以 Li 是很好的负极活性物质。但由于 Li 与 H_2O 会发生剧烈反应，所以电解质溶液必须采用有机溶剂或非水的无机溶剂，并加入无机盐使之导电，这种电解质称之为非水电解质，相应的电池称为非水电解质电池。由于有机溶剂的不同或溶入的无机盐不同，加之正极的不同，所以 Li 电池有很多种。

锂－锰电池是近年来研制的一种新型电池，其开路电压为 3.5V，放电电压为 2.9V。该电池可以做成钮式或圆筒式小型电池，广泛用做携带式电子仪器、小型计算机、电子手表、照相机及通信仪器的电源。

锂－锰电池的负极是由金属 Li 插在溶有 $LiClO_4$ 的碳酸丙烯脂与二甲氧基乙烷的混合溶剂中所组成的，其中两溶剂的比例为 1:1，$LiClO_4$ 的浓度为 1 mol · L^{-1}。正极为经热处理的电解 MnO_2，可以是粉末式或涂膏式。锂－锰电池的电极反应为

负极反应：$Li = Li^+ + e$

正极反应：$MnO_2 + Li^+ + e = MnOOLi$

电池反应：$Li + MnO_2 = MnOOLi$

9.4 化学反应在热能存储中的应用

由于能量供需在时间、空间和强度上常出现不匹配的矛盾，因此热能储存技术(储热技术)成为世界各国缓解能源供需矛盾、减轻环境污染和调整能源结构的重要途径。热能存储技术按储热方式可分为显热储热、潜热储热和化学反应储热三类。实际上，几种储热方式难以截然分开，如潜热储热也同时会把一部分显热储存起来，而化学反应储热则可能把显热或潜热同时储存。

若按储热介质温度的高低可分为低温储热（15～90℃）、中温储热（90～550℃）以及高温储热（大于550 ℃）。低温储热在太阳能热利用、建筑节能、伪装、纺织工业等领域应用广泛，而高温储热则在工业炉储热、工业加热系统的余热回收、太能热发电、太阳能制氢等领域得到了充分的发展。

显热储热是利用物质温度的升高或降低来吸收或释放热量。若显热存储材料为各向同性的均匀介质，温度由 T_1 变为 T_2 时，其吸收或放出的热量为

$$Q = \int_{T_1}^{T_2} mc\mathrm{d}T = mc\Delta T$$

原则上说，任何物体都可以用于显热储存，但气体的比热容小，体积变化大，不宜使用。在低温储热领域，液体储热介质以水为最佳，固体储热介质以岩石、砂石、土壤最为适宜，目前应用较多的低温显热储热技术是水相储热、岩石储热、地下含水层储热和地下土壤储热等。在高温储热领域，储热介质主要有水(0～238℃，0～3MPa)、压力蒸汽、有机导热油(0～288℃，0～1MPa)、液态金属(－38～800℃，0～1.2MPa)、热空气(0～872℃，0～0.1MPa)和高温熔盐(143～538℃，0～0.1MPa)等。显热储热储热方式简单、成本低，但是其储热密度低、储热设备体积大。

潜热储热(相变储热)主要利用物质相变过程的热效应进行能量的储存和释放。由于液－气、固－气相变过程中存在大量气体而使体积变化较大，因而具有实际应用价值的是固－固和固－液相变材料。常见的低温相变材料以石蜡、脂肪酸、脂肪醇、无机水合盐等为主，而高温相变材料则以 NaCl、KNO_3、KCl 和 NaCl 等无机盐类及其化合物为主体。与显热储热相比，相变储热具有储能密度高、体积小巧、温度控制恒定、节能效果显著、相变温度选择范围宽、易于控制等优点。但单一的无机水合盐类相变材料大都存在过冷和相分离现象，而有机相变材料则存在热导率较低、传热性能差等缺陷，虽然在实际应用中可采用添加高热导率材料如铜粉、铝粉或石墨等作为填充物以提高热导率，或采用翅片管换热器，依靠换热面积的增加来提高传热性能，但这些强化传热的方法均未能彻底解决有机 PCMs 热导率低的问题。因此复合相变材料应运而生，它既能有效克服单一有机相变材料存在的缺点，又可以改善相变材料的应用效果并拓展其应用范围，如利用成膜材料把固体或液体包覆使其形成微小粒子而得到胶囊化的相变材料，此时由于相变材料被一层膜所包覆，从而不仅可有效解决单一相变材料的泄漏、相分离以及腐蚀性等问题，而且可提高相变材料传热效率，避免额外的承装容器。

化学反应储热是利用物质相接触时发生化学反应而实现热能与化学能转换的储热方式，其最大的优点在于储热量大，而且如果反应过程能用催化剂或反应物控制，就可以实现热量的长期储存。在化学反应储热中，有效的化学反应是水合无机盐和氢氧化物的水合脱水过程。结晶水合物储热是在低于水合盐熔点的温度下，使水合盐全部或部分脱去其结晶水，利

用在脱水过程中吸收的水合热来实现热量的储存。当需要回收热量时，把脱去的水与脱水盐接触即可，如

$$Na_2S \cdot nH_2O(s) + \Delta H \rightleftharpoons Na_2S(s) + nH_2O(g)$$

在此反应中，正反应吸收热量使 $Na_2S \cdot nH_2O$ 转化为 Na_2S 和 H_2O，从而把热量储存起来。当温度降低时，Na_2S 吸附水蒸气形成水合硫化钠，即可发生逆反应，把储存的热量释放出来。类似的化学储热体系还有 $MgCl_2-H_2O$、$H_2SO_4-H_2O$、$NH_4Al(SO_4)_2 \cdot 12H_2O-H_2O$ 等。水合盐储热的关键是脱水，为提高脱水效率，可将水合盐与有机溶剂混在一起加热（蒸气压降低）。若热量需要长期储存，则需要将脱水盐从溶液中分离出来。但近来研究表明，有些水合盐在实际工作中并不能将所储存的能量全部释放出来，如 $MgSO_4 \cdot 7H_2O$。

大部分无机氢氧化物都可用于热量的存储，但不同氢氧化物的脱水焓和脱水温度有所不同，目前关于氢氧化物用于热量的储存主要集中在 NaOH 和 $Ca(OH)_2$ 两种物质上。以 NaOH 为例的储热工作原理如图 9.7 所示。在储热阶段，氢氧化钠稀溶液受高温热源加热而浓缩，在供热阶段，水受环境影响产生蒸汽被氢氧化钠浓溶液吸收而释放出存储的能量。利用氢氧化物储热具有可逆性好、反应速度快、反应热量大等优点，但氢氧化物具有较强的腐蚀性，且易和空气中的 CO_2 反应，稳定性较差。

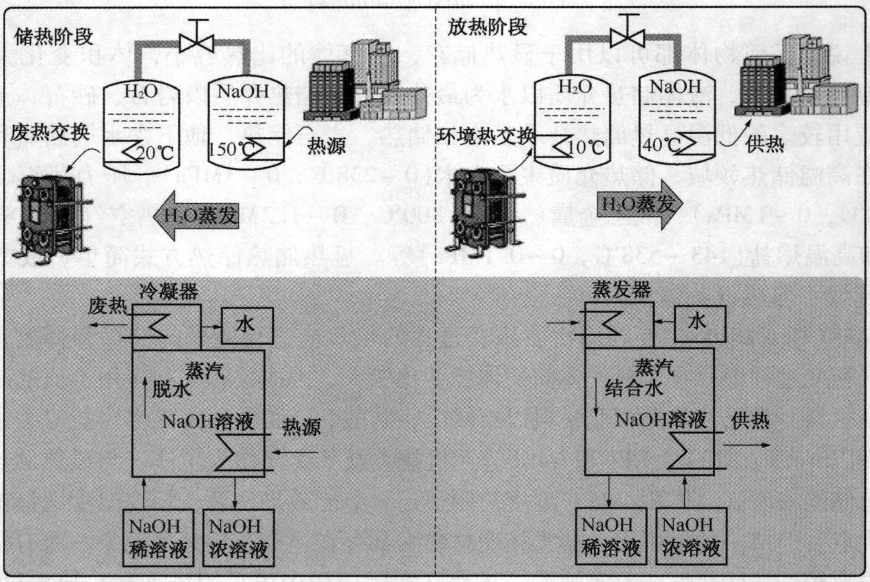

图 9.7 NaOH 溶液储热原理示意图

9.5 太阳能的热利用

太阳直径 1.39×10^6 km，质量 2.2×10^{30} kg，距地球 1.5×10^8 km，其中心温度高达 $1.5 \times 10^7 \sim 1.0 \times 10^7$℃，压力约为 3400 个标准大气压，物质在这个条件下呈等离子体状态。太阳是地球上能源的根本，太阳内部连续不断的核聚变反应使太阳成为一个巨大的能源。科学家证实每天有 6×10^{18} kJ 的能量辐射到地面，它相当于创世纪以来人类所消耗能量的总和。太阳能取之不尽、用之不竭，对环境无任何污染，是可再生的清洁能源。如果能有效利用太阳所辐射能的万分之一，便足够人类的能源消耗。因此，太阳能的利用和开发是新

能源研究的重要方向之一。

太阳能直接利用有光化学转换、光电转换和光热转换三种基本能量转换方式。其中，光热转换是人类最早和当前广泛采用的太阳能利用方式，它通过反射、吸收或其他方式收集太阳辐射能并使之转换为热能并加以利用。因此，太阳能的热利用就是利用光热转换技术将太阳辐射转换为流体中的热能，并将加热的流体输送出去加以利用，产生的热能可应用于采暖、干燥、蒸馏、烹饪以及工农业生产的各个领域，并可进行太阳能热发电、空调制冷和热解制氢等。

9.5.1 太阳能热水器

太阳能热水器是一种利用太阳辐射能通过温室效应把水加热的光热转换器，它由集热器、储热水箱、循环水泵、管道、支架、控制系统及相关附件组成。集热器是吸收太阳辐射能并向工质(水)传递热量的装置，是太阳能热水器的核心部件。太阳能集热器的集热方式包括平板型集热器(非聚光型)和聚光型集热器，前者所用的热吸收面积基本上等于太阳光照射的面积，后者则是将较大面积的太阳辐射聚集到较小的吸收面积上。早期的集热器为闷晒式，后来发展成为平板式和真空管式。太阳能集热器的关键部分是热吸收材料，为更多地吸收太阳辐射同时又减少热量损失，要求吸收材料必须具有高的太阳吸收比，对于覆盖材料则要求对可见光透明，对红外反射率高。集热器主要的吸收涂层材料有氧化铁、氧化铜、黑铬、黑镍、铝、炭等。

太阳能集热器的种类很多，我国普遍采用的是全玻璃真空管式集热器，如图 9.8 所示。它是由内外两个同心圆玻璃管组成，两根玻璃管间抽成一定真空度，可抑制空气的对流和热损失。内玻璃管外壁沉积光谱选择性吸收涂层，用来最大限度地吸收太阳辐射能。外管为透明玻璃，内外管间底部用架子支撑住内管自由端。经太阳照射，光子撞击涂层，太阳能转化为热能，水从涂层外吸收热量，水温升高，密度减小，热水向上运动，而密度大的冷水下降。热水始终位于上部，即水箱中。太阳能热水器中水的升温情况与外界温度关系不大，主要取决于光照。

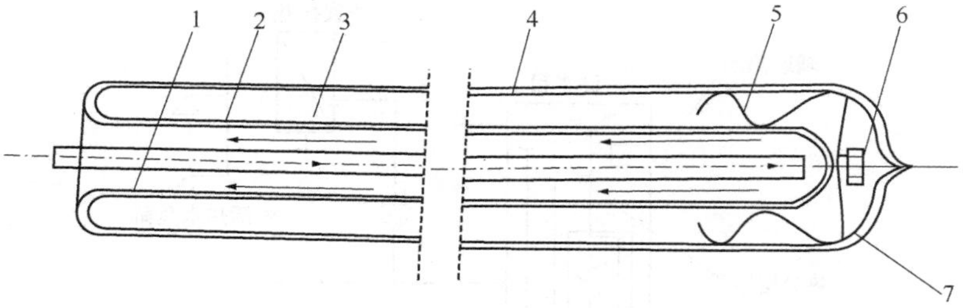

图 9.8 全玻璃真空集热管

1—内玻璃管；2—选择性吸收涂层；3—真空管；
4—盖玻璃管；5—夹持件；6—吸气材料；7—吸气涂层

太阳能热水器可以采用多种循环方式，目前我国的家用太阳能热水器和小型太阳能热水系统一般都采用自然循环式。同时，为了降低热水器的成本，我国绝大多数都采用了单循环，即集热器内被加热的热水直接进入储水箱提供使用。这种单循环热水器在硬水质的地区往往造成集热器内结垢，降低集热器的热性能甚至堵塞管道；在寒冷的北方地区，单循环还可能造成集热器内结冰，导致吸热体冻裂。考虑到太阳能集热器使用的舒适性、安全性、易

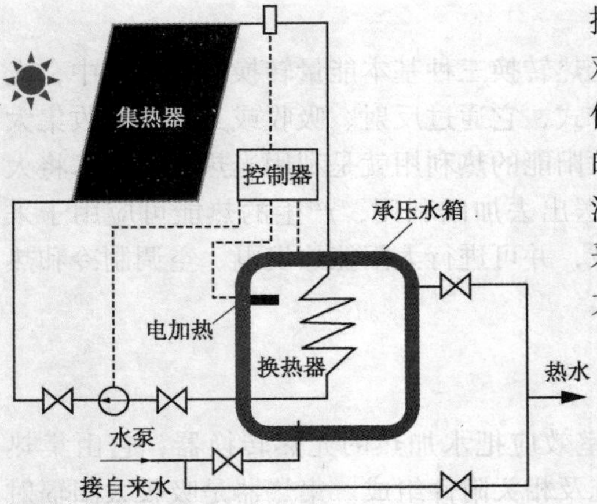

图 9.9　承压式双循环太阳能热水系统

操作性等因素考虑，国际上普遍采用承压储水箱、双循环系统。双循环系统在集热器内被加热的是传热工质，传热工质经过换热器再去加热贮水箱内的水。可见，双循环只要在循环介质中加如防冻液即可达到防冻的目的。承压水箱可以强制对流采用顶水法获取热水，水温恒定。承压式双循环太阳能热水系统如图 9.9 所示。

9.5.2　太阳能采暖

9.5.2.1　太阳能采暖系统

利用太阳能热水系统可以为用户提供生活热水，当然也可以为住宅提供采暖。实际上，太阳能采暖系统和太阳能热水系统的基本构成是相似的，因此可以将太阳能采暖系统和太阳能热水系统组建成一套太阳能组合系统。可见，太阳供暖系统是太阳热水系统的进一步发展。

由于太阳能集热器在冬季产生的是低温热水，所以适宜的末端供暖设备是地板辐射采暖系统。同时，由于太阳能本身的局限性，为保证全日供应热水和冬季的连续采暖，必须同时设置使用常规能源的辅助热源，以补充阴、雨、雪天和夜间太阳能的不足。此外，生活热水和采暖热水的温度要求有所不同，最理想的太阳能综合系统应当同时具有不同温度的热水。为满足此要求，最简单的方法是设置两个储存不同温度热水的储水箱，借助于智能化控制器，驱动不同的阀门和水泵进行系统运行，当然，这种系统的造价较高。另一种可行的方法是只采用一个储水箱，由于热水的密度比冷水的密度低，所以热水总是位于储水箱的上部，冷水总是位于储水箱的下部。要保持储水箱的热分层，必须采取一些特殊的措施，以避免不同温度的水在储水箱内混合。热分层可以通过两种途径来实现：一是对储水箱上部加热，另一种是从储水箱下部取热。图 9.10 给出了储水箱内装有 2 个热分层器的太阳能组合系统。

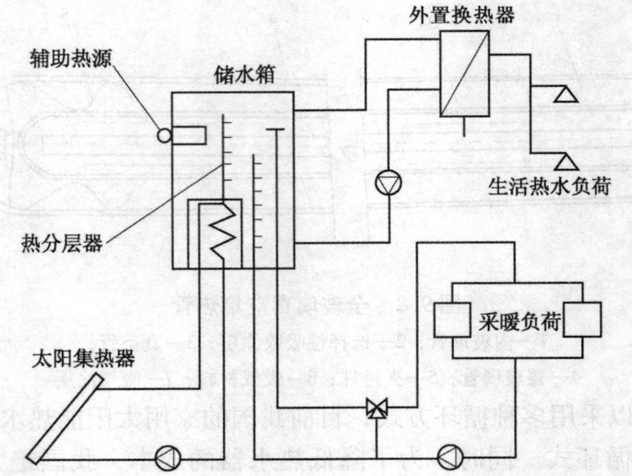

图 9.10　储水箱内装有两个热分层器的太阳能组合系统

该系统由德国人设计，并于 1997 年进入市场。在该系统中，采暖储水箱内装有 2 个热分层器，用于增强储水箱内的热分层。在生活热水供应系统，太阳集热器提供的热量通过浸没在采暖储水箱中的低流量换热器传递给采暖储水箱，采暖储水箱中的热水通过水泵和外置换热器进行循环加热生活用水，并通过控制外置换热器初级回路中循环泵的运转速度，可使生活热水的温度达到设定温度。在建筑采暖系统通过控制集热器回路中循环泵的运转速度，可使采暖储水箱的温度达到最优化，并可使太阳集热器内的流量保持在最小值，以确保集热器有良好的传热效果。

9.5.2.2　跨季节储热太阳能采暖

由于太阳辐射受季节、地域、昼夜和气候等因素的影响，使得太阳能组合供热系统不可避免的存在不稳定性和较低的热利用效率。为补偿太阳辐射与热量需求的季节性变化，人们提出了跨季节储热太阳能采暖系统(CSHPSS)。

常见的CSHPSS系统主要由太阳集热器、蓄热装置、供热中心(或热泵)以及供热管网等组成，如图9.11所示。系统的基本工作原理是：在夏季，冷水与太阳集热器采集的太阳能量换热后，一方面可以直接供用户生活热水使用；另一方面，有相当一部分太阳能被直接送入蓄热装置中储存起来。冬季使用时，储存的热水经供热管网送至供热中心，然后由各个热力交换站按热量需求进行分配，并负责送至各用户。如果储存的热量不足以达到供热温度，可以由供热中心通过控制其他辅助热源或热泵进行热量补充。

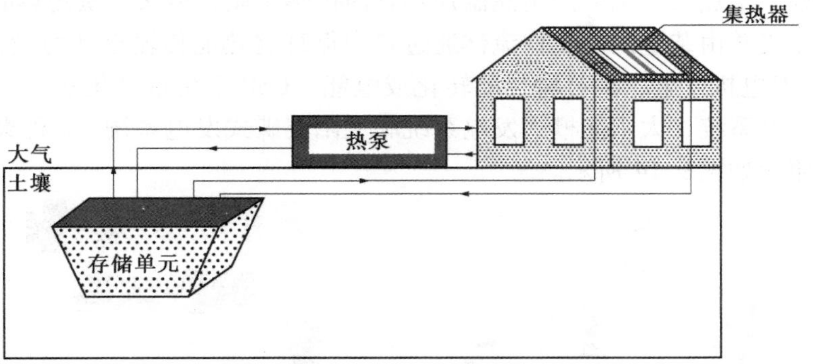

图9.11　典型的CSHPSS系统示意图

CSHPSS系统的核心是跨季节储热技术。目前国际上普遍采用的跨季节能量存储方式主要有如图9.12所示的热水蓄热(hot - water heat store)、砾石 - 水蓄热(gravel - water heat store)、埋管蓄热(duct heat store)和蓄水层蓄热(aquifer heatstore)四种方式，至于到底采用何种方式则取决于当地的环境、地质条件以及建筑地下的地质环境，尤其是蓄水层蓄热和埋管蓄热必须在前期进行地质实验。如果四种方式均可，则应考虑价格因素。

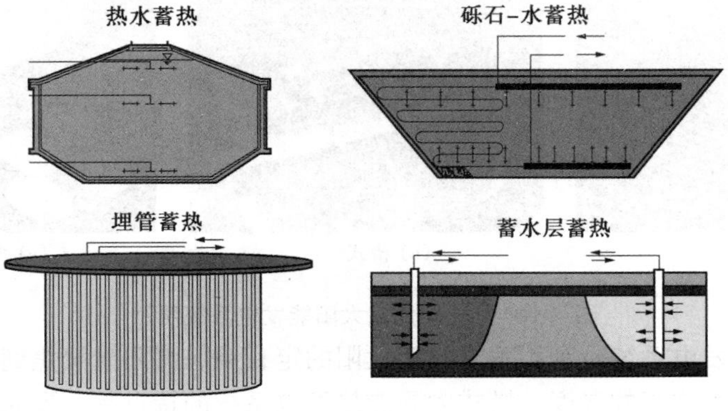

图9.12　常见的4种跨季节储热装置

CSHPSS 系统目前在国际上比较流行，被认为是极具发展潜力的大规模利用太阳能的首选系统之一，技术也相对比较成熟，表 9.6 列出了目前欧洲几个最大的跨季节储热式太阳能集中供热系统。

表 9.6 欧洲几个最大的蓄热太阳能集中供热系统

系统名称	投入年份	集热面积/m^2	系统类型	负荷规模/$GW \cdot h \cdot a^{-1}$
Nykvam(瑞典)	1985	7500	CSHPSS(1500m^3)	30
Marstal(丹麦)	1996	18300	CSHPSS(2100m^3)	28
Kunglv(瑞典)	2000	10000	CSHPSS(1000m^3)	90

9.5.3 聚焦式太阳能热发电

聚焦式太阳能热发电系统(CSP)是采用抛物面反射式集光器、汇聚透镜或菲涅耳透镜将太阳辐射聚焦转换成高温热能，并通过热力循环过程进行发电的装置。CSP 系统包括聚光集热子系统、储热子系统和热－功－电转换子系统，如图 9.13 所示。其工作原理为：首先在聚光集热子系统中聚焦太阳辐射产生高温加热管内传热工质，传热工质的热能在储热子系统中由储热装置收集并由装置内的工作流体通过热力循环将热能传输至动力设备(汽轮机或燃气轮机)并带动发电机发电，最终将热能转化成电能。CSP 系统依其集热方式的不同，可分为太阳能塔式发电系统、太阳能槽式发电系统和太阳能碟式发电系统。3 种聚焦式太阳能发电系统的实物照片如图 9.14 所示。

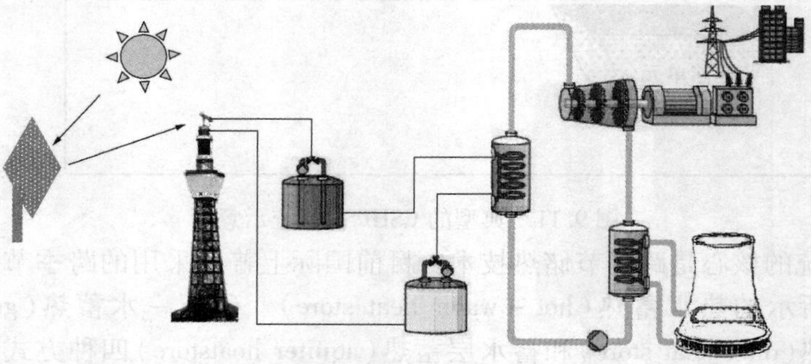

图 9.13 聚焦式太阳能热发电工作原理示意图

(a) 塔式

(b) 槽式

(c) 多碟式

图 9.14 3 种聚焦式太阳能发电系统照片

塔式太阳能热发电系统是利用独立跟踪太阳的定日镜，将阳光聚焦到一个固定在塔顶部的接收器上，以产生很高的温度。塔式太阳能热发电系统的特点是：聚光比高，容易达到较高的工作温度，接收器散热面积相对较小，可以得到较高的光热转换效率。塔式太阳能热发电系统的运行参数与高温高压的常规热电站基本一致，因而不仅有较高的热机效率，而且容易获得配套设备。

槽式太阳能热发电系统是利用柱形抛物面的槽式聚光系统将太阳能聚集到管状的吸收器上，并将管内传热工质加热。槽式系统的技术已经成熟，其最大的优点是多聚光器集热器可以同步跟踪，同时槽式太阳能热发电系统结构紧凑，太阳能热辐射收集装置占地面积比塔式和碟式系统的要小 30% ~50%。但槽式太阳能热发电系统能量在集中过程中依赖管道和泵，管道系统比塔式电站要复杂得多，热量及阻力损失均较大。

碟式太阳能热发电系统是利用旋转抛物面的碟式反射镜将太阳聚焦到一个焦点上，接收器在抛物面的焦点上，接收器内的传热工质被加热到高温，驱动发动机进行发电。碟式系统可以是单独的装置，也可以是由碟群构成以输出大容量电力。

9.5.4 太阳能热分解制氢

清洁高效的氢能被认为是未来主要的常规能源。氢气是优质燃料，与所有的化石燃料和生物燃料相比，氢的发热值是除核燃料外最高的，燃烧 1g 氢能释放出 142kJ 的热量，是汽油的 3 倍。氢在地球上的分布极为广泛，主要以化合物的形式存在于水中。据估算，如果把海水中的氢全部提取出来，它可以产生的能量是地球上所有化石燃料放出能量的 9000 倍。氢燃烧的主要产物是水，水又用来制氢，循环往复，源源不断。氢能的利用形式多样，既可以通过燃烧产生热能，在热力发动机中产生机械功，又可以作为能源材料用于燃料电池，或转换成固态氢用作结构材料，也可以以气态、液态或固态的金属氢化物出现，能适应贮运及各种应用环境的不同要求。

目前，氢能源的开发已经取得了很大的进展。但作为二次能源，廉价的制备和高效安全的储氢是氢燃料推广使用面临的两个技术瓶颈。现在工业上主要的制氢方法是利用煤、石油、天然气与水反应生成氢气，或者是通过电解水的方法获得氢气。这两种方法在工艺上都比较成熟，但却要消耗大量的能源，在经济和资源利用上都很不划算，实用意义不大。若采用可再生的太阳能制氢，即可将分散的低品位太阳能转化为集中的、高品位的氢能。这种生产技术为解决能源和环境问题创造了美好的前景。因此，太阳能制氢是一个极富吸引力的太阳能利用途径。利用太阳能制氢的主要方法有直接热分解法、热化学循环法、光催化法以及光电化学分解法等，本节主要介绍直接热分解法和热化学循环法。

根据热力学理论，水分解反应

$$H_2O(g) \longrightarrow H_2(g) + 1/2O_2(g) \quad \Delta_r H_m^{\ominus} = 242kJ\cdot mol^{-1} \quad \Delta_r S_m^{\ominus} = 44.5kJ\cdot mol^{-1}\cdot K^{-1}$$

该反应熵增、吸热，必须在高温条件下进行。根据动力学分析，温度越高，水分解的速率越大。因此，太阳能直接热分解水制氢顾名思义就是利用太阳能聚光器收集太阳能直接加热水使其达到分解温度以上而分解为氢气和氧气的过程。从概念上讲，太阳能直接热分解水制氢是最简单的方法。但这种方法存在两个无法避免的问题：高温下氢气和氧气的分离的问题和高温太阳能反应器的材料问题。

为了克服直接热分解法制氢的两个难点，科学家采用热化学循环法来降低反应温度。热化学循环法制氢采用多步反应进行，虽然热化学循环总体反应的吉布斯函数变等于水分解反应，但是可以控制在某一特定温度下，某一步反应的吉布斯函数变为零，而其它的反应都在较低的温度下进行。以硫碘循环制氢为例，要求温度为 1100K 左右。硫碘循环制氢的工作模式及其原理如图 9.15 所示。

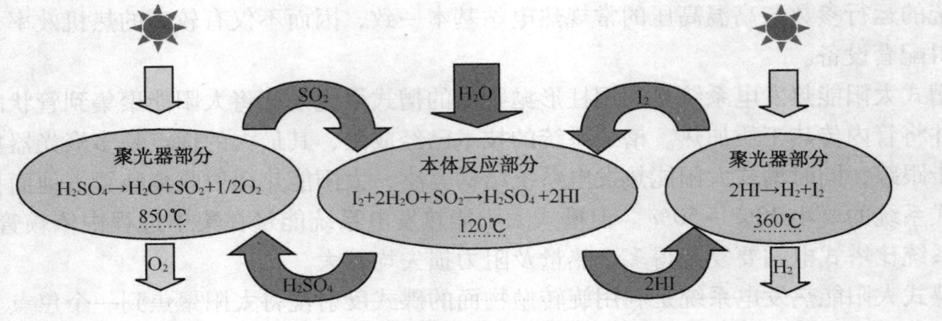

图 9.15　硫碘循环制氢工作原理示意图

热化学循环法制氢工艺简单，而且不需要氢气分离装置。为进一步简化工艺(减少涉及的反应阶段)，提高可逆循环的总体效率，目前各国均倾向于两步热化学循环法的工艺。两步热化学循环法中多使用金属氧化物的氧化还原反应，即金属氧化物先在高温下吸热分解生成金属或低价金属氧化物，然后它们在第二步放热反应中作为还原剂被氧化为初始氧化物，同时释放出氢气。人们最早关注的 Fe_3O_4/FeO 氧化还原系统的工作原理为：

$$Fe_3O_4 \longrightarrow FeO + O_2$$

$$H_2O + FeO \longrightarrow Fe_3O_4 + H_2$$

关于热化学循环法制氢的循环很多，反应温度一般在 700～1300K，而这个温度范围一般的旋转抛物面聚光器就可以完全达到。

9.5.5　太阳能空调制冷

前述以获取生活热水为主要目的太阳能热利用方式与大自然的规律并不完全一致，因为当太阳辐射强、气温高的时候，人们更需要的是空调降温而不是热水。因此，利用清洁的太阳能来实现温度调控无疑是一个理想的方案，它不仅可使太阳能得到更充分、更合理的利用，可以把低品位的能源(太阳能)转变为高品位的舒适性空调制冷，而且对节省常规能源、减少环境污染、提高人们生活水平具有重要意义，符合可持续发展战略的要求。

实现太阳能空调有两条途径：①太阳能光电转换，利用电力制冷；②太阳能光热转换，以热能制冷。光电转换制冷与普通电力制冷无明显差异，且由于太阳能电池光电转换效率较低(商业化成品在 15% 左右)，使得在相同制冷功率情况下造价约为后者的 4～5 倍。太阳能光－热转换制冷是利用相应的设备首先将太阳能转换成热能，再利用热能作为外界的补偿，使系统能够达到制冷的目的的。太阳能光－热转换制冷系统主要有太阳能吸收式制冷系统、太阳能吸附式制冷系统、太阳能除湿式制冷系统和太阳能喷射式制冷系统等。目前建立装置较多是太阳能吸附式制冷和吸收式制冷。

太阳能吸收式制冷是利用两种沸点不同物质所组成的混合溶液作为工质，其中沸点高的称为吸收剂，沸点低的称为制冷剂。以常用的 LiBr－H_2O 为工质的制冷原理如图 9.16 所示。首先，太阳辐射在集热器中被吸收并加热传热工质，高温传热工质在管道中流经发生器时发生热交换并加热吸收制冷剂混合溶液(LiBr－H_2O)。由于制冷剂两种成分(LiBr 和 H_2O)沸点不同，沸点低的水大量蒸发而与吸收剂(LiBr)分离。分离后的制冷剂(H_2O)在高温、高压下经冷凝器冷凝后变成高压低温的液态水，液态水经节流阀进入蒸发室。蒸发室内压力减小，液态水急剧膨胀气化变成水蒸气，此汽化过程中大量吸收热量从而达到制冷的效果。随着制冷过程的不断进行，发生器内 LiBr 溶液浓度不断升高，而吸收器内因低温水蒸气的不断进入浓度降低。因此，通过通过管道把高浓度的溴化锂溶液引入吸收器就可以使其在吸收器内大量吸收从蒸发器流过来的水蒸气，并使蒸发器内压力降低，而稀释后的溴化锂溶液只需用一个功率很小的泵送回发生器就可以进入下一个制冷循环。

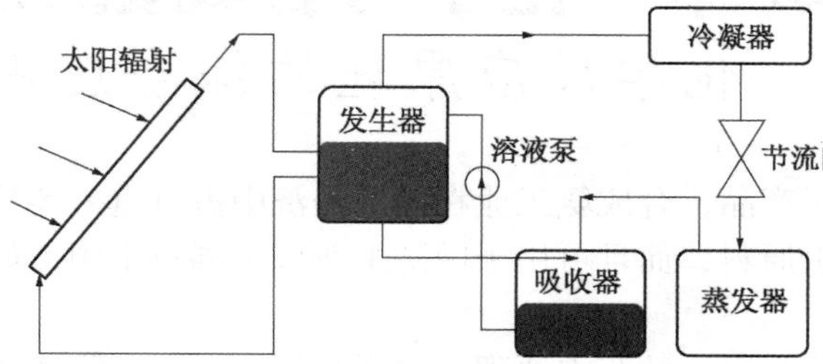

图 9.16　太阳能吸收式制冷原理图

太阳能吸附式制冷系统由吸附床、冷凝器、蒸发器和节流阀等构成，采用的工质对通常为活性炭－甲醇、分子筛－水、硅胶－水及氯化钙－氨等。吸附式制冷系统通过加热脱附－冷凝－吸附－蒸发等几个环节实现制冷，其工作原图如图 9.17 所示。首先，利用太阳能集热器将吸附床加热使工质对在吸附床中发生解吸，产生的高温高压制冷剂（H_2O、甲醇、氨等）气体进入冷凝器，冷凝出来的制冷剂液体由节流阀进入蒸发器。制冷剂蒸发时吸收热量，产生制冷效果，蒸发出来的制冷剂气体进入吸附床被吸附后形成新的混合物，从而完成一次吸附制冷循环过程。

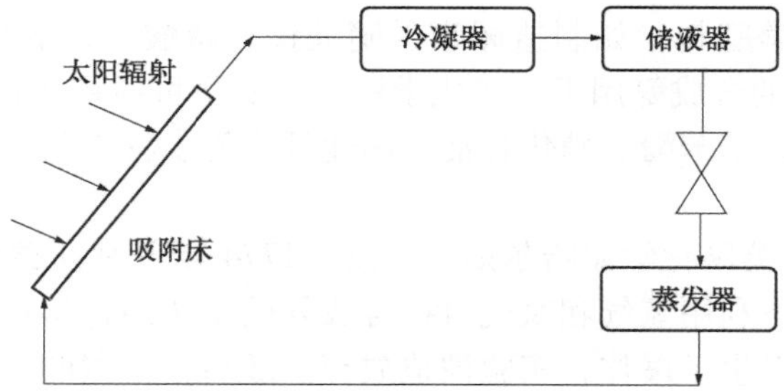

图 9.17　太阳能吸附式制冷原理图

第 10 章 化学与合成氨工业
——化学反应原理的综合应用

氨是重要的无机化工产品，合成氨工业在国民经济中占有重要地位。合成氨不仅可用来制造化肥、生产大宗化工原料，而且可用于国防工业和尖端技术中，如生产导弹、火箭的推进剂和氧化剂。

氨合成理论涉许多化学反应的基本原理。本章是第 2、第 3 章知识的综合应用。

10.1 合成氨工业

氨(NH_3)相对分子质量为 17.03，相对密度为 0.7714g · L^{-1}，熔点为 −77.7℃，沸点为 −33.35℃，自燃点为 651.11℃。标准状态下氨是无色、密度比空气小、具有刺激性气味的气体。液态氨是许多元素和化合物的良溶剂，但液氨可侵蚀某些塑料制品、橡胶和涂层，也会灼伤皮肤、眼睛和刺激呼吸器官黏膜，氨蒸气与空气混合物的爆炸极限为 16% ~25%（易引燃浓度 17%）。

氨主要用来制造化学肥料，如制造尿素、硝酸铵、磷酸铵、氯化铵以及各种含氮复合肥。据统计，每年 80% 的合成氨用于生产化学肥料。氨也可应用于国防工业和尖端技术中，如制造三硝基甲苯、三硝基苯酚、硝化甘油、硝化纤维等多种炸药以及生产导弹、火箭的推进和氧化剂。

氨最早于 1727 年由英国化学家哈尔斯所发现。1774 年普利斯德里证实了氨是氮和氢的化合物。最早研究高压下利用氢气和氮气直接合成氨的是法国化学家勒夏特利，不幸的是因原料气中混进了空气而发生了爆炸，实验被迫放弃。随后，德国的物理学家、化工专家哈伯使用锇和铀为催化剂，在 17.5 ~20MPa、500 ~600℃ 的条件下生产出了高于 6% 的氨，该方法被巴登苯胺纯碱公司认为是一种具有很高经济价值的合成方法。于是该公司不惜耗费巨资、投入强大的技术力量并委任德国化学工程专家波施将哈伯研究的成果进行了设计。他们从大量的金属及其化合物中筛选出了合成氨反应最适合、最有效的铁和碱金属化合物催化剂，并将合成塔衬以低碳钢建造了能够进行高温和高压的合成氨装置，解决了原料气的提纯以及从未完全转化的气体中分离出氨等技术问题。经过 5 年的努力，巴登苯胺纯碱公司于 1910 年建立了世界上第一座合成氨试验工厂，1913 年建立了大型工业规模的合成氨厂。

目前，合成氨的主要原料有石脑油、重质油、天然气和煤，其中以天然气为原料的合成氨装置具有投资低、能耗低、成本低的优势而被广泛采用。近年来受石油价格上涨、石油天然气原料短缺等因素的影响，由煤制氨的路线重新受到了重视。

10.2 合成氨的理论分析

10.2.1 氨合成反应的热力学基础

氨的合成反应是典型的可逆反应，其正反应是放热反应，是气体体积缩小的反应。在合成氨时，精制后的氢氮混合气是在高温、高压并有催化剂存在的条件下进行的。

由于受反应平衡的影响，氢、氮混合气体不可能全部转化为氨，通常采用冷冻的方法将已经合成的氨分离，然后在未反应的氢、氮混合气中补充一定量的新鲜气继续进行循环反应。因此，在合成系统中合理设计设备以回收反应热，降低冷冻消耗，已成为氨合成工序设计的关键环节。

10.2.1.1 氨合成反应化学平衡

氨合成反应是一个放热和摩尔数减少的可逆反应。反应式如下：

$$\frac{3}{2}H_2 + \frac{1}{2}N_2 = NH_3(g)$$

该反应为放热反应，其平衡常数为

$$K_f^{\ominus} = \frac{p(NH_3)}{\{p(H_2)\}^{1.5}\{p(N_2)\}^{0.5}} \frac{\varphi(NH_3)_{NH_3}}{\{\varphi(H_2)\}^{1.5}\{\varphi(N_2)\}^{0.5}} = K_p K_\varphi \qquad (10-1)$$

式(10－1)中，$K_f^{\ominus}$ 为真正的平衡常数($K^{\ominus}$)，它由热力学关系 $RT\ln K_f^{\ominus} = -\Delta_r G_m^{\ominus}$ 决定；φ 为逸度系数，在生产条件范围内，逸度系数 φ 可由经验式(10－2)计算。

$$RT\ln\varphi_i = p\left[B_i - \frac{A_i}{RT} - \frac{C_i}{T^3} + \frac{(A_i^{0.5} - \Sigma y_i A_i^{0.5})^2}{RT}\right] \qquad (10-2)$$

式(10－2)中，R 为气体常数，取值为 0.08206atm · L · mol^{-1}，y_i为惰性气体含量，其他常数按表 10.1 中数值取值。

表 10.1 逸度系数计算公式中的常数

项目	A_i	B_i	$C_i/10^4$
N_2	0.1975	0.02096	0.054
H_2	1.3445	0.05046	4.20
NH_3	2.3930	0.03415	476.87
CH_4	2.2769		
Ar	1.2907		

在工业生产中，合成氨反应中产物为氢、氮、氨及惰性气体的混合物，即循环后的原料气中也含有上述组分。所以，平衡也受氢、氮、氨及惰性气体含量的影响。

(1) 氢氮比的影响

一般情况下，若氢氮比不为 3，则平衡常数表达式为

$$\frac{y(NH_3)}{\{1 - y(NH_3) - y_i\}^2} = \frac{r^{1.5}}{(1+r)^2}K_p \qquad (10-3)$$

式(10－3)中，y 为各组分平衡时的含量，y_i为惰性气体含量，r 为原始氢氮比。当其他条件不变时，改变氢氮比使平衡氨含量最大时，可对式(10－3)求导，并令其为零得

$$\frac{1.5r^{0.5}(1+r)^2 - 2r^{1.5}(1+r)}{(1+r)^4} = 0 \qquad (10-4)$$

解得 r =3，即进料氢氮比为化学计量比时，平衡氨含量最大。但实际考虑到其他因素，平衡氨含量不为 3。实际上在压力为 10～100MPa，氢氮比的适宜值为 2.9～3.0。

(2) 惰性气体含量的影响

当氢氮混合气中含有惰性气体时，就会使平衡氨含量降低，氨含量随惰性气体含量的增

加而减小。

氨合成反应过程中，混合气体物质的量随反应的进行而减少，起始时惰性气体含量不等于平衡时惰性气体含量。为便于计算，令 $y_{i,0}$ 为氨分解时惰性气体含量，即氨分解为氢氮气以后的含量，其值不随反应的进行而改变。

由氨合成反应可知，混合气体瞬时摩尔流量 N 与无氨气体瞬时摩尔流量 N_0 的关系为

$$N_0 = N + Ny(NH_3) = N\{N + y(NH_3)\} \qquad (10-5)$$

由惰性气体平衡得

$$Nyi = N_0 y_{i,0} \qquad (10-6)$$

联立式(10－5)和式(10－6)得

$$y_i = y_{i,0}\{1 + y(NH_3)\}$$

或

$$y_1^* = y_{i,0}\{1 + y^*(NH_3)\} \qquad (10-7)$$

将式(10－7)代入平衡关系式中得

$$\frac{y^*(NH_3)}{\{1 - y^*(NH_3) - y_{i,0}(1 + y^*(NH_3))\}^2} = \frac{r^{1.5}}{(1+r)^2}K_p$$

即

$$\frac{r^{0.5}(1+r)^2 - 2r^{1.5}(1+r)}{(1+r)^4} = 0 \qquad (10-8)$$

由以上分析可以得出，提高压力、降低温度和惰性气体含量，平衡时氨含量随之增加。由此可见，寻求低温下具有良好活性的催化剂，是降低氨合成操作压力的关键。

惰性气体含量的影响可用上述方法得出近似公式分析，也可简单地从提高压力对氨合成反应有利来分析。增加惰性气体含量相当于降低了反应物的分压，对平衡不利。理论上，惰性气体含量越少对合成氨越有利，但实际上这是不现实的。要确定一个合理的惰性气体含量范围，还需大量计算，综合各种操作因素作图比较分析得出。

10.2.1.2　氨合成反应的热效应

氨合成反应是放热反应，热效应可用以下经验公式计算：

$$-\Delta H = 38313.3 + [23.2543 + 35867.1/T + 1.96147 \times 10^{10} T^{-3}]p + 22.371T + 1.0.5646 \times 10^{-3} T^2 - 7.08351 \times 10^{-5} T^3 \qquad (10-9)$$

式(10－9)中，温度单位为 K，压力单位为 MPa，计算所得反应热的单位是 $kJ \cdot kmol^{-1}$。实际的热效应还应考虑在给定组成条件下混合热的影响等，情况也较复杂，此处不详细讨论。

10.2.2　氨合成的反应动力学

10.2.2.1　反应机理

氨合成反应过程和一般气－固相催化反应一样，由外扩散、内扩散和化学反应等一系列连续步骤组成。当气流速度相当大及催化剂粒度足够小时，外扩散和内扩散的影响均不显著，此时整个催化反应过程的速度可以认为是本征反应的动力学速度。

有关氮与氢在铁催化剂上的反应机理，存在着不同的假设。一般认为，氮在催化剂上被活性吸附，离解为氮原子，然后逐步加氢，连续生成 NH、NH_2 和 NH_3。本征反应动力学过程包括吸附、表面化学反应和脱附三个步骤，催化反应的总反应速度为其中最慢的一步所决定。该反应机理认为：氮在催化剂表面上的活性吸附是本征反应动力学速度的控制步骤。反

应机理如下：

氮分子被吸附 $N_2 + [K-Fe] \longrightarrow N_2[K-Fe]$

解离 $N_2[K-Fe] \longrightarrow 2N[K-Fe]$

与氢气反应 $2N[k-Fe] + H_2 \longrightarrow 2NH[K-Fe]$

$2NH_2[K-Fe] + H_2 \longrightarrow 2HH_3[K-Fe]$

氨分子脱附 $2NH_3[K-Fe] \longrightarrow 2NH_3 + [K-Fe]$

1939 年，捷姆金和佩热夫根据以上机理，并假设催化剂表面活性不均匀，氢的吸附遮盖度中等，气体为理想气体及反应距平衡不很远等条件，推导出本征反应动力学方程式为：

$$v = k_1 p(N_2)\left(\frac{p^3(H_2)}{p^2(NH_3)}\right)^{\alpha} - k_2\left(\frac{p^2(NH_3)}{p^3(H_2)}\right)^{1-\alpha} \quad (10-10)$$

式(10－10)中 k_1、k_2分别为正逆反应的速率常数，v 为过程的瞬时速率，α为实验常数，工业条件下一般α≈0.5，此时，上式可变换为：

$$v = k_1 p(N_2)\left(\frac{p^{1.5}(H_2)}{p(NH_3)}\right) - k_2\left(\frac{p(NH_3)}{p^{1.5}(H_2)}\right) \quad (10-11)$$

式(10－11)只适用于压力较低的并接近平衡的情况，压力较高时，要用实验得出的速率常数与压力的关系加以校正。另外，当反应远离平衡时上式不成立，例如 $p(NH_3) \to 0$ 时 $v \to \infty$。因此 捷姆金提出了远离平衡时的动力学方程：

$$v = k' p^{1-\alpha}(N_2) p^{\alpha}(H_2) \quad (10-12)$$

10.2.2.2 影响反应速度的因素

从速率方程式(10－10)可看出，提高压力可使正反应速率的增加大于逆反应速度的增加，所以一般选择较高压力。同时，在较高的压力下反应才有可观的速率。但现代设计并不盲目的提高压力，而是综合考虑经济效益，目前合成氨的压力比以前有所降低。

氢氮比对反应速率的影响前述已有讨论，综合考虑动力学等其他因素时，氮含量可略提高，但基本无大变化，仍为 2.9～3.0 的范围。

氨合成反应最适宜的温度取决于反应气体的组成、压力和所用催化剂的活性。最适宜温度 T_m和平衡温度 T_e及正逆反应的活化能 E_{a1}、E_{a2}之间的关系为

$$T_m = T_e\left[1 + \frac{RT_e}{E_{a2} - E_{a1} \times \ln\dfrac{E_{a2}}{E_{a1}}}\right] \quad (10-13)$$

图 10－1 描述了平衡温度曲线和 A106 型催化剂最适宜的温度曲线。在一定压力下，氨含量提高，相应的平衡温度和最适宜温度下降。情性气体含量增加，对应于一定氨含量的平衡温度下降，最适宜温度亦一下降。压力改变时，最适宜温度亦相应变化。气体组成一定时，压力越高，平衡温度与最适宜温度越高。

由式(10－13)可知，最适宜温度与平衡温度的相对关系只受正逆反应活化能 E_{a1}、E_{a2}的影响。当 E_{a1}、E_{a2}一定时，最适宜温度 T_m和平衡温度 T_e的相对关系随之确定。E_{a1}与 E_{a2}对 T_m影响比较显著，当催化剂活性高时(性能良好或使用初期) E_{a1}与 E_{a2}均低，但两者差值不变，当 E_{a1}/E_{a2}值增大时，T_m下降。反之，催化剂活性差时(性能差或使用后期)，T_m则上升。

由式(10－13)计算所得的 T_m，仅指本征反应动力学控制时的最适宜温度，并未考虑内扩散的影响。内扩散控制时，最适宜温度数值略低。

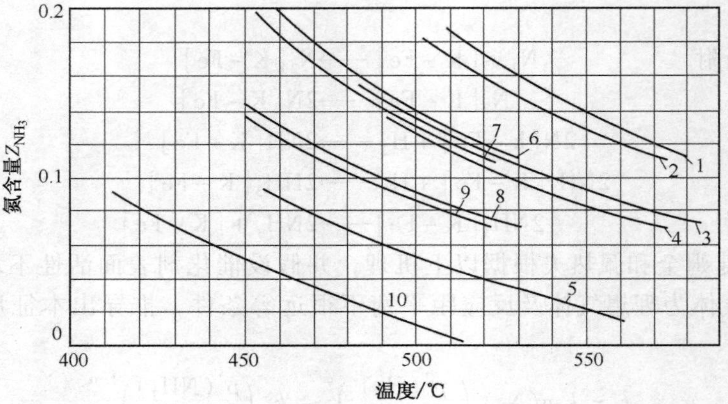

图 10.1　$H_2:N_2=3$ 的条件下平衡温度与最适宜温度

1、2、3、4、5 分别为(30MPa，$x_{i0}=0.12$)、(30MPa，$x_{i0}=0.15$)

(20MPa，$x_{i0}=0.15$)(20MPa，$x_{i0}=0.18$)(15MPa，$x_{i0}=0.13$)的平衡温度曲线

6、7、8、9、10 分别为(30MPa，$x_{i0}=0.12$)、(30MPa，$x_{i0}=0.15$)

(20MPa，$x_{i0}=0.15$)(20MPa，$x_{i0}=0.18$)(15MPa，$x_{i0}=0.13$)的最适宜温度曲线

10.2.3　催化剂

长期以来，人们对氨合成催化剂做了大量的研究工作，发现对氨合成有活性的金属有锇、铀、铁、铝、锰、钨等，其中以铁为主体并添加有促进剂的铁系催化剂价廉易得，活性良好，使用寿命长，从而获得了广泛的应用。

10.2.3.1　催化剂的组成和作用

大部合成氨厂使用的氨合成催化剂是国产 A 系列产品，它采用经过精选的天然磁铁矿通过熔融法制备。A 型氨合成催化剂主要成分以氧化铁为主体，添加部分助催化剂如氧化铝、氧化钾、氧化钙，此外还有少量氧化硅、氧化镁等组分。起活性作用的是经过还原后的 α－Fe。

氧化铝是是结构型助催化剂，在催化剂制备过程中通过熔融进入四氧化三铁晶格，与氧化亚铁作用形成铝酸亚铁，具有尖晶石结构，能与四氧化三铁形成固熔体。当用氢气还原铁催化剂时，四氧化三铁还原成α－Fe，而氧化铝并未被还原，仍然保持尖晶石结构，起到骨架作用，增加了α－Fe 表面积并保持多孔结构，防止了铁结晶长大，提高了催化剂活性。氧化镁的作用与氧化铝相似，也是结构型促进剂。

氧化钾是电子型助催化剂，它可以提高催化剂的固有活性，当四氧化三铁还原成α－Fe 时，氧化钾并未还原，它聚集在α－Fe 晶粒的界面上，由于它的强碱性，使表面逸出功降低，有利于氮的活性吸附，可提高催化剂活性。但氧化钾的存在会降低铁的比表面积，在催化剂中的含量以 0.5% ~1.0% 为宜。氧化钙也属于电子型助催化剂，同时，氧化钙不仅能降低固熔体的熔点和黏度，有利于氧化铝和四氧化三铁固熔体的形成，还可以提高催化剂的热稳定性和抗毒害能力。

二氧化硅能减弱促进剂的作用，但另一方面能提高热稳定性和抗水汽毒害能力。

氧化钡有利于增加碱表面，使碱表面覆盖率增加，可提高催化剂的低温活性。

10.2.3.2　催化剂的还原和使用

氨合成催化剂活性的好坏，直接影响到合成氨的生产能力和能耗的高低。催化剂的活性不仅与其化学组成有关，在很大程度上还取决于制备方法和还原条件。氨合成催化剂在未经过还原反应前并不具备活性，只有经过还原处理后的催化剂才具有活性。所谓还原反应就是用精炼气中的氢气将铁的氧化物还原成α－Fe。因此，氨合成催化剂的还原可以看成催化剂制造的最后工序，还原的好坏是直接影响催化剂生产的一个重要环节。

催化剂还原时，一方面要使四氧化三铁充分还原为α－Fe，另一方面还要使还原生成的铁结晶不因重晶而长大，以保证有最大的比表面积和活性中心。为此，选取合适的还原温度、压力、空速和还原气体是保证还原质量的重要因素。

还原反应是一个吸热反应，提高还原温度有利于平衡向正反应方向移动，并且能加快还原速度，缩短还原时间。但催化剂的还原过程也是纯铁结晶的过程，还原温度过高，会导致α－Fe 晶粒长大，从而减小了催化剂的表面积，催化剂活性降低。

氨合成催化剂的升温还原过程，通常由升温期、还原初期、还原主期、还原末期、轻负荷养护期五个阶段组成。不同型号的催化剂还原时，开始出水温度、大量出水温度、还原最高温度都有所不同。一般情况下，还原最高温度应低于这一型号催化剂的最高操作温度。

催化剂还原前后气体的分子数不会发生改变，所以压力并不影响催化剂还原反应平衡的移动，即改变压力并不会改变催化剂还原反应的平衡，但提高还原压力可提高氢的分压，进而提高还原反应的速度。因此，为保持一定的还原速度，可通过提高压力来弥补降低还原温度对反应速度的影响，从而减少铁微晶的烧结，而压力提高所导致的孔中水汽浓度的提高可通过改变空速将水汽带走。另外，压力提高可使一部分已还原的催化剂进行氨合成反应，并放出反应热，而这可以弥补电加热器功率的不足。特别是在大量出水期，加大空速才能将水汽带出合成塔外，此时只有高空速才能保持一定的水汽浓度，这也只能通过提高压力来增加氨合成反应的反应热，维持催化剂热点温度。同时提高还原压力，还可以提高气体的热容和传热系数，有利于塔内热交换，对电炉丝的保护是有利的。但是过高的还原压力会加速氨的合成反应，阻碍还原反应进行，使孔中水汽分压相应上升，α－Fe 晶粒被反复氧化还原，活性下降。若压力过低，压力对氨合成反应的影响被削弱，催化剂床层内温度较难维持，还原时间延长。因此，选择合适的还原压力应与其他的因素综合一起考虑。

催化剂的还原首先从颗粒外表面开始，然后向内扩展，空速越大，气体扩散越快，气相中水汽浓度越低，催化剂孔内的水分容易逸出，水汽对催化剂的中毒效应减少，所得的α－Fe 铁颗粒越小、表面积越大，活性越高。此外高空速有利于降低催化剂的同平面温差和轴向温差，提高催化剂的下层温度。因此，只要外供热量足够时，空速应越大越好。然而，工业生产中高空速受电加热器功率和还原温度所限，不可能提的过高。最适宜的空速，应根据电加热器的能力、氨的反应热、循环机的能力和热量平衡加以确定。一般在产氨前用较低的空速，在产氨和出水旺盛期，应提高并保持尽可能高的空速。

水蒸气浓度的高低对催化剂活性亦有影响。水汽浓度低，催化剂孔内水分易逸出，水汽浓度高，不仅会使一部分已还原的催化剂反复氧化，导致催化剂微晶长大，而且还会抑制还原反应，使还原速度减慢。因此，严格控制进口和出口气体中水汽的浓度是保证还原质量、速度的重要因素。

10.2.4 氨合成的工艺条件

氨合成工艺条件的选择除要综合考虑合成反应的化学平衡、反应速度和催化剂等因素外，还要考虑原料和能量的消耗、系统生产能力以及投资等因素，以达到最佳的经济技术指标。氨合成工艺条件的控制一般包括压力、温度、空速和合成塔进口气体成分等。

10.2.4.1　压力

氨合成压力的选择应考虑三方面的因素。①要充分考虑能量消耗，即氢氮气的压缩功耗、循环气的压缩功耗和冷冻系统的压缩功耗。图10－2给出了总能耗与循环气压缩功、氨分离冷冻功和氮氮气压缩功三者之间的对应关系。众所周知，增加压力，合成率提高，循环气量减少，气氨易分离，故曲线2(循环气压缩功)和曲线3(氨分离冷冻功)呈下降趋势。但曲线4(氢氮气压缩功)则随着压力提高而大幅度提高，总能耗随压力提高下降到一定值后又会回升。②提高压力，设备体积减小，占地面积变小，冷冻系统设备投资减少，故总设备投资费用降低，但提高压力对设备材质要求提高，制造困难。尤其当压力过高时，对设备材料和制造的技术要求更高，设备投资又会增加。所以基建费用随压力的提高会呈下降趋势，超过一定值后又逐渐回升。③产品成本由基建成本和运行成本构成，前者与基建投资有关，后者与能耗有关。可见，总成本与压力变化有关。

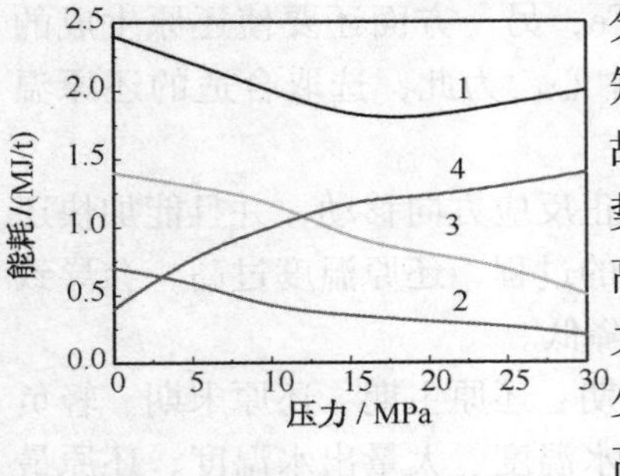

图10.2　能耗与压力的关系

1—总能量消耗；2—循环气压缩功；
3—氨分离冷冻功；4—氢氮气压缩功

10.2.4.2　温度

氨合成反应同其他可逆放热反应一样，温度升高反应速度常数增大，氨的平衡浓度降低。由于总反应速度受其正逆反应作用的影响，必定会在一定温度范围内存在一个最适宜的温度，在该温度下，反应速度最大，氨合成转化率最高。

压力一定时，改变组成或初始氨浓度，最适宜温度随之也发生变化。提高氮含量，平衡温度与最适宜温度均下降；提高惰性气体含量，平衡温度与最适宜温度亦会下降；当气体组成不变时，压力愈高，平衡温度与最适宜温度亦愈高。

工业生产中，应严格控制两点温度，即床层入口温度和热点温度。提高床层入口温度和热点温度，可使反应过程较好地迈近最适宜温度曲线。床层入口温度应等于或略高于催化剂活性温度的下限，热点温度应小于或等于催化剂使用温度的上限。生产中后期由于催化剂活性下降，应适当提高操作温度。氨合成操作温度应视催化剂型号确定。

鉴于氨合成反应的最适宜温度随氨含量提高而降低，要求随反应的进行，不断移出反应热。生产上按照降温方法的不同，氨合成塔内件可分为内部换热式和冷激式。内部换热式内件采用催化剂床层中排列冷管或绝热层间安置中间热交换器的方法，以降低床层的反应温度，并预热未反应的气体。冷激式内件采用反应前尚未预热的低温气体进行层间冷激，以降低反应气体的温度。

10.2.4.3　空间速度

空间速度(简称空速)表示单位时间、单位体积内催化剂处理的气量。空间速度的选取既涉及氨净值和塔的生产强度，也涉及循环气量、系统压力降以及反应热的利用。表10.2列出了空间速度与其他工艺参数的关系。由10.2表可以看出，当其他操作条件一定时，提高空速，氨净值下降，但合成塔的生产强度增加。空速提高使气体与催化剂接触时间缩短，混合气体中氨含量降低，与催化剂床层中对应的平衡氨含量的差值增大，即推动力增大，反应速度加快。因此，氨净值下降的幅度小，生产强度增加的幅度大。

表 10.2　空速与其他工艺参数的关系

空速/h^2	10000	15000	20000	25000	30000
氨净值/%	14.0	13.0	12.0	11.0	10.0
生产强度/($kgNH_3 \cdot m^{-3} \cdot h^{-1}$)	908	1276	1584	1831	2015
塔出口气体循环量/($m^3 \cdot t_{NH_3}^{-1}$)	11013	11755	12626	13654	14888
合成塔压降/(MPa)	1.5	1.8	2.2	2.6	3.0
循环机电耗/($kW \cdot h \cdot t_{NH_3}^{-1}$)	28.3	37.2	49.9	65.2	84.0
氨冷蒸发氨量/($kg \cdot t_{NH_3}^{-1}$)	426	459	504	556	620
每标准立方米气体生成氨量/kg	0.0908	0.0851	0.0792	0.0732	0.0672
每标准立方米气体反应热效应/kg	318.8	276.9	257.7	238.3	218

催化剂生产强度与空速、氨净值之间的关系用式 10－14 表示。

$$G = \frac{17V_{OS}\{y(NH_3,2) - y(NH_3,1)\}}{22.4\{[1 + y(NH_3,2)] \times [1 + y(NH_3,1)]\}} = \frac{17V_{S1}\{y(NH_3,2) - y(NH_3,1)\}}{22.4[1 + y(NH_3,2)]}$$

$$G = \frac{17V_{S2}\Delta y(NH_3)}{22.4[1 + y(NH_3,1)]} \tag{10-14}$$

式(10－14)中，G 为催化剂的生产强度，$kgNH_3 \cdot m^{-3} \cdot h^{-1}$；$V_{S1}$和 V_{S2}分别表示进出合成塔的氨分解基空速，$m^3 \cdot h^{-1} \cdot m^{-3}$(催化剂)；$y(NH_3, 1)$ 和 $y(NH_3, 2)$分别为进出合成塔的气体氨含量,%；$\Delta y(NH_3)$为氨净值,%

提高空速可以增加氨产量，但也带来一些不利因素。由表 10.2 可以看出，循环气量增加，系统压力降增加，循环机功耗增加。出塔气体中氨含量降低，氨的分离难度增加，冷冻功耗增加。合成氨是依靠反应热达到“自热平衡”的，由于空速增加，单位体积气体反应热随氨净值下降而减少。如果空速过大，带出的热量过多，导致催化剂床层温度下降，以致不能维持正常生产。此外，由于采用高空速强化生产对催化剂使用寿命和活性也有一定影响。因此，在高空速下运行不一定具备最佳经济效果。

10.2.4.4　入塔气体组成

合成塔入塔气体组成包括氢氮比、惰性气体含量和氨含量。

当氢氮比等于 3 时，氨的平衡含量最大。但从动力学角度分析，最佳氢氮比随氨含量的变化而变化，反应初期最佳氢氮比为 1。当反应趋于平衡时，最佳氢氨比接近 3。生产中，若采用含钴催化剂，其适宜的氢氮比在 2.2 左右。氨合成反应氢与氮总是按 3∶1 的比例消耗，若忽略氢与氮在液氨中的溶解损失，新鲜气中氢氮比应控制为 3。否则，循环系统中多余的氢或氮会积累起来，造成氮氮比失调，使操作条件恶化。

惰性气体的存在对化学平衡和反应速度都不利。惰性气体来源于新鲜气，保持循环气中一定的惰性气体含量，主要靠“放空气”量控制。情性气体含量控制过低，需大量排放循环气，导致原料气消耗量增加。

在其他条件一定时，入塔氨含量越高，氨净值越小，生产能力越低。反之，降低入塔氨含量，催化剂床层反应推动力增大，反应速度加快，氨净值增加，生产能力提高。入塔氨含量的高低，取决于氨的分离方法。冷凝法分离氨，入塔氨含量与系统压力和冷凝温度有关，受此条件限制，要维持较低的入塔氨含量，必须增加冷冻功耗。

10.3　氨合成的工艺流程

10.3.1　氨合成原料气的制备

目前，制取氨用的氮氢混合气中，氮气的主要来源是在制氢时直接加入空气，或在合成前补加纯氮气。氢气主要由天然气、石油、重质油、煤、焦炭、焦炉气等原料制取，这些原料按状态分主要有固体原料（焦炭和煤）、气体原料（天然气、油田气、焦炉气、石油废气、有机合成废气）和液体原料（石脑油、重油）等。生产方法主要有固体燃料气化法（煤或焦炭）、烃类蒸汽转化法（气态烃、石脑油）和重油部分氧化法（重油）。

10.3.1.1　固体燃料气化法

固体燃料气化过程是以煤或焦炭为原料，在高温条件下通入空气、水蒸气或富氧空气水蒸气混合气，经过一系列反应生成含有一氧化碳、二氧化碳、氢气、氮气及甲烷等混合气体的过程。在气化过程中所使用的空气、水蒸气或富氧空气水蒸气混合气等称为气化剂，生成的混合气体称为煤气，实现气化过程的设备称为煤气发生炉。

煤或焦炭气化因采用不同的气化剂，可以生产出下列几种不同用途的工业煤气：

（1）空气煤气　以空气作为气化剂所制得的煤气。按体积分数计，其中约有50%的N_2、一定量的CO及少量的CO_2和H_2。

（2）水煤气　以水蒸气作为气化剂所制得的煤气。按体积分数计，其中H_2和CO的含量约85%以上。

（3）混合煤气　以空气和适量水蒸气的混合物作为气化剂所制得的煤气。按体积分数计，$(CO + H_2)$与N_2的比为1.43。

（4）半水煤气　分别以空气和水蒸气作为气化剂，然后将制得的空气煤气和水煤气按混合后气体中$(CO + H_2)$与N_2的摩尔比为3.1～3.2的比例进行掺配，这种混合煤气称为半水煤气。也可以直接控制气化剂——空气和水蒸气二者的流量来制取半水煤气，用做合成氨的专用原料气。

目前，根据气化方式的不同，工业上以固体燃料为原料制取合成氨原料气的方法主要有固定床间歇气化法、固定床连续气化法、沸腾床连续气化法和气流床连续气化法。

10.3.1.2　烃类蒸汽转化法

烃类蒸汽转化法是将烃类与蒸汽的混合物流经管式炉管内催化剂床层，管外加燃料供热，使管内大部分烃类转化为H_2、CO和CO_2，然后将此高温（850～860℃）气体送入二段炉。此处送入合成氨原料气所需的加N_2空气，以便转化气氧化并升温至1000℃左右，使CH_4的残余含量降至约0.3%，从而制得合格的原料气。

烃类主要是天然气、石脑油和重油。重油一般采用部分氧化法，天然气和石脑油一般采用蒸汽转化法。烃类蒸汽转化法制原料气流程均大同小异，都包括一、二段转化炉、原料气预热和余热回收与利用。在一段转化炉内，大部分烃类与蒸汽在催化剂作用下转化成H_2、CO、CO_2。以天然气（CH_4）为原料的一段转化反应为：

$$CH_4(g) + H_2O(g) \longrightarrow CO(g) + 3H_2(g) \quad \Delta_r H_m^\ominus = 206\text{kJ} \cdot \text{mol}^{-1}$$

$$CO(g) + H_2O(g) \longrightarrow CO_2(g) + H_2(g) \quad \Delta_r H_m^\ominus = -41.2\text{kJ} \cdot \text{mol}^{-1}$$

在某种条件下可能发生如下反应：

$$CH_4(g) \longrightarrow C(s) + 2H_2(g) \quad \Delta_r H_m^\ominus = 74.9\text{kJ} \cdot \text{mol}^{-1}$$

该反应既消耗原料，同时析出的炭黑会沉积在催化剂表面，会使催化剂失去活性或破裂，故应尽量避免。工业上一般通过提高水蒸气含量和选择性能高的催化剂来避免析炭。

一段转化完成后，一段转化气进入二段转化炉。在二段转化炉内通入空气，使催化剂床层顶部的一部分 H_2 和 CO 燃烧放出热量，对应的燃烧反应为：

$$2H_2(g) + 2O_2(g) \longrightarrow H_2O(g) \quad \Delta_r H_m^{\ominus} = -484kJ \cdot mol^{-1}$$

$$2CO(g) + O_2(g) \longrightarrow 2CO_2(g) \quad \Delta_r H_m^{\ominus} = -566kJ \cdot mol^{-1}$$

燃烧反应床层温度升至1200～1250℃，继续进行甲烷的转化和变换反应(同一段转化反应)。二段转化炉出口温度约950～1000℃。二段转化目的是降低转化气中残余甲烷含量，使其体积分数小于0.5%。

烃类蒸汽转化反应是吸热的可逆反应，高温对反应平衡和反应速率都有利，但即使温度在1000℃时，其反应速率仍然很低。因此，需用正催化剂来加快反应的进行。由于烃类蒸汽转化过程是在高温下进行的，且存在析炭问题，这要求催化剂除具有高活性、高强度外，还要具有较好的热稳定性和抗析炭能力。目前工业上常用的催化剂是镍催化剂(通常为氧化镍)。烃类蒸汽转化法系在加压条件下进行的，随着耐高温、高强度合金钢的研制成功，压力不断提高，目前已达4.5～5.0 MPa。

烃类蒸汽转化法是以气态烃和石脑油为原料生产合成氨最经济的方法，且具有不使用氧气、投资省和能耗低的优点。以天然气为原料合成氨，在工程投资、能量消耗和生产成本等方面具有显著的优越性，目前大型合成氨厂多数以天然气为原料。

10.3.1.3 重油部分氧化法

重油是350℃以上馏程的石油炼制产品。根据炼制方法不同，重油分为常压重油、减压重油和裂化重油。不同方法获得的重油其化学组成与物理性质存在差别，但均以烷烃、环烷烃和芳香烃为主，其虚拟分子式可写成 C_mH_n。除碳、氢以外，重油中还有硫、氧、氮等组分，若将硫计入，可写为 $C_mH_nS_r$。此外，重油还有微量的钠、镁、钒、镍、铁和硅等。

重油部分氧化是指重质烃类和氧气进行部分燃烧。由于反应放出的热量，使部分碳氢化合物发生热裂解及裂解产物的转化反应，最终获得以 H_2 和 CO 为主要组分，并含有少量 CO_2 和 CH_4(CH_4 通常在0.5%以下)的合成气。

10.3.2 氨合成原料气的净化

10.3.2.1 原料气的脱硫

合成氨原料气中，一般总含有一定量的硫化物。这些硫化物主要以硫化氢(H_2S)为主，但也含有二硫化碳(CS_2)、硫氧化碳(COS)、硫醇(RSH)、硫醚(RSR′)和噻吩(C_4H_4S)等有机硫化物。

硫化氢对合成氨生产有着严重的危害，它不但能与铁反应生成硫化亚铁，而且进入变换和合成系统后会使铁催化剂中毒。若硫化氢进入铜洗系统，则会使铜液中的低价铜生成硫化亚铜沉淀，使操作恶化，铜耗增加。因此，半水煤气中的硫化物必须在其进入变换、合成系统以前除去。脱除硫化物的过程简称脱硫。脱硫的方法很多，根据所用脱硫剂物理状态的不同，可将脱硫方法分为干法脱硫和湿法脱硫两大类。

(1) 干法脱硫

所谓干法脱硫就是采用固体吸收剂或吸附剂来脱除硫化氢或有机硫的方法。常见的干法脱硫有活性炭法、氧化铁法、氧化锌法和钴钼加氢脱硫法。

20世纪30年代后期，北美和西欧一些国家开始用活性炭作为工业脱硫剂。70年代采用过热蒸汽再生活性炭技术获得成功，使此法脱硫更趋完善，至今我国许多小氮肥厂仍在使用活性炭脱硫。活性炭法主要脱除 H_2S、RSH、CS_2、COS 等。

氧化铁法至今仍用于焦炉气脱硫。作为脱硫剂的氢氧化铁只有其 α－水合物和 γ－水合物才具有活性。氢氧化铁脱硫剂是以铁屑或沼铁矿、锯木屑、熟石灰拌水调制，并经干燥而制成。该脱硫剂使用时必须加水润湿。氧化铁法主要脱除 H_2S、RSH、COS 等。

氧化锌脱硫剂因具有脱硫精度高、硫容量大、使用性能稳定可靠等优点，被公认为是干法脱硫剂中最好的一种。氧化锌脱硫剂可将原料气中的硫化物脱除到 0.05～0.5$cm^3 \cdot m^{-3}$数量级，可以保证下游工序所用的含有镍、铜、铁以及贵金属催化剂免于硫中毒。氧化锌脱硫剂能有效脱除 COS 、RSH 、CS_2，其中对 RSH 最为有效，但对噻吩基本上不能脱除，且该脱硫剂用过后不能再生。

钴钼加氢法能将原料气中有机硫全部加氢转化为无机硫，其基本原理是采用钴钼加氢脱硫催化剂，在 300～400℃使有机硫与 H_2反应生成容易脱除的 H_2S 和烃，然后再用 ZnO 吸收 H_2S，脱硫后即可达到硫化物在 0.5$cm^3 \cdot m^{-3}$以下的目的。以天然气、油田气为原料的工厂，其烃类转化所用的催化剂对硫都十分敏感，要求硫化物脱除到 0.5$cm^3 \cdot m^{-3}$以下。因此，在烃类转化以前，首先应将烃类原料气中的硫化物脱除。

干法脱硫净化度高，不仅能脱除 H_2S，还能脱除各种有机硫化物，但干法脱硫的脱硫剂难于或不能再生，且系间歇操作，设备庞大，因此不适于大量硫化物的脱除。

（2）湿法脱硫

采用溶液吸收硫化物的脱硫方法通称为湿法脱硫，该法适用于含大量硫化氢气体的脱除。湿法脱硫的脱硫液不仅可以再生循环使用，还可回收富有价值的硫黄。

湿法脱硫方法众多，按吸收方式可分为化学吸收法、物理吸收法和物理化学吸收法三类；按再生方式又可分为循环法和氧化法。循环法是将吸收硫化氢后的富液在加热降压或汽提条件下解吸硫化氢，溶液循环使用。氧化法是将吸收硫化氢后的富液用空气进行氧化，同时将液相中的 HS^-氧化成单质硫，分离后溶液循环使用。这些反应的进行需要在催化剂的作用下才能进行，工业上常使用的催化剂主要有对苯二酚、蒽醌二磺酸钠（简称 ADA）、萘醌、拷胶和螯合铁等。目前应用较广的改良 ADA 法就属于氧化法脱硫。改良 ADA 法脱硫范围较宽，精度较高（H_2S 含量可脱至小于 1$cm^3 \cdot m^{-3}$，操作温度可从常温到60℃，目前国内中型合成氨厂大多采用此法脱硫。

10.3.2.2　一氧化碳变换

各种方法制取的原料气中都含有 CO，其体积分数为 12%～40%。一氧化碳对氨合成催化剂有毒害作用，因此原料气在送往合成工序之前必须将其彻底清除。工业生产中一般先利用一氧化碳与水蒸气作用生成氢和二氧化碳的变换反应除去大部分一氧化碳，然后采用铜氨液洗涤法、液氮洗涤法或甲烷化法脱除变换气中残余的微量一氧化碳。CO 的变换反应为

$$CO(g) + H_2O(g) \longrightarrow CO_2(g) + H_2(g) \quad \Delta_r H_m^{\ominus} = -41.2 kJ \cdot mol^{-1}$$

反应后的气体称为变换气，CO 变换的程度用变换率来表示。工业上，CO 的变换率可通过测定变换炉进出口气体中 CO 的含量确定。通过变换反应即能把一氧化碳转变为易除去的二氧化碳，同时又可制得等体积的氢。因此一氧化碳变换既是原料气的净化过程，又是原料气制备的继续。

工业生产中，一氧化碳的变换反应在催化剂的作用下进行。高温变换以三氧化二铁为主体催化剂，温度为 350～550℃，变换后仍含有 2%～4%的一氧化碳。低温变换用活性高的

氧化铜作为催化剂，温度为180～260℃，残余的一氧化碳可降至0.2%～0.4%。

10.3.2.3 二氧化碳的脱除

变换后的气体含有大量的二氧化碳、少量一氧化碳等有害气体。在合成氨生产中，原料气中二氧化碳的脱除往往兼有净化气体和回收二氧化碳两个目的。

习惯上把脱除气体中二氧化碳的过程称为“脱碳”。脱碳的方法很多，工业上常用的是吸收法。根据吸收剂性质的不同，可将吸收法分为物理吸收和化学吸收。物理吸收法是利用二氧化碳能溶解于水或有机溶剂这一性质完成的，采用的方法主要有水洗法、低温甲醇洗涤法、碳酸丙烯酯法和聚乙二醇二甲醚法等。物理法的吸收液再生简单，一般单靠减压解吸即可。物理吸收的特点是热耗低、CO_2回收率不高，仅适合于CO_2有富余的合成氨厂。化学吸收法是以氨水、碳酸钾、有机胺等碱性溶液为吸收剂，基于二氧化碳是酸性气体，能与溶液中的碱性物质进行化学反应而将其吸收。化学吸收法的特点是选择性好，净化度高，CO_2的纯度和回收率高。常用的化学吸收法可将CO_2降至0.2%以下，适用于CO_2数量不能满足工艺要求的合成氨厂。

10.3.2.4 原料气的精制

经变换和脱碳后的原料气中尚含有少量残余的CO和CO_2。为了防止它们对氨合成催化剂的毒害，一般大型合成氨厂要求原料气中CO和CO_2总含量不得大于$10cm^3 \cdot m^{-3}$，中、小型合成氨厂要求其小于$25cm^3 \cdot m^{-3}$。因此，原料气在进入合成工序前还必须精致。

由于CO不是酸性也不是碱性的气体，在各种无机、有机溶液中的溶解度又很小，所以要脱除少量CO并不容易。最初采用铜氨液吸收法，以后又研究成功了甲烷化法和深冷分离法等。

铜氨液吸收法是在高压、低温条件下用铜盐的氨溶液吸收一氧化碳、二氧化碳、硫化氢和氧，然后溶液在减压和加热条件下再生的方法。甲烷化法是20世纪60年代开发的气体净化方法。虽然在催化剂存在的条件下使一氧化碳和二氧化碳加氢生成甲烷的研究早已完成，但因为反应要消耗氢气，生成的甲烷不利于氢合成反应，所以此法只能适用于净化碳氧化物含量甚少的原料气。直到实现低温变换工艺以后，才为甲烷化提供了条件。与铜氨液吸收法相比，甲烷化具有公益简单，操作方便，费用低的优点。深冷分离法是在空气液化分离的基础上，以低温下逐级冷凝焦炉气中各高沸点组分，最后用液体氮把少量一氧化碳及残余的甲烷洗涤脱除的方法。该方法是典型的物理低温分离过程，可以比铜洗法和甲烷化法制得纯度更高的氢氮混合气。

10.3.3 氨合成工艺

根据氨合成的特点，工艺过程采用循环流程。循环流程包括氨的合成、分离、氢氮原料气的压缩及补给、未反应气体的循环利用、热量的回收以及排放部分循环气以维持循环气中惰性气体的平衡等。在工艺流程的设计中，为合理地配置上述各环节，确定循环压缩机、新鲜原料气的补入与惰气放空的位置、氨分离的冷凝级数（冷凝法）、冷热交换器的安排以及热能回收的方式等是工艺设计的重点。

采用柱塞式压缩机的氨合成系统，因活塞环采用注油润滑，压缩后的气体中夹带油雾，新鲜气补入及循环压缩机的位置均不宜设置在合成塔之前。循环机宜尽量置于流程中气量较少、温度较低的部位，以降低功耗，一般设置在水冷与氨冷之间。而补充气应该补入在水冷与氨冷之间的循环机滤油器中，以便在氨冷中利用液氨进一步脱除其中的水、油和微量的二氧化碳。

采用离心式压缩机的合成氨系统，气体中不存在油雾，而且循环气和新鲜气是在同一压缩机的不同段里进行，有的甚至直接在压缩机的缸内混合。因此，新鲜气的补入和循环压缩机在流程中处于同一位置。

惰性气体的放空显然应设在惰性气体含量高、氨含量较低的部位。氨分离冷凝的级数以及冷热交换的安排均以节省冷量为原则，同时有利于回收合成反应热以降低系统能耗。

由于采用压缩机的型式、氨分离冷凝级数、热能回收形式以及各部分相对位置的差异而形成不同的流程。

10.3.3.1　中小型合成氨流程

中小型合成氨工艺流程如图 10.3 所示。在该工艺中，新鲜气与循环气均由往复式压缩机加压，设置水冷器与氨冷器两次冷却，氨合成反应热仅用于预热进塔气体。

合成塔出口气经水冷器冷却至常温，其中部分氨被冷凝，液氨在氨分离器中分出。为降低惰性气体含量，循环气在氨分离后部分放空，大部分循环气进循环压缩机补充压力后进滤油器，新鲜原料气也在此处补入。而后气体进冷凝塔的上部热交换器与分离液氨后的低温循环气换热降温，经氨冷器冷却到 -80℃，使气体中绝大部分氨冷凝下来，在氨冷凝塔的下部将气液分开。

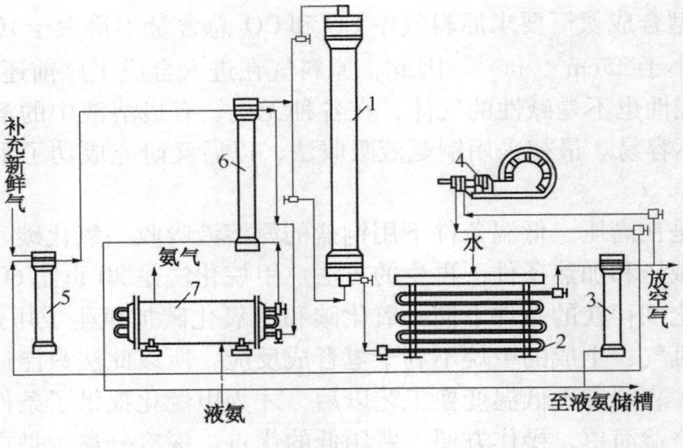

图 10.3　中小型氨合成工艺流程

1—氨合成塔；2—水冷器；3—氨分离器；
4—循环压缩机；5—滤油器；6—冷凝塔；7—氨冷器

分离出液氨的低温循环气经冷凝塔上部热交换器与来自循环压缩机的气体换热，被加热到 10～30℃进氨合成塔，从而完成循环过程。

该流程的特点是：放空气位置设在惰性气体含量最高、氨含量较低的部位以减少氨损失和原料气消耗；循环压缩机位于第一、第二氨分离之间，循环气温度较低有利于压缩作业；新鲜气在滤油器中补入，在第二次氨分离时可以进一步达到净化目的，可除去油污以及带入的微量 CO_2 和水分。

对 15MPa 下操作的小型合成氨厂，因为操作压力低，水冷后很少有氨冷凝下来，为保证合成塔入口氨含量的要求，一般设置有两个串联的氨冷器和氨分离器。

10.3.3.2　大型合成氨流程

在大型合成氨流程中常采用蒸汽透平驱动的带循环段离心式压缩机，气体因不含油雾可以直接压缩机配置于氨合成塔之前。氨合成反应热除预热进塔气体外，还用于加热锅炉给水或副产高压蒸汽，热量回收较好。

图 10-4 为凯洛格传统流程。在该流程中，新鲜气在离心压缩机的第一缸中压缩，经新

鲜气甲烷化气换热器、水冷却器及氨冷却器逐步冷却至8℃。除去水分后的新鲜气进入压缩机第二缸继续压缩并与循环气在缸内混合，压力升到15.3MPa，温度为69℃。经过水冷却器，气体温度降至38℃。而后气体分为两路，一路约50%的气体经过两级串联氨冷器6和7。一级氨冷器6中液氨在13℃下蒸发，将气体进一步冷却到1℃ 。另一路气体与高压氨分离器来的-23℃ 的气体在冷热换热器内换热，降温至-9℃，而来自氨分离器的冷气体则升温到24℃。两路气体汇合后温度为-4℃。汇合后的气体再经过第三级氨冷器，利用-33℃下蒸发的液氨进一步冷却到-23℃，然后送往高压氨分离器。分离液氨后含氨2%的循环气经冷热交换器和热热换热器预热至141℃进轴向冷激式氨合成塔。高压氨分离器中的液氨经减压后进入冷冻系统，弛放气与回收氨后的放空气一并用做燃料。该流程除采用离心式压缩机并回收氨合成反应热预热锅炉给水外，还具有如下一些特点：采用三级氨冷，逐级将气体降温至-23℃；冷冻系统的液氨亦分三级闪蒸，三种不同压力的氨蒸汽分别返回离心式氨压缩机相应的压缩级中，这比全部氨气一次压缩至高压、冷凝后一次蒸发到同样压力的冷冻系数大、功耗小；流程中弛放气排放位于压缩机循环段之前，此处惰性气体含量最高，但氨含量也最高，由于回收排放气中的氨，故对氨损失的影响不大。此外，氨冷凝在压缩机循环段之后进行，可以进一步清除气体中夹带的密封油、CO_2等杂质。

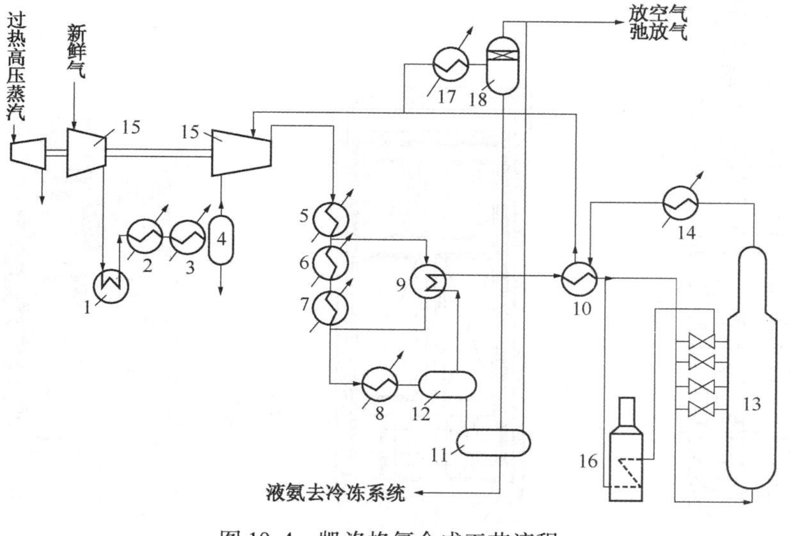

图10.4　凯洛格氨合成工艺流程

1—新鲜气甲烷化气换热器；2、5—水冷却器；3、6、7、8—氨冷却器；4—冷凝液分离器；9—冷热换热器；10—热热换热器；11—低压氨分离器；12—高分离器；13—氨合成塔；14—锅炉给水预热器；15—离心压缩机；16—开工加热炉；17—放空气氨冷器；18—放空气分离器

10.3.3.3　氨合成反应器

氨合成塔是整个合成氨生产工艺中最主要的设备。氨合成塔必须适应过程在接近最适宜温度下操作、力求小的系统阻力降以减少循环气的压缩功耗、结构简单可靠等要求。

在氨合成的温度、压力条件下，氢、氮气对碳钢具有明显的腐蚀作用。为避免腐蚀，合成塔通常都由内件和外筒两部分组成。进入合成塔的气体先经过内件和外筒之间的环隙。内件外面设有保温层(或死气层)，以减少向外筒散热。因而，外筒主要承受高压而不承受高温，可用普通低合金钢或优质低碳钢制成。正常情况下，寿命达40~50年。内件虽在500℃左右的温度下操作，但只承受高温而不承受高压，承受的压力为环隙气流和内件气流的压差，此压差一般为0.5~2.0MPa，可用镍铬不锈钢制作。内件由催化剂筐、热交换器、电加热器三个主要部分构成。大型氨合成塔的内件一般不设电加热器，由塔外供热炉供热。

氨合成塔的结构形式繁多。工业上，按降温方式不同，可分为冷管冷却型合成塔、冷激型合成塔和中间换热型合成塔。

冷管冷却型合成塔又称内部换热式合成塔或连续换热式合成塔，该合成塔在催化剂床层中设置冷却管，通过冷却管进行床层内冷、热气流的间接换热，从而达到调节床层温度的目的。一般而言冷管冷却型主要用于 $\phi500\sim1000$ 的小型氨合成塔。

冷激式合成塔催化剂床层分为若干段，在段间通入未预热的氢、氮混合气直接冷却，故又称为多段直接冷激式氨合成塔。以床层内气体流动方向的不同，冷激式合成塔可分为沿中心轴方向流动的轴向塔和沿半径方向流动的径向塔。图 10.5 显示了凯洛格四层轴向冷激式氨合成塔。

中间换热式合成塔取消了层间冷激，不存在因冷激降低氨浓度的不利因素，使合成塔出口氨浓度有较大的提高。图 10.6 为托普索公司的 S－200 型氨合成的两种型式(带下部换热器型和不带换热器型)，该塔采用了径向中间冷气换热的 S－200 型内件。

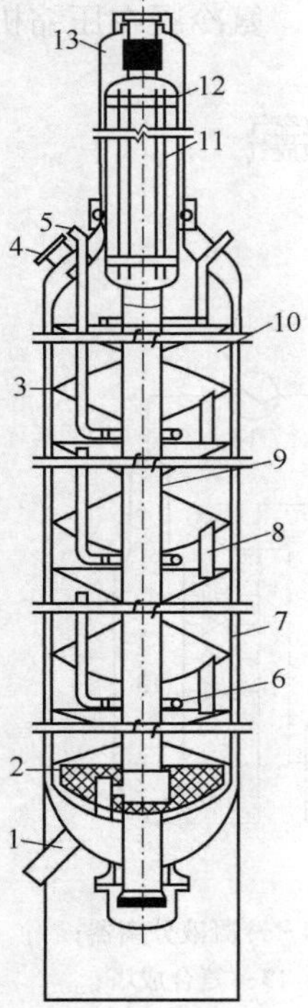

图 10.5　轴向冷激式氨合成塔

1—塔底封头接管；2—氧化铝球；
3—筛板；4—人孔；5—冷激式接管；
6—冷激管；7—下筒体；8—卸料管；
9—中心管；10—催化剂筐；11—换热器；
12—上筒体；13—波纹连接管

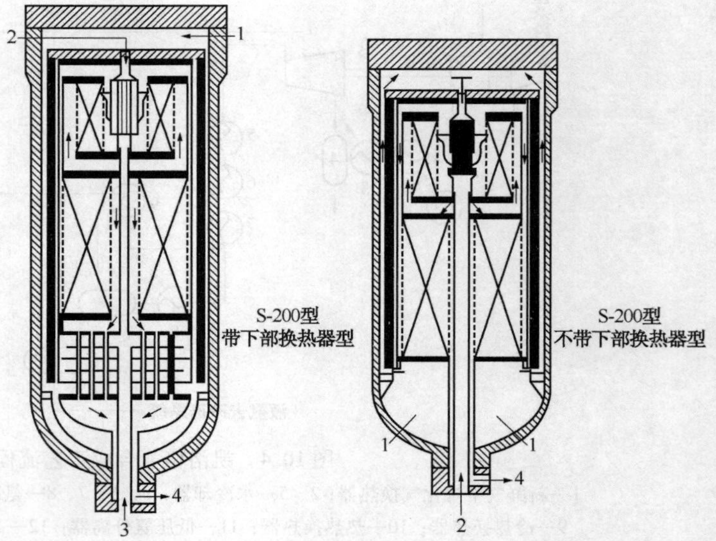

图 10.6　托普索公司的 S－200 型氨合成塔简图

1—主线进口；2—冷气进口；3—冷副线；4—气体出口

第11章　化学与土木工程材料
——典型的胶凝材料

胶凝材料又称胶结材料。在物理、化学作用下，胶凝材料能从浆体变成石状体，并能胶结其它物料，可形成具有一定机械强度的物质。胶凝材料具有一系列优良的性能，是现代建筑工程中不可缺少的结构材料，其对建筑形式、施工方法、工程造价，乃至建筑的性能、用途和寿命都起着非常重要的作用。

胶凝材料按照硬化条件可分为水硬性胶凝材料和气硬性胶凝材料两类。水硬性胶凝材料能在水中或空气中硬化，并保持其强度。水泥是典型的水硬性胶凝材料，水化过程中可将砂、石等散粒材料胶结成整体而形成各种水泥制品。气硬性凝胶材料只能在空气中硬化，也只能在空气中保持其强度。石灰、石膏、水玻璃等是主要的气硬性胶凝材料。

本章是第5章知识的扩展和典型应用，也是化学在建筑工程中的点滴应用。

11.1　典型的水硬性胶凝材料——水泥

水泥呈粉末状，当它与水混合后成为可塑性浆体，经一系列物理化学作用凝结硬化变成坚硬的石状体，并能将散粒状材料胶结成为整体。水泥浆体不仅能在空气中硬化，还能在水中硬化、保持并继续增长其强度，故水泥属于水硬性胶凝材料。

水泥的历史最早可追溯到古罗马人在建筑中使用的石灰与火山灰的混合物，这种混合物与现代的石灰火山灰水泥很相似。1824年，英国工程师AsPdih获得第一份水泥专利，标志着水泥的发明。水泥的发明为建筑工程的发展提供了物质基础。长期以来，水泥作为无机非金属材料中最重要的一种建筑工程材料，广泛应用于工业与民用建筑、交通、水利电力、海港和国防工程。水泥与骨料及增强材料可制成混凝土、钢筋混凝土、预应力混凝土构件，也可配制成砌筑砂浆、装饰、抹面、防水砂浆等用于建筑物的砌筑、抹面和装饰。

为了满足不同建筑工程的需要，水泥品种不断增加，目前已达200多种，其中应用最多的是硅酸盐水泥。

11.1.1　水泥的分类

水泥有很多不同的分类方法。

水泥按用途及性能可分为通用水泥、专用水泥和特性水泥。通用水泥是一般土木建筑工程通常采用的水泥，主要指GB 175－2007/XG1—2009规定的六大类水泥，即硅酸盐水泥、普通硅酸盐水泥、矿渣硅酸盐水泥、火山灰质硅酸盐水泥、粉煤灰硅酸盐水泥和复合硅酸盐水泥。专用水泥是指适用于专门用途的水泥，如道路水泥、油井水泥、浇筑水泥、桥梁水泥等。特性水泥则是指某种性能比较突出的水泥，如膨胀水泥、快硬水泥、低热水泥等。

水泥也可按其以下的主要技术特性进行分类，主要分为以下五类。

（1）快硬性：分为快硬水泥和特快硬水泥两类；

（2）水化热：分为中热水泥和低热水泥两类；

(3) 抗硫酸盐性：分为中抗硫酸盐腐蚀水泥和高抗硫酸盐腐蚀水泥两类；

(4) 膨胀性：分为膨胀水泥和自应力水泥两类；

(5) 耐高温性：铝酸盐水泥的耐高温性依据水泥中氧化铝的含量进行分级。

按主要水硬性物质的名称，可将水泥可分为以下五类。

(1) 硅酸盐水泥，即国际上统称的波特兰水泥；

(2) 铝酸盐水泥；

(3) 铁铝酸盐水泥；

(4) 硫铝酸盐水泥；

(5) 氟铝酸盐水泥。

11.1.2 水泥的组成

在诸多的水泥品种中，硅酸盐类水泥是最基本且用量最多的一类水泥。硅酸盐水泥泛指以硅酸钙为主要成分的水泥，亦称为波特兰水泥，它是将黏土、石灰石和少量铁矿粉以一定比例混合、磨细制成水泥生料。按总质量计，生料的主要组成是 CaO(62%~67%)、SiO_2(20%~24%)、Al_2O_3(4%~7%)、Fe_2O_3(2%~5%)。生料经均化后，送入回转窑或立窑中高温煅烧成熔块，烧成的块状熟料再加入 0~5% 的混合材料和适量石膏，经混合磨细而成。硅酸盐水泥的生产技术可简单概括为“二磨一烧”，即生料的配制与磨细、生料煅烧熔融形成熟料和熟料与适量石膏共同磨细成为硅酸盐水泥。

水泥熟料中的主要矿物成分有：硅酸三钙($3CaO \cdot SiO_2$或简写为 C_3S)、硅酸二钙($2CaO \cdot SiO_2$或简写为 C_2S)、铝酸三钙($3CaO \cdot Al_2O_3$或简写为 C_3A)和铁铝酸四钙($4CaO \cdot Al_2O_3 \cdot Fe_2O_3$或简写成 C_4AF)。其中 C_3S 和 C_2S 是决定硅酸盐水泥强度的主要成分，约占矿物总量的 70% 以上。硅酸盐水泥熟料的矿物组成及其大致含量见表 11.1。

表 11.1 硅酸盐水泥熟料的矿物组成

矿物名称	化学式	简写	含量/%	性能与作用
硅酸三钙	$3CaO \cdot SiO_2$	C_3S	36~60	硅酸盐水泥的最主要成分，水化反应速度较快，水化热较高，对水泥早期和后期强度起主要作用
硅酸二钙	$2CaO \cdot SiO_2$	C_2S	15~37	硅酸盐水泥的主要成分，水化速度很慢，水化热很低，对水泥后期强度起主要作用
铝酸三钙	$3CaO \cdot Al_2O_3$	C_3A	7~15	水化速度快，水化热高，对早期强度和凝结时间影响较大，耐化学腐蚀性较差
铁铝酸四钙	$4CaO \cdot Al_2O_3 \cdot Fe_2O_3$	C_4AF	10~18	水化速度较快，水化热较大，对水泥抗拉强度起重要作用

11.1.3 水泥的水化反应

水泥具有很高强度的原因主要是水泥熟料中的主要成分遇水后水化、凝结、硬化的结果。由于水泥熟料中的矿物组分对水不稳定，当其与适量水调合时，各种矿物组分将发生水解或水化作用，生成新的化合物，并放出一定热量。水泥的水化实际上是一系列复杂的化学反应，水化后的主要产物有：水化硅酸钙凝胶、水化铁酸钙凝胶、水化铝酸钙晶体、水化硫铝酸钙晶体、氢氧化钙晶体。这些水化产物决定着水泥石的一系列特性。其中，水化硅酸钙是水泥石具有高强度的主要因素，在水化产物中的含量最大，约占 70%。

水泥的水化过程极为复杂，需要经历多级中间产物，最终生成比较稳定的水化产物。将复杂的中间过程简化，可将熟料中矿物组分的水化反应写成：

$$2(3CaO \cdot SiO_2) + 6H_2O \longrightarrow 3CaO \cdot 2SiO_2 \cdot 3H_2O + 3Ca(OH)_2$$

硅酸三钙　　　　　　　　水化硅酸三钙　　氢氧化钙

$$2(2CaO \cdot SiO_2) + 4H_2O \longrightarrow 3CaO \cdot 2SiO_2 \cdot 3H_2O + Ca(OH)_2$$

硅酸二钙

$$3CaO \cdot Al_2O_3 + 6H_2O \longrightarrow 3CaO \cdot Al_2O_3 \cdot 6H_2O$$

铝酸三钙　　　　　　　水化铝酸三钙

$$4CaO \cdot Al_2O_3 \cdot Fe_2O_3 + 7H_2O \longrightarrow 3CaO \cdot Al_2O_3 \cdot 6H_2O + CaO \cdot Fe_2O_3 \cdot H_2O$$

铁铝酸四钙　　　　　　　　　　　　　　　　水化铁酸一钙

$$3CaO \cdot Al_2O_3 \cdot 6H_2O + 3(CaSO_4 \cdot 2H_2O) + 19H_2O \longrightarrow 3CaO \cdot Al_2O_3 \cdot 3CaSO_4 \cdot 31H_2O$$

石膏　　　　　　　高硫型水化硫铝酸钙(AFt)

$$3CaO \cdot Al_2O_3 \cdot 6H_2O + CaSO_4 \cdot 2H_2O + 4H_2O \longrightarrow 3CaO \cdot Al_2O_3 \cdot CaSO_4 \cdot 12H_2O$$

单硫型水化硫铝酸钙(AFm)

水泥的水化反应是放热反应，水化过程中放出的热量称为水泥的水化热。水化热的大小与水泥的矿物组成、水泥的细度等因素有关。水化过程中，铝酸三钙的水化速度最快，水化放热最多，对水泥的早期水化和浆体的流变性质具有重要的作用。硅酸二钙的水化速度很慢，硅酸三钙和硅酸二钙的水化热稍低。此外，水泥颗粒越小，水化反应速率越快。因此，通过适当改变水泥熟料中矿物组分的相对含量，可以达到改变水泥性能的目的。

水泥水化得到浆体，经过一些时间会逐渐硬化，其硬化的机理很复杂，可大致分为三个阶段。

(1) 溶解期：遇水后，水泥与水反应生成硅酸盐、铝酸盐、铁酸盐的水化物及 $Ca(OH)_2$ 等；

(2) 胶化期：水化产物在水中的溶解达到饱和后，逐渐形成凝胶体，水泥凝结但还不具有强度，水泥颗粒内部未水化部分将继续水化；

(3) 结晶期：凝胶体脱水，水化铝酸钙及 $Ca(OH)_2$ 等逐渐转变为结晶，贯穿于凝胶体中，紧密结合起来，形成具有一定强度的水泥石。

影响水泥凝结硬化的主要因素有：水泥的矿物组成、细度、外加剂及混合材料的种类与掺杂量、加水量和环境温度等。例如，水泥颗粒越细，其比表面积越大，水化反应越快越充分，早期强度和后期强度都较高，但硬化时的干燥收缩大，易产生细微裂纹。

为了调整水泥的凝结时间，在水泥生产的最后阶段需要加入适量的石膏，主要起缓凝作用。石膏的加入使水化最快的铝酸三钙产生难溶的水化硫酸钙，硫酸钙包围在熟料颗粒周围，阻滞水分的进入，铝酸三钙的水化速度减慢，使水泥的凝结时间满足工程施工的要求。但石膏添加量不能超过35%，因为过多石膏中残余的 SO_4^{2-} 能在水泥硬化后与水化铝酸钙反应生成水化硫铝酸钙，使水泥的体积膨胀，破坏水泥制品，因此要控制石膏的加入量。

11.2　典型的气硬性胶凝材料——石膏和石灰

11.2.1　石膏

石膏是一种应用历史悠久，与石灰、水泥并列的三大无机胶凝材料之一，它是以硫酸钙为主要成分的气硬性胶凝材料，是生产石膏胶凝材料和石膏建筑制品的主要原料，也是硅酸盐水泥的缓凝剂。石膏及其制品具有质轻、吸湿、阻火、易加工、表面平整细腻、装饰性好等优点，在建筑产业中，石膏产品被认为是环境友好材料而日益受到重视。

11.2.1.1　石膏的生产

石膏属于单斜晶系矿物，主要化学成分是 $CaSO_4$。生产石膏的主要原料有天然二水石膏（$CaSO_4 \cdot 2H_2O$）（又称为软石膏或生石膏）、天然无水石膏（又称为硬石膏）、含有硫酸钙的化工石膏。

将石膏原料破碎、加热煅烧、磨细，即得到石膏胶凝材料。改变加热方式和煅烧温度，可生产出不同性质的石膏产品。

（1）建筑石膏。天然二水石膏加热到 107～170℃时生成半水石膏，因加热条件不同，所得的半水石膏的形态也不同。若二水石膏在非常密闭的窑炉中加热煅烧，可得到 β 型半水石膏（熟石膏），磨细后即为建筑石膏。

$$CaSO_4 \cdot 2H_2O \xrightarrow{107\sim170℃} CaSO_4 \cdot \frac{1}{2}H_2O + \frac{3}{2}H_2O$$

（2）高强石膏。若将二水石膏置于 0.13 MPa、125℃的过饱和蒸汽中加热，可获得晶粒较粗、较致密的 α 型半水石膏，磨细后即为高强石膏。α 型半水石膏结晶良好、晶体较粗大、比表面积较小，调制成塑性浆体时需水量较少，硬化后具有较强的致密度和强度。

（3）可溶性硬石膏。温度加热到 170～200℃时，石膏继续脱水生成可溶性硬石膏。与水调合后仍能很快凝结硬化，同时放出大量热。当温度升高至 200～250℃时，石膏中残留很少的水，水化、凝结硬化非常缓慢，但遇水后仍能生成半水石膏直至二水石膏。

（4）水溶性硬石膏。当加热温度高于 400℃时，石膏完全失去水分，形成水溶性硬石膏，成为死烧石膏，失去水化、凝结硬化能力。但加入某些激发剂（如石灰、各种硫酸盐、粒化矿渣等）混合磨细后，则重新具有水化硬化能力，称为硬石膏水泥或称为无水石膏水泥。

（5）高温煅烧石膏。当加热温度高于 800℃时，部分石膏分解出 CaO，得到高温煅烧石膏。所得产品具有水化硬化的能力，凝结较慢，水化硬化后有较高的强度和抗水性。

11.2.1.2　建筑石膏

建筑石膏加水拌和后，发生的水化反应为：

$$CaSO_4 \cdot \frac{1}{2}H_2O + \frac{3}{2}H_2O \longrightarrow CaSO_4 \cdot 2H_2O$$

二水石膏在水中的溶解度比半水石膏小得多，因而半水石膏的饱和溶液就成了二水石膏的过饱和溶液。半水石膏遇水后很快形成流动的可塑性凝胶体，随着水化反应的进行，生成的二水石膏不断地从溶液中析出，随着二水石膏胶体微粒数量的不断增加，浆体中的自由水分逐渐减少，浆体稠度不断增加，逐渐失去流动性。二水石膏的胶粒凝聚并转化为晶体，晶体逐渐长大，使浆体产生强度并不断增长，直至浆体完全干燥，强度才停止增长。此过程即为石膏的硬化过程。

建筑石膏具有如下特性：①凝结硬化快。建筑石膏调制成浆体时需水量大，加水拌和后在 6～10 min 便开始失去可塑性，终凝不超过 30 min，一般加硼砂、亚硫酸盐等作为缓凝剂。②硬化后体积微膨胀。石膏浆体在凝结硬化时会产生微膨胀，使得石膏制品的表面光滑、细腻、形体饱满。③硬化后孔隙率大。石膏硬化后具有很大的孔隙率，因而表观密度和强度较低，抗冻、抗渗及耐水性较差，但具有质轻、保温隔热、吸湿、吸声的特点。④阻火性好，耐火性差。遇火时，二水石膏的结晶水蒸发，吸收热量，能起到阻火的作用，但二水石膏脱水后，强度迅速下降，因而耐火性差。⑤可加工性良好。石膏制品具有可锯、可钉、可刨、可打眼等加工性能。

以建筑石膏为主要原料，掺加适量纤维材料或少量填充料，可制成石膏板，如纸面石膏板、纤维石膏板、装饰石膏板及彩色石膏制品等，用于内墙、隔墙、吊顶和装饰等，还可制成石膏线、石膏角、雕塑、灯圈等。若在建筑石膏中加入其他石膏、各种缓凝剂(如柠檬酸、酒石酸、木质磺酸钙等)及附加材料(石灰、烧黏土、氧化铁红等)可制成粉刷石膏，粉刷石膏具有表面坚硬、光滑细腻、黏结力强、保温、调湿、防火、施工方便等特点。

11.2.2 石灰

石灰是一种以氧化钙为主要组分的气硬性无机胶凝材料，是人类使用较早的建筑材料之一，至今仍然被广泛使用。

石灰石是生产石灰的主要原料。石灰石分布很广，其主要成分是碳酸钙($CaCO_3$)，其次为碳酸镁($MgCO_3$)和少量黏土杂质。将石灰石置于窑内于900~1100℃煅烧，碳酸钙和碳酸镁受热分解，得到以氧化钙(CaO)为主要成分的白色或灰白色的块状产品即为石灰。石灰石的煅烧制备石灰的反应为

$$CaCO_3 \longrightarrow CaO + CO_2\uparrow$$

$$MgCO_3 \longrightarrow MgO + CO_2\uparrow$$

石灰按氧化镁含量可分为钙质石灰和镁质石灰，其中氧化镁的质量分数小于等于5 %的称为钙质石灰，大于5 %的称为镁质石灰。

石灰使用前必须充分熟化，否则将产生严重的后果。将生石灰加水使之消解为熟石灰的过程称为石灰的熟化或消解。熟化反应为

$$CaO + H_2O \longrightarrow Ca(OH)_2$$

$$MgO + H_2O \longrightarrow Mg(OH)_2$$

未熟化的颗粒在石灰使用后继续缓慢熟化，因熟化时体积膨胀，会使平整的表面局部凸起、开裂或脱落，严重时会使制品爆裂。为了保证石灰的充分熟化，须将石灰在化灰池内储放两周以上，称为陈伏。

生石灰在熟化的过程中放热量大，外观体积膨胀1~2.5倍。熟化后的石灰称为熟石灰或消石灰。石灰熟化时，理论需水量约为石灰量的32 %。为了使石灰充分熟化，实际加水量达石灰量的70 %~100 %。但若加水过多，则体系温度下降，石灰熟化速率减慢，从而使熟化时间延长。按照加水量的不同，可将石灰熟化成粉状的消石灰、浆状的石灰膏和液态的石灰乳。

石灰浆在空气中逐渐硬化，硬化时会同时进行结晶和碳化两个过程。结晶过程是指石灰膏或浆体在干燥过程中水分不断减少，氢氧化钙从过饱和溶液中逐渐析出的过程；碳化过程则是指氢氧化钙吸收空气中的二氧化碳，生成难溶于水的碳酸钙结晶，并释放出水分的过程，其反应为

$$Ca(OH)_2 + CO_2 + nH_2O \longrightarrow CaCO_3 + (n+1)H_2O$$

石灰的碳化作用发生在与空气接触的表层，且碳化生成的碳酸钙薄层较致密，阻碍了空气中二氧化碳的渗入，也阻碍了内部水分的蒸发，因此石灰的硬化过程十分缓慢。

硬化过程中由于水分的大量蒸发，会使硬化的石灰浆体产生较大的收缩而出现干裂。因

此，石灰除调成石灰乳作薄层粉刷外，纯的石灰浆不能单独使用。一般地，在石灰施工过程中通常会掺入一定的填充材料或增强材料（如砂、纸筋等）以减少收缩，同时填充材料的加入也能加速水分的蒸发和二氧化碳的渗入，有利于石灰的硬化。

与其他材料相比，石灰具有以下特性：①良好的可塑性和保水性。熟化生成的 $Ca(OH)_2$颗粒极其细小，比表面积大，颗粒表面吸附有一层较厚的水膜，即石灰的保水性好；由于颗粒间的水膜较厚，颗粒间的滑移较易进行，因此石灰的可塑性很好。②生石灰水化时放出大量的热，体积膨胀 1 ~ 2.5 倍。③凝结硬化缓慢、硬化后强度低。石灰浆碳化后在表面形成碳酸钙外壳，碳化作用难以深入，内部水分又不易蒸发，因此凝结硬化缓慢。生石灰实际消化用水量很大，多余水分在硬化后蒸发，留下大量孔隙，因而硬化石灰的体密度小、强度低。④石灰在硬化过程中，蒸发大量的水分而引起毛细管显著的收缩，从而造成体积的极大收缩。⑤耐水性差。由于石灰浆体硬化慢，在硬化石灰中，大部分仍是尚未碳化的 $Ca(OH)_2$、$Ca(OH)_2$易溶于水，使得硬化石灰遇水后产生溃散，因而石灰不易用于潮湿环境。

石灰在建筑工程中的应用范围很广。①制作石灰乳涂料：在消石灰粉或石灰浆中掺入大量水，可配制成石灰乳，用于墙面的粉刷。若在石灰乳中掺入某些耐碱的颜料，即成彩色粉刷材料，有良好的装饰效果。②配制石灰砂浆或石灰水泥混合砂浆。石灰具有良好的可塑性和黏结性，常用于配制砌筑和抹灰工程中的石灰砂浆、水泥石灰混合砂浆等。但为防止收缩开裂，需加入纸筋等纤维材料。③拌制石灰土和石灰三合土。石灰土由石灰和黏土组成，三合土由石灰、黏土和碎料（砂、碎石、炉渣等）组成。石灰土或三合土的耐水性和强度均优于纯石灰，广泛用于建筑物的基础垫层和各种垫层等。④制备硅酸盐建筑制品。石灰是生产灰砂砖、蒸养粉煤灰砖、粉煤灰砌块或墙用板材等的主要原料，也是生产石灰矿渣水泥、石灰火山灰质水泥和其他无熟料水泥的主要原料。⑤制作碳化石灰板。在磨细生石灰中掺加玻璃纤维、植物纤维、轻质骨料等，加水进行强制搅拌，振动成型，然后用碳化的方法使氢氧化钙碳化成碳酸钙，从而制成可用于建筑物隔墙、天花板、吸声板等的碳化石灰板。

11.3 钢筋混凝土的腐蚀与防腐

混凝土和钢筋作为主要建筑材料，在工业、民用、运输和其他构筑物的建造中起到很大作用，但很大一部分使用混凝土和钢筋混凝土建造的建筑物，在使用期间常常受到腐蚀介质的侵蚀。中国工程院院士侯保荣在接受《科学时报》采访时指出，“在世界能源、资源日趋紧缺的今天，我们应高度重视混凝土构筑物的腐蚀问题，及时有效、科学合理地为混凝土构筑物进行防护及修复，确保钢筋混凝土构筑物高安全运营、长寿命服役，这对资源节约和社会可持续发展具有重要意义。”近年我国频繁发生的建筑损毁事故，这既说明钢筋混凝土腐蚀的严重性，也表明钢筋混凝土结构防护修复技术有着巨大的市场前景。

钢筋混凝土的腐蚀大致分为 2 类：一类是由于腐蚀性介质的作用，使混凝土腐蚀而破坏，钢筋失去了正常的保护并遭受腐蚀；另一类是混凝土未遭受明显的腐蚀，但混凝土保护层的中性化或其它原因使钢筋遭受腐蚀。如果建筑物在建造时对结构材料不采取适当的防腐措施，则腐蚀性介质就可能损坏建筑结构，甚至使其丧失使用价值。据统计，由混凝土和钢筋的腐蚀造成的经济损失约占国民经济的 1.25%。因此，钢筋混凝土的腐蚀与防护问题已逐步得到人们的重视，已成为建筑工程中研究和关注的一个重要方向。

11.3.1 混凝土的腐蚀

混凝土是由胶凝材料(如水泥)、颗粒状集料(也称为骨料)、水以及必要时加入的外加剂和掺和料按适当比例配制，经混合搅拌、硬化成型而得到的一种人工石材，是当代最主要的土木工程材料之一。混凝土具有原料丰富、生产工艺简单、成本低廉等优点，同时还具有抗压强度高、耐久性好、强度等级范围宽等特点。混凝土的这些特点使其使用范围十分广泛，不仅应用于各种土木工程中，而且也是造船业、机械工业、地热工程等领域的重要材料。

混凝土的质量取决于原材料的性质和相对含水量，同时也与施工工艺(如搅拌、成型、养护)有关。为了改善混凝土的性质，常加入一些外加剂，如防水剂、减水剂、速凝剂、早强剂等。

混凝土在使用过程中，由于设计、选材和施工不当，以及碳化作用、酸碱物质的侵蚀、微生物腐蚀、外力冲撞等作用，混凝土内的某些组分会发生反应、溶解、膨胀而导致混凝土构筑物的破坏，从而带来能源、资源的浪费以及财产的损失。

构筑物材料与环境介质间的关系十分复杂，环境介质的组分、环境介质与混凝土的接触条件、混凝土特性的微小变化，也常常引起腐蚀过程特点和程度的变化。引起混凝土腐蚀的因素很多，如混凝土的组分、密实度、养护成型方式、温度、湿度、腐蚀介质浓度等。混凝土的腐蚀通常可分为3种类型：结晶腐蚀、软水腐蚀和分解腐蚀。

(1) 结晶腐蚀

结晶腐蚀是指某些盐类浸入混凝土的孔隙内结晶并吸水膨胀而引起的破坏。

混凝土结构本身存在很多微小的孔隙，若某些盐溶液进入混凝土的孔隙中，便会结晶析出，体积膨胀，在混凝土内部产生很大的应力，从而使混凝土开裂。最常见的结晶性破坏有硫酸盐及氯化物。例如，硫酸或硫酸盐可与混凝土中的水泥水化物作用生成体积膨胀的石膏($CaSO_4 \cdot 2H_2O$)、水化硫铝酸钙等结晶水合物。其中，$MgSO_4$起着双重腐蚀作用，除了结晶腐蚀之外，产物$Mg(OH)_2$疏松无胶凝性，使混凝土的强度降低。

$$MgSO_4 + Ca(OH)_2 + 2H_2O \longrightarrow CaSO_4 \cdot 2H_2O + Mg(OH)_2$$

$$4CaO \cdot Al_2O_3 \cdot 12H_2O + 3CaSO_4 + 20H_2O \longrightarrow 3CaO \cdot Al_2O_3 \cdot 3CaSO_4 \cdot 31H_2O + Ca(OH)_2$$

(2) 软水腐蚀

一般来说，混凝土是耐水材料，在潮湿环境或水中能保持强度的稳定性，但若长期处于潮湿条件下，混凝土的耐久性也会受到影响。混凝土与软水长期接触，由于水泥石中的$Ca(OH)_2$可溶于水，首先被溶解。在静水及无压水的作用下，周围的水易被$Ca(OH)_2$饱和，溶解作用停止，溶出反应仅限于表层，对腐蚀的影响不大；但在流水及压力水的作用下，$Ca(OH)_2$会不断流失，从而引起混凝土的孔隙率增大，使腐蚀介质更易进入混凝土内部，导致混凝土结构很快被破坏。当环境水中含有碳酸盐时，会生成不溶于水的$CaCO_3$和$MgCO_3$，积聚在混凝土表面孔隙内形成密实的保护层，防止外界水的侵入和内部$Ca(OH)_2$的扩散和溶解，一定程度上防止了$Ca(OH)_2$的溶析。

(3) 分解腐蚀

分解腐蚀是指混凝土中水泥及其水化产物与腐蚀性介质如酸、碱、盐、CO_2等发生化学反应生成易溶盐而使混凝土分解破坏的现象。新生成物越容易溶解，混凝土的破坏程度越大。

地下水、工业废水中常含有有机酸和无机酸，这些酸在腐蚀反应中生成易溶于水或松散无胶凝性的物质，使水泥石的强度下降。例如：

$$Ca(OH)_2 + 2HCl \longrightarrow CaCl_2 + 2H_2O$$

$$Ca(OH)_2 + 2HNO_3 \longrightarrow Ca(NO_3)_2 + 2H_2O$$

$$Ca(OH)_2 + 2NH_4Cl \longrightarrow CaCl_2 + 2H_2O + 2NH_3(g)$$

$$Ca(OH)_2 + MgCl_2 \longrightarrow CaCl_2 + Mg(OH)_2(s)$$

生成的 $CaCl_2$ 易溶于水，而 $Ca(NO_3)_2$ 结晶时体积同时膨胀。

$$Ca(NO_3)_2 + 4H_2O \longrightarrow Ca(NO_3)_2 \cdot 4H_2O$$

通常，碱对混凝土的腐蚀性较小，只有当碱的浓度较高(大于 20 %)时，才能缓慢腐蚀为密实的混凝土。但温度升高，腐蚀迅速加剧。NaOH 渗入混凝土中会吸收空气中的 CO_2 生成 Na_2CO_3，然后继续吸收水分生成含水碳酸钠，并在混凝土的毛细孔中结晶沉积，产生体积膨胀，从而使混凝土遭到破坏。反应如下：

$$2NaOH + CO_2 \longrightarrow Na_2CO_3 + H_2O$$

$$Na_2CO_3 + 10H_2O \longrightarrow Na_2CO_3 \cdot 10H_2O$$

11.3.2 混凝土中钢筋的腐蚀

混凝土中钢筋的腐蚀主要为电化学腐蚀和酸类的腐蚀。电化学腐蚀是指钢铁表面各部位受到不同的物理或化学作用，从而形成电位差，产生腐蚀电流，导致钢铁的锈蚀破坏(详见第 13 章)。酸类的腐蚀是指介质中的酸对钢铁的化学溶蚀。

混凝土是一种多孔材料，孔隙中含有溶液，其 pH 值可达 12 以上，钢筋表面在强碱性环境中被钝化，处于稳定状态。当氧气、水、二氧化碳及腐蚀性介质进入混凝土内部后，可使钢筋周围混凝土的 pH 值降低，当孔溶液的 pH 值小于 10 时，造成钢筋表面钝化膜的局部破坏，导致钢筋锈蚀。钢筋锈蚀后体积增大，使周围混凝土保护层形成裂纹，裂纹成为氧气、水及腐蚀性气体侵入的通路，促进钢筋的进一步锈蚀和混凝土表面裂纹的更进一步扩展，直到钢筋混凝土结构的破坏。当钢筋所处环境中含有氯离子等杂质时，会大大加快上述腐蚀的速度。

钢筋混凝土的腐蚀，本质上属于电化学腐蚀，其化学反应可表示如下：

阴极反应为 O_2 的还原反应　$2H_2O + O_2 + 4e \longrightarrow 4OH^-$

阳极反应为 Fe 的氧化过程　$Fe - 2e \longrightarrow Fe^{2+}$

$$Fe^{2+} + 2OH^- \longrightarrow Fe(OH)_2$$

$$4Fe(OH)_2 + O_2 + 2H_2O \longrightarrow 4Fe(OH)_3$$

影响钢筋腐蚀的主要因素有：

(1) 混凝土的密实度。混凝土的孔隙是氧气、水、二氧化碳及腐蚀性介质进入混凝土的通道，不密实的混凝土为腐蚀性介质进入孔隙并腐蚀钢筋创造了条件。

(2) 腐蚀介质。腐蚀性介质如酸、碱、盐、软水等与钢筋混凝土接触时，会发生腐蚀。当腐蚀介质中含有氯离子等杂质时，腐蚀速度会大大加快。

(3) 环境湿度。湿度是钢筋混凝土发生腐蚀的重要条件。干燥条件下，钢筋混凝土很少腐蚀；完全处于浸水条件下，由于隔绝了空气中的氧，腐蚀也很少；当处在一定湿度范围内，尤其处于干湿交替条件下，钢筋混凝土的腐蚀最为严重。

11.3.3 钢筋混凝土的防腐

由钢筋混凝土腐蚀导致的构筑物结构破坏已引起全世界工程界的关注。为了提高建筑结构在各种腐蚀介质中的抗腐蚀性和耐久性，减少建筑因腐蚀而产生的经济损失，可采取以下防护措施：

（1）改善混凝土的本身结构，提高混凝土的密实性

使用混凝土时，应针对不同的环境采用不同品种的水泥，如酸性环境中应选用耐酸水泥；确定混凝土中水泥、砂、石等材料的适当配比，增大混凝土的密实性；掺入引气剂、膨胀剂、防水剂、粉煤灰和矿渣等外加剂；加强施工监督，提高施工水平，以改善混凝土本身的结构。但在使用外加剂时，要注意材料之间的相容性，防止产生和诱发新的腐蚀。

（2）对混凝土进行表面涂覆，以隔离周围的腐蚀介质

在混凝土表面涂覆一层耐腐、抗渗、经济、无毒、持久的涂料保护层，将混凝土构筑物与周围腐蚀介质隔离开。根据混凝土所处的环境特点和防腐蚀要求，选用相应的涂料。混凝土涂层作为混凝土腐蚀防护的第一道防线，可有效防止腐蚀性介质的渗入，延缓钢筋锈蚀。

（3）钢筋表面涂覆阻锈剂

在钢筋表面涂覆阻锈剂，待阻锈剂成膜硬化后再浇注混凝土。由于阻锈剂能有效阻隔混凝土中的离子接触钢筋，因而防腐措施很有效，是经常采用的方法，但该方法使钢筋与混凝土间的黏结力有所减小。

（4）钢筋的阴极保护

混凝土中钢筋的腐蚀本质上属于电化学腐蚀，因此可以应用电化学原理，采用外加电源或牺牲阳极的阴极保护法，对钢筋混凝土中的钢筋进行防腐保护。采用电化学保护方法必须严格控制保护电位，防止出现应力腐蚀。

此外，还可对钢筋混凝土结构的关键部位进行定期的检测，以便及时发现潜在的隐患，并根据检测结果，调整和优化工程条件，采用适当的维修保养方法。

第 12 章　化学与工业水处理
——给水与用水处理技术

水是人类及一切生物赖以生存必不可少的物质，同时也是工农业生产、经济发展和环境改善不可替代的宝贵自然资源。由于经济的高速发展和水资源的匮乏，水作为“取之不尽，用之不竭”的资源的年代已经一去不复返了，节水、循环用水、污水处理、废水资源化等课题早已提上议事日程、悄然进入人们的生活。

本章是第 6 章知识的扩展和综合应用。

12.1　天然水的化学特征

自然界的水资源主要指海洋、河流、湖泊、地下水、冰川、积雪、土壤水和大气水分等水体，其总量共约 $1.4\times10^{19}m^3$，如果将其平铺在地球表面则可形成厚度可达3000m 的世界洋。在所有水资源中，98% 的是海水，既不能饮用也不能用于灌溉，淡水总量仅为 $3.5\times10^7km^3$，若将它平均分布在地球表面上，也可以形成 70m 厚的水层。但是，绝大部分淡水资源以冰的形式存在于南北极、格陵兰，或者蕴藏在很深的、目前还不能直接加以利用的地下蓄水层中，仅有 0.4 % 的淡水才是人类赖以生存的根本。因此，淡水是有限的宝贵资源。

自然界中的水体是相互联系、相互制约又相互转化的，并且处于不断运动变化之中，这种变化受控于太阳辐射能和地球引力。

12.1.1　天然水中的碳酸化合物

水(Water，H_2O)，由两个氢原子和一个氧原子形成键角为 104.45°的 V 形分子。无毒，人体最高耐受量为 $2700mL/m^2$ 体积表面，过量地喝水会导致抽筋，且由于渗透作用会导致电解质失衡，因此引起头疼、神志不清，严重者会导致昏迷甚至死亡。

大气中含有一定分压的 CO_2，其溶于水生成碳酸。碳酸的酸性很弱，温度稍高便会分解释放出二氧化碳气体。因此在所有的天然水体中都有相当高浓度的 $CO_2(aq)$、H_2CO_3、HCO_3^- 和 CO_3^2。除了源于空气中的 CO_2外，水中碳酸化合物的来源还有岩石、土壤中碳酸盐和重碳酸盐矿物的溶解、水生动植物的新陈代谢、水中有机物的生物氧化和水质处理过程中加入或产生的各种碳酸化合物。CO_2在水中形成酸，可同岩石中的碱性物质发生反应，并可通过沉淀反应变为沉积物而从水中除去。在水和生物体之间的生物化学交换中，CO_2占有独特地位，溶解的碳酸盐化合物与岩石圈、大气圈进行均相、多相的酸碱反应和交换反应，对调节天然水的 pH 和组成起着重要作用。

天然水体中碳酸化合物以溶解性二氧化碳[$CO_2(aq)$]、未解离的碳酸(H_2CO_3)、碳酸氢根离子(HCO_3^-)，也称为重碳酸盐碳酸或半化合性碳酸)、碳酸根离子(也称为碳酸盐碳酸或化合性碳酸)四种形态存在，它们在水溶液中存在如下平衡关系：

$$CO_2 + H_2O \rightleftharpoons H_2CO_3 \rightleftharpoons H^+ + HCO_3^- \rightleftharpoons 2H^+ + CO_3^{2-}$$

在 CO_2和 H_2CO_3的平衡关系中，H_2CO_3的形态只占分子态碳酸总量(包含溶解性二氧化碳和未解离的碳酸)的1%以下，因此一般用CO_2或$H_2CO_3^*$代替游离碳酸总量。根据平衡原理，水中$H_2CO_3^* - HCO_3^- - CO_3^{2-}$体系可用下面的反应和平衡常数表示：

$$H_2CO_3^* \rightleftharpoons H^+ + HCO_3^- \qquad K_{a1}^{\ominus} = \frac{c(H^+)c(HCO_3^-)}{c(H_2CO_3^*)}$$

$$HCO_3^- \rightleftharpoons H^+ + CO_3^{2-} \qquad K_{a2}^{\ominus} = \frac{c(H^+)c(CO_3^{2-})}{c(HCO_3^-)}$$

如果水中碳酸化合物的总量以c_T表示，则

$$c_T = c(H_2CO_3^*) + c(HCO_3^-) + c(CO_3^{2-})$$

当c_T固定不变时，则在平衡状态下各种碳酸化合物存在一定的比例关系，这种比例关系决定于水中氢离子浓度，即决定于水的pH值。当pH值减小时，平衡左移，游离碳酸增多；当pH值升高时，平衡右移，重碳酸盐碳酸和碳酸盐碳酸增多。如果把这三种类型的碳酸在总量中所占的比例分别用δ_0、δ_1和δ_2表示，则

$$c(H_2CO_3^*) = c_T\delta_0$$

$$\delta_0 = \frac{c(H_2CO_3^*)}{c_T} = \frac{c(H_2CO_3^*)}{c(H_2CO_3^*) + c(HCO_3^-) + c(CO_3^{2-})}$$

$$= \frac{1}{1 + \frac{c(HCO_3^-)}{c(H_2CO_3^*)} + \frac{c(CO_3^{2-})}{c(H_2CO_3^*)}}$$

$$= (1 + \frac{K_{a1}^{\ominus}}{c(H^+)} + \frac{K_{a2}^{\ominus}c(HCO_3^-)}{c(H_2CO_3^*)c(H^+)})^{-1}$$

$$= \left(1 + \frac{K_{a1}^{\ominus}}{c(H^+)} + \frac{K_{a2}^{\ominus}K_{a1}^{\ominus}}{c(H^+)^2}\right)^{-1}$$

同理

$$\delta_1 = (1 + \frac{c(H^+)}{K_{a1}^{\ominus}} + \frac{K_{a2}^{\ominus}}{c(H^+)^2})^{-1}$$

$$\delta_2 = (1 + \frac{c(H^+)}{K_{a2}^{\ominus}} + \frac{c(H^+)^2}{K_{a1}^{\ominus}K_{a2}^{\ominus}})^{-1}$$

根据不同pH值时三类碳酸含量的相对比例，可得如图12.1所示曲线(分布曲线)。

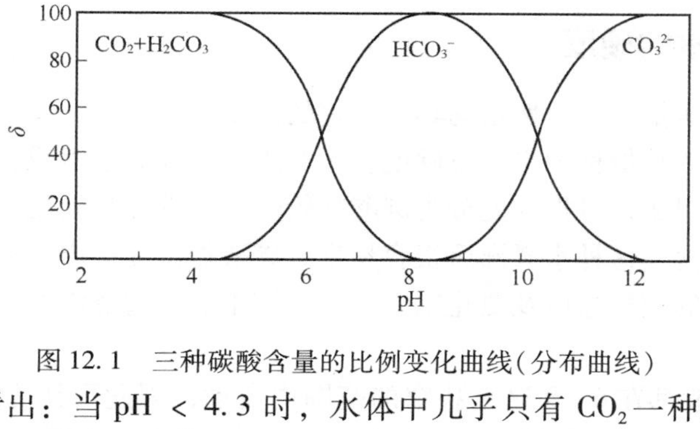

图12.1　三种碳酸含量的比例变化曲线(分布曲线)

由图12.1可以看出：当pH < 4.3时，水体中几乎只有CO_2一种形态；当pH值介于4.3~8.3时，CO_3^{2-}几乎不存在，水体中主要存在的是CO_2和HCO_3^-；当pH > 8.3是CO_2几乎不存在，而CO_3^{2-}和HCO_3^-则同时存在；当pH > 10时，体系中主要存在CO_3^{2-}。也就是说，三种碳酸形态在平衡时的浓度比例与溶液pH值有完全相应的关系。每种碳酸形态浓度受外

界影响而变化时，将会引起其他各种碳酸形态的浓度以及溶液 pH 值的变化。

12.1.2 天然水的酸度和碱度

碱度和酸度是水体缓冲能力的量度和常用的水质指标。天然水体中存在着多种弱酸、弱碱、强碱弱酸盐和强酸弱碱盐，同时生活和工业污染有时还可把强酸、强碱带入天然水体，它们均对水系统提供酸度和碱度，其数值决定于酸碱的数量和离解程度。

酸度(Acidity)是指水中能与强碱发生中和作用物质的总量，亦即释放出 H^+ 或经过水解能产生 H^+ 的物质的总量。酸度主要由强酸(HCl、HNO_3 等)、弱酸(H_2SiO_4、H_2CO_3 和有机酸等)以及强酸弱碱盐[$FeCl_3$、$Al_2(SO_4)_3$]等组成。

需要说明的是水的酸度与 pH 是两个不同的概念。水的 pH 值是水中氢离子平衡浓度(严格讲应为氢离子活度)的负对数；而水的酸度则表示中和过程中可与强碱中和的全部 H^+ 数量，是一种能力因子，包括已解离氢离子和将会解离的氢离子两部分。中和前解离的氢离子数量称为离子酸度，即水的 pH 值；中和前未解离的氢离子数量称为后备酸度。

碱度(Alkalinity)指水中能与强酸(H^+)发生中和作用物质的总量，通常也由强碱[$NaOH$、$Ca(OH)_2$ 等]、弱碱(NH_3、有机胺等)和强碱弱酸盐(碳酸盐、重碳酸盐、硫化物等)三类物质组成。大多数天然水体中，碱度主要由氢氧化物、碳酸盐和重碳酸盐组成。

总碱度(M)定义为：

$$M = c(OH^-) + c(HCO_3^-) + 2c(CO_3^{2-})$$

由于强碱和碳酸盐解离或水解时均会使水体的 pH 升高到 10 以上，因此氢氧化物碱度的实际存在范围是在 $pH > 10$。同时由于天然水体的 pH 值一般均低于 10，故天然水中的总碱度实际上是由碳酸盐和重碳酸盐组成的。根据图 12.1 中碳酸型体的比例变化曲线，当 pH 值小于 10 而大于 8.3 时，则 $M = c(HCO_3^-) + 2c(CO_3^{2-})$；当 pH 值小于 8.3 而大于 4.3 时，则 $M = c(HCO_3^-)$。

碱度对水处理、供水系统等具有重要的有意义，是供水和废水处理过程控制的判断性指标。如常用铝盐作为絮凝剂去除水中的悬浮物：

$$Al^{3+} + 3OH^- \xlongequal{} Al(OH)_3(s)$$

胶体状的 $Al(OH)_3(s)$ 在带走悬浮物的同时，也降低了水的碱度。因此，为了不使处理效率下降，需要保持一定的碱度。

12.1.3 天然水的硬度

硬度是重要的水质指标，天然水均具有一定的硬度。

水中钙、镁离子的总量称为水的总硬度。按照水中钙镁离子组成，硬度可分为钙硬度和镁硬度；按照阴离子组成，可把硬度分为碳酸盐硬度和非碳酸盐硬度。碳酸盐硬度就是钙和镁的碳酸盐和重碳酸盐，这种水煮沸后很容易生成碳酸盐沉淀析出，故称之为暂时硬度。非碳酸盐硬度是钙和镁的硫酸盐以及氯化物，这种沉淀不能通过煮沸的方法沉淀析出，因此称之为永久硬度。

天然水的 pH 一般都在 6 ~ 9 这个狭窄的范围内变动，因此可认为天然水中碳酸盐硬度的阴离子就是 HCO_3^-。当水的总硬度大于总碱度时，其碳酸盐硬度就等于总碱度值，而总硬度和总碱度的差值就是非碳酸盐硬度。当水的总硬度小于总碱度时，则水的硬度全部为碳酸盐硬度，非碳酸盐硬度等于零，水中其余碳酸盐即为其钠盐和钾盐。

硬度单位为 $mmol\cdot L^{-1}$（以 $1/2Ca$ 为基本单元）。由于硬度并非单一的离子或盐类，为使用方便，常将其换算为一种统一的盐类，这时可以按照当量换算的原则以 CaO 或者 $CaCO_3$ 的质量浓度表示，如 $1mmol\cdot L^{-1}$ 的硬度等于 $28mg\cdot L^{-1}$ 的 CaO 或者 $50mg\cdot L^{-1}$ 的 $CaCO_3$。

12.2　天然水中的杂质

水是溶解能力很强的溶剂，其在与外界环境接触的过程中必然溶解、夹带了若干杂质。水中的杂质按照颗粒大小可分为溶解物、胶体颗粒和悬浮物三类。

水中的悬浮物是颗粒粒径在 $10^{-4}mm$ 以上的微粒。由于悬浮物较大，容易除去。当水静止时，相对密度较小的腐殖质等有机物悬浮物会上浮于水面，相对密度较大的沙和黏土类无机化合物悬浮物则会下沉。

水中的溶解物质是直径小于或等于 $10^{-6}mm$ 的微小颗粒。水中的溶解物质大多是离子和一些可溶气体。离子含量较多的是 Ca^{2+}、Mg^{2+}、Na^+、K^+ 等阳离子和 HCO_3^-、SO_4^{2-}、Cl^- 等阴离子。此外，Fe^{2+}、Mn^{2+}、SiO_3^{2-}、NO_3^- 等也有较少的含量。

水中溶解性气体主要有 CO_2 和 O_2 等，还有少量有机物质和 NH_3、H_2S、CH_4 等气体。水中的胶体物质是许多分子和离子的集合体，粒径介于悬浮物和可溶物质之间，这些微粒由于表面积很大，因此有很强的吸附性，在其表面常吸附很多离子而带电，结果使得同类胶体因带有同性电荷而相互排斥，在水中不能相互结合形成更大的颗粒而稳定在微小颗粒状态下，不能依靠重力自行沉降。在天然水中，这些胶体主要是腐殖质以及铁、铝、硅等化合物。

水中的各类杂质对饮用水的安全和工业用水的运行会产生不同的影响。如水中的细菌会致病或引起设备和管道的腐蚀、溶解的钙镁盐类将促使水的硬度和碱度升高而生成水垢。因此，天然水在使用前必须对其进行处理，使其达到工业用水质量标准后才能使用。

工业用水通常包括工艺用水、锅炉用水、洗涤用水和冷却用水。不同用途的水，其对水质指标的要求也不相同。水处理或净化的实质就是通过各种处理技术去除水中有关杂质，以获得达到一定水质标准的水以供饮用或工业应用。表 12.1 列举了天然水中可检测到的大部分溶解性和悬浮性杂质、危害和常见的处理方法。

表 12.1　天然水中常见的杂质及其危害和处理方法

成分	危害	处理方法
浊度	影响水的外观、沉积在管路和设备中、干扰工艺流程	絮凝、沉淀、过滤
硬度	热交换设备、锅炉、管路等结垢的主要原因；形成垢体干扰工艺等	软化；锅炉水内处理；表面活性剂
碱度	使蒸汽产生泡沫；使锅炉内的钢质材料硬化；产生 CO_2，使冷凝管产生腐蚀	石灰和石灰苏打软化法；酸化；氢沸石软化；除盐
游离无机酸	腐蚀	碱中和
CO_2	腐蚀水管，尤其是蒸汽管和冷凝管	曝气；除气；用碱中和
pH	对水体的影响不确定，视用途而变	碱性物质或酸性物质
SO_4^{2-}	增加固含量，通常本身并不重要；结合 Ca^{2+} 形成 $CaSO_4$	软化；反渗透；电渗析；蒸发

续表

成分	危害	处理方法
Cl^-	增加固含量；增加水的腐蚀性	软化；反渗透；电渗析；蒸发
NO_3^-	增加固含量，但在工业中不重要；高浓度的 NO_3^- 会引起婴儿的高铁血红蛋白症；对控制锅炉钢质材料的硬化有利	软化；反渗透；电渗析；蒸发
F^-	适量的氟能防蛀牙；含量过高（$>9\times10^{-5}$）的高氟水会导致氟骨病	$Mg(OH)_2$、$Ca_3(PO_4)_2$ 或骨碳吸收；用明矾絮凝
Na^+	增加固含量；在某种情况下与 OH^- 结合引起锅炉腐蚀	软化；反渗透；电渗析；蒸发
SiO_2	使锅炉和冷却水系统结垢；涡轮叶片上产生沉积物	镁盐加热除去；高碱性阴离子交换树脂与软化、反渗透、蒸发等工艺结合
Fe^{2+}、Fe^{3+} Mn^{2+}	脱色时产生沉淀；产生沉淀的根源；干扰染色、制革和造纸等工艺	曝气；絮凝和过滤；石灰软化；阳离子交换；接触过滤
Al^{3+}	在澄清器中形成絮状物；在冷却系统中产生沉淀并在锅炉中成垢	改良澄清器和过滤工艺
O_2	产生腐蚀	除气；亚硫酸钠；防腐剂
H_2S	产生腐蚀；臭鸡蛋气味	曝气；加氯；高碱性阴离子交换
NH_3	形成可溶的络合物，使铜锌合金腐蚀	阳离子交换法；加氯；除气
溶解性固体	高浓度的溶解性固体在锅炉中会引起气泡并干扰工艺	石灰软化法；软化反渗透；电渗析；蒸发
悬浮固体	沉积在设备中	沉淀；过滤

12.3 工业用水的预处理

12.3.1 混凝

天然水中的一些杂质与水形成溶胶状态的胶体微粒，由于布朗运动和静电排斥力而呈现沉降稳定性和聚合稳定性。混凝就是使水体里的胶体和悬浮状态分散的杂质微粒失稳、聚集、变大，以便从水体中分离除去的过程。混凝通常包括凝聚和絮凝两个过程。水体中的胶体和悬浮微粒在电解质与其他因素的作用下，失去稳定性而聚集成细小分散颗粒的过程称为凝聚。凝聚的细小分散颗粒在絮凝剂或其他因素的作用下，进一步聚集成较大的、不稳定的、易于从水体中分离出来的絮状体的过程称为絮凝。混凝使胶体脱稳的主要原因是压缩双电层作用、吸附电中和作用、架桥作用和沉淀物的卷扫作用。

混凝过程中加入的能引起胶粒脱稳的药剂称为混凝剂。最常用的混凝剂有无机盐混凝剂、无机盐聚合物混凝剂和有机高分子混凝剂。

12.3.1.1 无机盐混凝剂

无机盐混凝剂主要有铁盐系和铝盐系。常用的铝盐有硫酸铝[$Al_2(SO_4)_3\cdot18H_2O$]和明矾[$Al_2(SO_4)_3\cdot K_2SO_4\cdot24H_2O$]，常用的铁盐有三氯化铁水合物（$FeCl_3\cdot6H_2O$）和硫酸亚铁水合物 $FeSO_4\cdot7H_2O$。

硫酸铝是水处理中使用最多的混凝剂，硫酸铝和明矾起混凝作用的是 Al^{3+}。将 $Al_2(SO_4)_3 \cdot 18H_2O$、$Al_2(SO_4)_3 \cdot K_2SO_4 \cdot 24H_2O$ 等铝盐投入水中都会解离出 Al^{3+}，当 pH < 4 时，Al^{3+}在极性分子水的作用下主要以$[Al(H_2O)_6]^{3+}$的形态存在。随着 pH 的上升，$[Al(H_2O)_6]^{3+}$水解逐级进行，生成各种羟基合铝离子，最终形成氢氧化铝沉淀，这个过程发生的反应为：

$$[Al(H_2O)_6]^{3+} + H_2O \rightleftharpoons [Al(OH)(H_2O)_5]^{2+} + H_3O^+$$

$$[Al(OH)(H_2O)_5]^{2+} + H_2O \rightleftharpoons [Al(OH)_2(H_2O)_4]^+ + H_3O^+$$

$$[Al(OH)_2(H_2O)_4]^+ + H_2O \rightleftharpoons [Al(OH)_3(H_2O)_3]\downarrow + H_3O^+$$

可见，在铝盐水溶液中存在不同形态的铝离子，其中高价正离子中和胶粒的负电荷、压缩双电层的能力都很大。硫酸铝使用方便，但水温低时，水解困难，形成的絮凝体比较松散，效果不如铁盐。

铁盐的混凝作用与铝盐相似。$FeCl_3 \cdot 6H_2O$ 形成的矾花比重大、易沉降，处理低温、低浊水的效果比铝盐好。而且它适宜的 pH 值范围也较宽，在 5.0 ~ 11 之间。但是三氯化铁是一种很容易吸潮的结晶体，其水溶液腐蚀性很强，必须注意防腐。另外，处理后的水的色度比用铝盐时高。二价铁盐只能生成单核络合物，其混凝效果不如三价铁盐。因此，使用时应先将 Fe^{2+}氧化成 Fe^{3+}。

12.3.1.2 无机盐聚合物混凝剂

无机盐聚合物混凝剂也主要包括聚合铝和聚合铁两大类。

聚合铝是指 Al^{3+}盐到 $Al(OH)_3$(固)之间的一系列准稳态物质，一般是二铝到十三铝的羟基络合物。Al^{3+}盐水解产生单铝多羟基络合物。单铝多羟基络合物间比较邻近的羟基靠氢键集合在一起。氢键在酸性环境失水，使两个单铝羟基络合物共享一个羟基，形成双铝多羟基络合物。继续反应下去，即形成多铝多羟基络合物。可以获得的多铝多羟基络合物有很多种，如$[Al_2(OH)_2]^{4+}$、$[Al_3(OH)_4]^{5+}$、$[Al_6(OH)_{15}]^{3+}$、$[Al_7(OH)_{17}]^{4+}$、$[Al_{13}(OH)_{32}]^{7+}$、$[Al_{13}(OH)_{34}]^{5+}$等。其中$[Al_{13}(OH)_{32}]^{7+}$的准稳定好，脱稳趋势大。

聚合物混凝剂的混凝机理与硫酸铝相似，即$[Al(H_2O_6)]^{3+}$发生逐级水解，最终生成氢氧化铝沉淀而析出。但实际上的反应要复杂得多，当分子中 OH^-增加时，它们之间可发生架桥连接，产生多核羟基络合物，也即发生高分子缩聚反应。水解和缩聚反应交错进行，最终生成中性氢氧化铝而沉淀。在聚合铝的水解反应中，不断有 H^+解离出来，这会降低水的 pH 值，对水解不利，对最终形成 $Al(OH)_3$也不利，故有时需适当添加一些石灰，以提高 pH，满足水解反应的需要。否则，进入循环冷却水系统后，由于循环冷却水 pH 值自然升高，在换热系统中会有氢氧化铝沉淀，产生污垢。

聚合铁或聚铁是一种多羟基、多核络合体的阳离子型絮凝剂，它主要是以硫酸亚铁为原料，通过一定的条件聚合而成的一种呈红褐色的黏稠状液体(也可制成固体)，其分子式为：

$$[Fe_2(OH)_n(SO_4)_{3-\frac{n}{2}}]_m$$

聚铁可以与水以任何比例快速混合。由于其溶液中含有大量分子量较大的聚合铁络合离子，因此能有效地压缩双电层，降低电位，使水中胶体微粒迅速凝聚成大颗粒，同时还兼有吸附架桥的絮凝作用，使微粒絮凝成大颗粒，从而加速颗粒沉淀，提高混凝沉淀效果。其适用的原水 pH 值范围较宽，一般为 4 ~ 11。

同时，聚铁在使用过程中的混凝效果比聚合铝要好一些，如形成矾花的速度快、颗粒大且重，因此沉降快。但有时会有少量细小矾花漂浮水面，使水略显微黄色，但不影响水质，经过过滤处理即能完全脱色。而铝盐混凝剂虽不会使水显色，但却有涩味，也需要通过过滤处理才能除去。近十多年来，在卫生学上发现，Al^{3+} 摄入过多会影响健康，而聚铁则无此虑。

12.3.1.3　有机高分子混凝剂

有机高分子混凝剂分为天然的和人工的两种。其中，淀粉及其衍生物、甲壳素及其衍生物是一类重要的天然高分子混凝剂。而另一类，也是工业常用的混凝剂，是人工合成的高分子化合物，如高聚合的聚丙烯酸钠、聚乙烯吡啶、聚乙烯亚胺、聚丙烯酰胺等。其中以聚丙烯酰胺(PAM)用得最多，其产量约高分子混凝剂生产总量的80%。

聚丙烯酰胺是一种相对分子质量在(150～800)万之间的水溶性线型高分子化合物，其分子式为

$$\left[CH_2—\underset{\displaystyle CONH_2}{\underset{|}{CH}} \right]_n$$

聚丙烯酰胺在水中对胶粒有较强的吸附结合力，高分子长链一端可能吸附在一个胶体表面上，而另一端又被其他胶粒吸附，形成一个高分子链状物。此时，高分子长链像各胶粒间的桥梁，将胶粒联结在一起，使胶粒间形成絮凝体(又称矾花)，最终沉降下来。同时，PAM 是线型的高分子，在溶液中能适当伸展，因此更能很好地发挥吸附架桥的絮凝作用。其吸附架桥作用如图 12.2 所示。

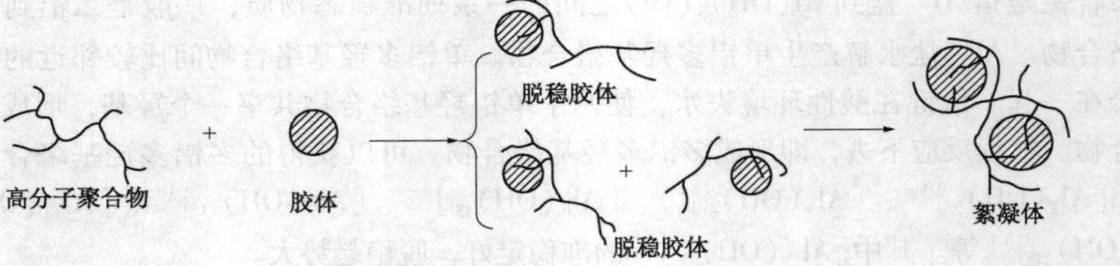

图 12.2　高分子混凝剂的吸附架桥作用示意图

12.3.1.4　助凝剂

在使用上述各种混凝剂时，为提高混凝效果，常需复配使用。如以铝盐或铁盐为主的混凝剂，再添加微量有机高分子混凝剂，可使铝盐或铁盐所形成的细小松散絮凝体在高分子混凝剂的强烈吸附架桥作用下变得粗大而密实，有利于重力沉降。还有为了控制良好的反应条件，常需添加强碱，以提高水的 pH 值。这些微量的高分子混凝剂、氯和强碱等物质又称为助凝剂。助凝剂一般不起混凝作用，但具有调节混凝时的 pH 值、增大絮凝物密度等功能。

12.3.1.5　混凝剂的投加

混凝剂投加时，首先根据所需处理的水量和所选用的混凝剂，在池或槽中配制所需浓度的药液，然后将配好的药液通过带有计量装置的加药设备投入水中。通常采用的投加方式有泵前投药(图 12.3)和水射器投药(图 12.4)，采用这些投加方式的目的是使药液与水快速充分的混合。

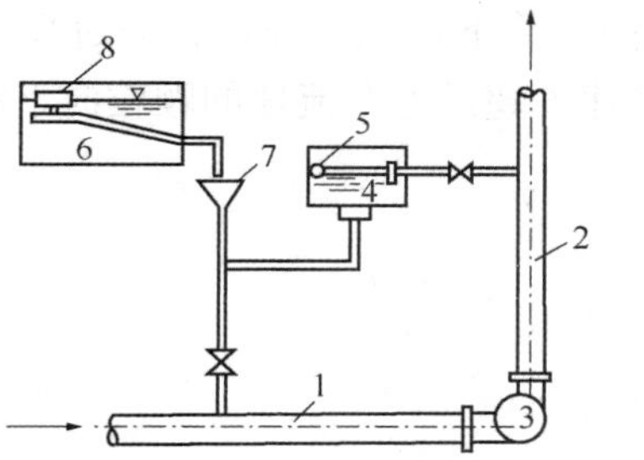

图 12.3　泵前投药系统图

1—吸水管；2—出水管；3—水泵；
4—水箱；5—浮球阀；6—浮子式定量加药箱；
7—加药漏斗；8— 浮子

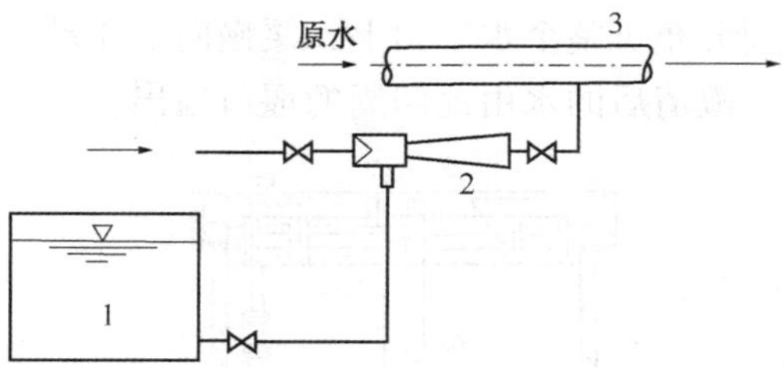

12.4　水射器投药系统

1—溶药箱；2—水射器；3—原水管

12.3.2　沉淀与澄清

12.3.2.1　沉淀与沉淀池

水中悬浮的固体颗粒，依靠本身重力作用由水中分离出来的过程称为沉淀。

除原水中悬浮的较大固体颗粒可自然然沉降外，通常原水都是先经过混凝，使水中较小的颗粒凝聚并进一步形成矾花，再依靠其本身重力作用由水中沉降分离出来，这种沉淀过程称为混凝沉淀。

用于沉淀的设备称为沉淀池，沉淀池按水流方向可分为平流式沉淀池、竖流式沉淀池、辐流式沉淀池和斜流式沉淀池等。

平流沉淀池通常为矩形水池，如图 12.5 所示。含有混凝剂的原水平面缓慢流过水池(用于自然沉淀时，池内水流的水平流速一般为 3mm · s^{-1}以下；用于混凝沉淀时，水平流速一般应为 5 ~ 20 mm · s^{-1})，悬浮物逐渐沉入池底，清水溢出溢流堰排出。平流沉淀池构造简单，管理方便，不仅适用于大型水处理厂，也适用于处理水量小的厂。

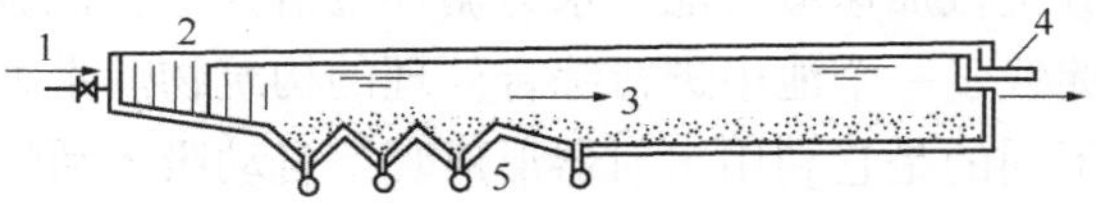

图 12.5　平流式沉淀池

1—含有混凝剂的原水；2—隔板反应池；3—沉淀池；4—出水管；5—排泥渣管

辐流式沉淀池一般为圆形池子，如图 12.6 所示。辐流式沉淀池直径大，水相对较浅，水流由中心管自底部进入幅流式沉淀池中心，在穿孔挡板的作用下，均匀地沿池子半径向池子四周辐射流动。由于过水断面不断增加，水流流速变小，水中絮状沉淀物逐渐分离下沉，清水从池子周边环形水槽排出，沉淀物则由刮泥机刮到池中心，由排泥管排走。辐流沉淀池沉淀排泥效果好，适用于处理高浊度原水。

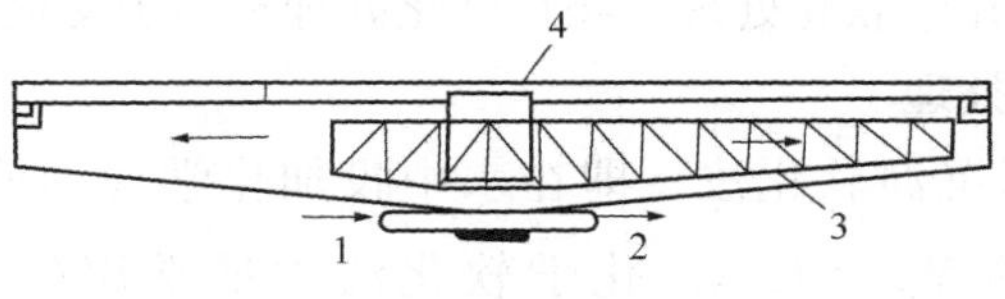

图 12.6　辐流式沉淀池

1—进水；2—排泥；3—刮泥桁架；4—配水圆筒

圆形竖流式沉淀池结构如图 12.7 所示，水由中心管下口流入池中，通过反射板的拦阻向四周分布于整个水平面上，缓慢向上流动，沉降速度超过上升流速的颗粒向下沉降到污泥斗中，澄清后的水由池四周的堰口溢出。

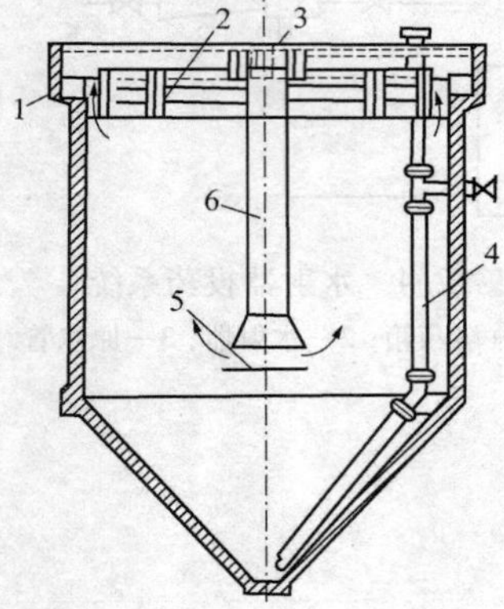

图 12.7　圆形竖流式沉淀池

1—集水槽；2—挡板；3—进水泵；

4—排泥管；5—反射板；6—中心管

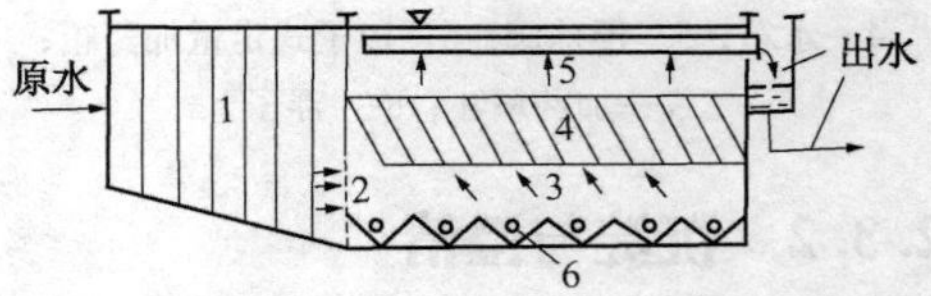

图 12.8　斜流式沉淀池

1—反应区；2—穿孔花墙；3—布水区；

4—斜管（板）；5—清水区；6—排泥区

斜流式沉淀池是根据浅池沉淀理论设计出的一种新型沉淀池，如图 12.8 所示。在沉降区域设置许多密集的斜管或斜板，使水中悬浮杂质在斜板或斜管中进行沉淀，水沿斜板或斜管上升流动，分离出的泥渣在重力作用下沿着斜板（管）向下滑至池底，再集中排出。

12.3.2.2　澄清与澄清池

新形成的沉淀泥渣具有较大的表面积和吸附活性，称为活性泥渣。它对水中微小悬浮物和尚未脱稳的胶体仍有良好的吸附作用，可进一步产生接触混凝作用。据此可利用活性泥渣与混凝处理后的水进一步接触，加速沉淀速度，该过程称为澄清。用于澄清的设备称澄清池，根据其结构型式可分机械加速澄清池、水力循环澄清池等。机械加速澄清池是通过机械搅拌将混凝、反应和沉淀置于一个池中进行综合处理的构筑物。水力循环澄清池与机械加速澄清池工作原理相似，不同的是它利用水射器形成真空自动吸入活性泥渣与加药原水进行充分混合反应，省去了机械搅拌设备。

实际上，当水中悬浮物沉淀出来后，水就得到澄清，所以沉淀和澄清是同一现象的两种说法。澄清池的特点有二：一是利用活性泥渣与原水进行接触混凝；二是将反应池和沉淀池统一在一个设备内。因此可以充分发挥混凝剂的作用和提高单位容积的产水能力。

12.3.3　水的软化

水的软化是指将天然水中的钙、镁离子转化成难溶于水的化合物，以降低水硬度的过程。水的软化处理可分为化学软化处理、物理软化处理和离子交换软化处理。

12.3.3.1　化学软化处理

水的化学软化处理属沉淀软化法，即在水中投加化学药剂使 Ca^{2+} 转变成难溶的 $CaCO_3$、Mg^{2+} 转变成难溶的 $Mg(OH)_2$。化学软化法中最常用的药剂是石灰。由于石灰（CaO）投加时会产生灰尘污染，因此通常先将生石灰制成 $Ca(OH)_2$（消石灰，熟石灰）使用，其反应如下：

$$CaO + H_2O = Ca(OH)_2$$

采用石灰(CaO)的目的就是使 $Ca(OH)_2$解离的 OH^-和水中的 H^+中和，也就是使碳酸的解离平衡向右转移，即向生成 CO_3^{2-}的方向转移。这样，便可将水中的碳酸化合物转化成难溶的或其它难溶的碱性物质而沉淀析出。

消石灰投入高硬水中，与水中 CO_2、碳酸氢盐发生反应，生成难溶化合物的沉淀析出，具体的反应为

$$Ca(OH)_2 + CO_2 = CaCO_3 \downarrow + H_2O$$

$$Ca(OH)_2 + Ca(HCO_3)_2 = 2CaCO_3 \downarrow + 2H_2O$$

$$2Ca(OH)_2 + Mg(HCO_3)_2 = 2CaCO_3 \downarrow + Mg(OH)_2 \downarrow + 2H_2O$$

需要说明的是：①$Ca(OH)_2$与各种不同碳酸化合物的反应趋势是不同的，其反应的次序为 CO_2、$Ca(HCO_3)_2$、$Mg(HCO_3)_2$。也就是说，当消石灰加入水中时，首先消失的是游离 CO_2。当加入的石灰量有富余时，才能和 $Ca(HCO_3)_2$和 $Mg(HCO_3)_2$起反应。这三种反应趋势的不同实际上正是碳酸平衡向右移动的结果。②Ca^{2+}、Mg^{2+}两者对 $Ca(OH)_2$的反应过程也是不一样的，这是因为在石灰处理过程中，钙离子以钙酸盐的形态沉淀出来，而镁离子却因 $MgCO_3$的溶解度较大，要以 $Mg(OH)_2$的形态沉淀下来。所以这两种反应所消耗的石灰量不同。

除上述反应外，石灰还可与水中的 Fe^{2+}及含硅化合物发生反应，反应式为

$$4Fe(HCO_3)_2 + 8Ca(OH)_2 + O_2 = 4Fe(OH)_3 \downarrow + 8CaCO_3 \downarrow + 6H_2O$$

$$SiO_2 + Ca(OH)_2 = CaSiO_3 \downarrow + H_2O$$

水中钙、镁的非碳酸盐硬度(永硬)，用石灰处理是不能消除的。镁的非碳酸盐硬度，虽也可与 $Ca(OH)_2$作用生成 $Mg(OH)_2$，但与此同时生成了等量的钙的非碳酸盐硬度，其反应如下：

$$MgSO_4 + Ca(OH)_2 = Mg(OH)_2 \downarrow + CaSO_4$$

$$MgCl_2 + Ca(OH)_2 = Mg(OH)_2 \downarrow + CaCl_2$$

$$NaHCO_3 + Ca(OH)_2 = CaCO_3 \downarrow + NaOH + H_2O$$

可见，经石灰处理后，镁的非碳酸盐硬度转化为等量的溶解度很大的钙的永硬，即硬度不变；而 $NaHCO_3$等物质(负硬)则转化为等量的氢氧化钠，即碱度不变。此外，从理论上讲，石灰处理后水的碳酸盐硬度能降低到只有 $CaCO_3$的溶解度的量。但实际上，由于石灰处理时生成的沉淀物常常不能完全成为大颗粒而使得 $CaCO_3$在水中的残留量常高于理论值。因此，一般采用先前析出的渣泥为接触介质或在石灰处理的同时进行混凝处理两种方法促使沉淀完全。

石灰加入量可根据处理方案来确定。如果要求处理过程中只有 $CaCO_3$沉淀生成，则加药量可根据式(12-1)来估算。

$$D_{sh} = c(CO_2) + c\{Ca(HCO_3)_2\} \quad (12-1)$$

如果要求在处理过程中除了有 $CaCO_3$沉淀外，还要求有 $Mg(OH)_2$析出，则石灰的加药量可根据式(12-2)来估算。

$$D_{sh} = c(CO_2) + c\{Ca(HCO_3)_2\} + c\{Mg(HCO_3)_2\} + c\{NaHCO_3\} + a \quad (12-2)$$

式(12-1)和式(12-2)中，D_{sh}为石灰的加药量，$mol \cdot L^{-1}$；$c(CO_2)$、$c\{Ca(HCO_3)_2\}$、$c\{Mg(HCO_3)_2\}$、$c\{NaHCO_3\}$分别为相关物质的浓度，$mol \cdot L^{-1}$；a 为过剩的石灰量，一般为 $0.2 \sim 0.4 mol \cdot L^{-1}$。

石灰软化法只适用于硬度高、碱度高的水质处理，即只能去除暂时硬度。对硬度高、碱度低的水质（永硬高）一般采用石灰－纯碱软化法，即加石灰的同时再投加适量的纯碱，加入的石灰与 CO_2 和碳酸盐硬度反应，纯碱与非碳酸盐硬度反应，其具体的反应为

$$CaSO_4 + Na_2CO_3 = CaCO_3 \downarrow + Na_2SO_4$$

$$CaCl_2 + Na_2CO_3 = CaCO_3 \downarrow + 2NaCl$$

$$MgSO_4 + Na_2CO_3 = MgCO_3 \downarrow + Na_2SO_4$$

$$MgCl_2 + Na_2CO_3 = MgCO_3 \downarrow + 2NaCl$$

$$MgCO_3 + Ca(OH)_2 = CaCO_3 \downarrow + Mg(OH)_2 \downarrow$$

经石灰－纯碱软化后的水，其硬度可降为0.15～0.2mmol/L。

对于高碱度的负硬水，即水中总碱度大于总硬度的水，此时多余的总碱度常以 $NaHCO_3$ 或 $KHCO_3$ 形式存在，对这些多余的碱度常以石灰－石膏处理法除去，这是因为

$$2NaHCO_3 + CaSO_4 + Ca(OH)_2 = 2CaCO_3 \downarrow + Na_2SO_4 + 2H_2O$$

$$2KHCO_3 + CaSO_4 + Ca(OH)_2 = 2CaCO_3 \downarrow + K_2SO_4 + 2H_2O$$

石灰软化设备包括制备消石灰的设备、投加消石灰与原水充分混合的设备，以及生成的碳酸钙、氢氧化镁等沉淀物的沉淀和过滤分离设备。图12.9和图12.10为常见的石灰软化系统的流程图。

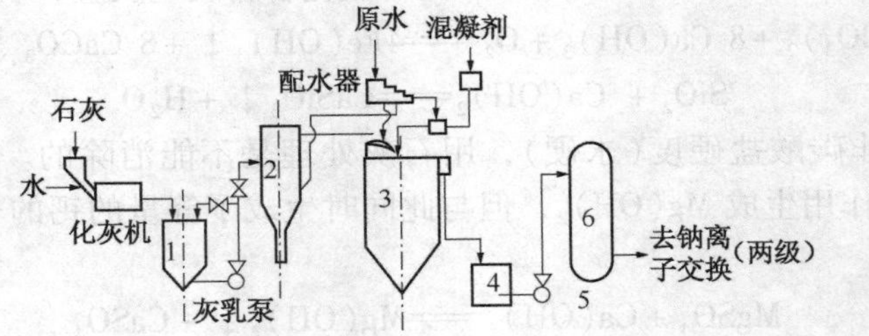

图12.9　石灰软化系统（机械过滤）流程图

1—石灰乳储槽；2—饱和器；3—澄清池；4—水箱；5—泵；6—压力过滤器

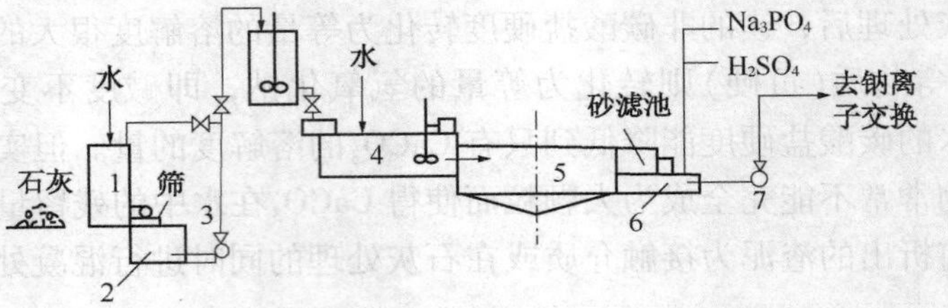

图12.10　石灰软化系统（平流式沉淀池）流程图

1—化灰池；2—灰乳池；3—灰乳泵；4—混合池；5—平流式沉淀池；6—清水池；7—泵

12.3.3.2　离子交换软化处理

离子交换法是水质软化处理的主要方法之一，它是利用离子交换剂将水中的 Ca^{2+}、Mg^{2+} 转换成其他非硬度离子而达到软化目的方法，该方法能彻底除去水中 Ca^{2+}、Mg^{2+}。

在水处理中，常用的离子交换剂为磺化煤和离子交换树脂。离子交换树脂是以合成高分子材料为骨架，通过引入化学活性基团制备而成的，通常分为阳离子交换树脂和阴离子交换树脂两大类。阳离子交换树脂大都含有酸性集团，如羧基（－COOH）、磺酸基（$-SO_3H$）等，例如丙烯酸系阳离子交换树脂的结构为

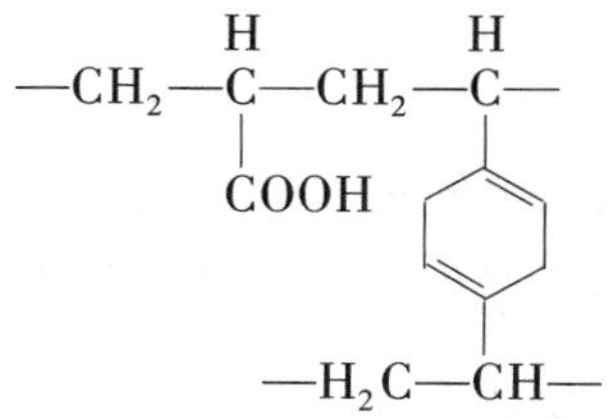

丙烯酸阳离子交换树脂与水中的阳离子结合，释放出 H^+，可除去或富集水中的阳离子。用氢型阳离子交换树脂软化水时，也已同时除盐。失效的阳离子交换树脂用 HCl 洗涤即可再生。阴离子交换树脂大都含有胺类极性基团，如氨基($-NH_2$)、亚氨基(-NRH)等。阴离子交换树脂与水中的阴离子结合释放出 OH^-，可除去或富集水中的阴离子，如

$$R—N(CH_3)OH + Cl^- \!=\!=\!= R—N(CH_3)Cl + OH^-$$

阴离子交换树脂可用 NaOH 溶液洗涤再生。

如果用 Na^+ 取代氢型阳离子交换树脂中的 H^+，处理水时则可释放出 Na^+。这种处理方法可以得到软化水，但不能完全除盐。单级钠离子交换软化过程如图 12. 11 所示。

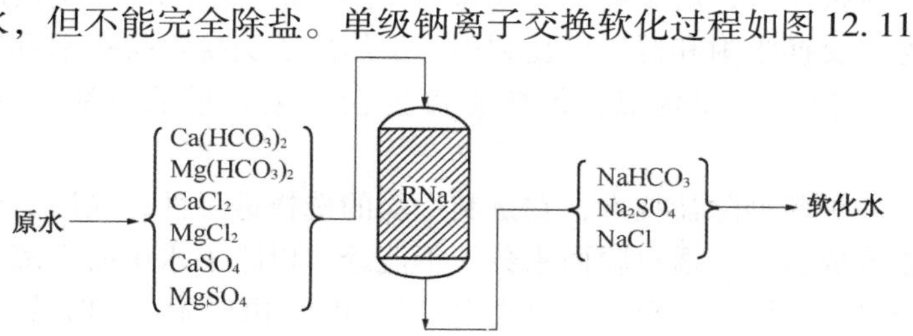

$$Ca^{2+}(Mg^{2+}) + 2RNa = R_2Ca(Mg^{2+}) + 2Na^+$$

图 12. 11　单级钠离子交换软化过程

12. 3. 3. 3　物理软化处理

物理软化处理是采用改变水本身及其所含杂质的物理化学性质的方法而达到减少垢体的目的。常见的如磁场软化处理法和膜法软化处理法。

磁场软化处理技术的机理目前尚无定论，但比较一致的观点是水经过磁场处理之后，由于受伦兹力作用，分子链变小，比表面积增大，活性提高，溶解度增强，渗透力增强。由于受磁能的作用，水中盐类的晶体结构发生变化，晶体细化，上述原因使钙、镁水垢不易积聚，亦不易在物体表面沉积，起到了防垢作用。水中的铁磁物质经磁场处理之后，被分离出来，具有除铁功能。此外，水经强磁场处理，还会破坏水中诸多水生物及细菌的生态环境，抑制细菌的繁殖，从而起到了杀菌作用。

膜法软化处理是使水通过孔径范围在 1. 0 ~ 1. 5nm 的纳滤膜，在减压的条件下，水溶液中的单价离子可部分透过，而二价和多价离子基本上不透过，从而实现水的软化，其软化处理流程示意图如图 12. 12 所示。目前通用的软化膜主要是聚酰胺复合膜类和醋酸纤维素类的不对称膜。膜法软化处理具有不需再生、无污泥产生、完全除去悬浮物、可同时除去有机物、操作简单、占地面积省等优点。

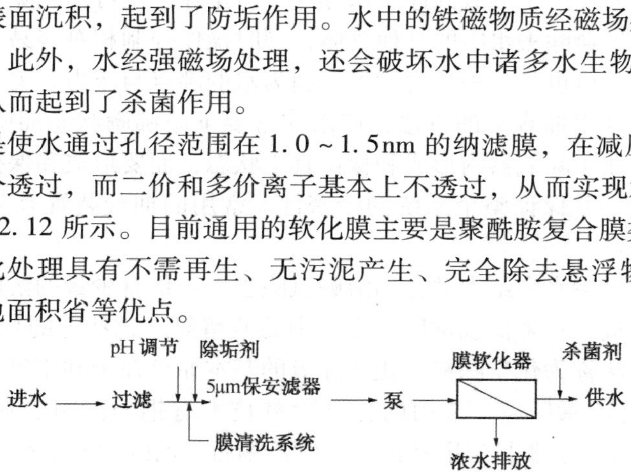

图 12. 12　膜法软化处理流程示意图

12.3.4 水的除盐处理

水的软化处理仅仅是为了除去水中的钙、镁离子，而水的除盐处理则是除掉水中溶解的盐类。目前已经应用的除盐工艺主要有离子交换除盐、膜分离除盐（电渗析法和反渗透法）以及热力除盐（蒸馏法）等。

蒸馏法除盐技术是最早开发的除盐技术，它是利用水沸点较低易蒸发、盐沸点较高不蒸发的特性将水盐分离，得到高纯度除盐水的技术。蒸馏法对原料水水质要求不高，运行操作简单，除盐的同时具有消毒作用，因而在用水量较小的医药卫生行业和实验室以及海水淡化业中仍然采用。由于蒸馏法制备除盐水存在设备腐蚀、结垢和能耗高等技术问题，在工业制水领域应用较少。

离子交换除盐是利用离子交换树脂上可交换的氢离子和氢氧根离子，与水中溶解盐发生离子交换，达到去除水中盐的目的。离子交换过程可以看作是固相的离子交换树脂与液相中电解质之间的化学置换反应，由于离子交换树脂交换容量有限和离子交换反应的可逆性，离子交换树脂可以通过交换吸附和再生反复利用。虽然离子交换除盐技术具有出水水质好、生产成本较低、技术成熟等突出优点，但树脂再生会产生大量的废酸、废碱液，造成环境污染。

膜分离除盐是一种新型除盐技术，它是利用膜的选择透过性，在压力或电场作用下，使水分子优先透过膜或成盐离子透过膜而水分子不能透过以除去水中盐类离子。膜分离除盐技术主要有电渗析（ED）、反渗透（RO）、电去离子（EDI）、电吸附（EST）等。

12.3.5 水的脱氧处理

氧是给水系统和锅炉的主要腐蚀性物质，给水除氧是热力设备防止腐蚀的重要方法。目前，常用的除氧措施有热力除氧、真空除氧和化学除氧技术。

热力除氧是以加热的方式在除氧器中除去水中的溶解氧，该方法的原理基于亨利定律，即气体在水中的溶解度与该气体在气-水界面上的分压力成正比。在一定压力下，随着水温的升高，水蒸气的分压力增大，而空气和氧气的分压力越来越小。在100℃时，氧气的分压力降低到零，水中的溶解氧也降低到零。因此，若将给水加热至沸点，水中的溶解氧就会不断逸出，此时再将水面上产生的氧气连同水蒸气一道排除，便可达到除氧的目的。热力除氧不仅能除去溶解氧，还会除去水中的其他气体，同时操作控制相对容易。

真空除氧从原理上讲也是一种热力除氧，因为水的沸点与压力有关，压力低则水的沸点也低。真空除氧就是利用抽真空的方法，使水在常温下呈沸腾状态而除去水中溶解氧的工艺。真空除氧的关键在于除氧器内形成和保持真空状态，而要形成和保持真空状态，就必须选用恰当的抽气装置，并保证整个系统的严密性。常用的抽气装置有蒸汽喷射器、水喷射器、水环式真空泵等。

通过热力除氧，可将水中绝大部分的溶解氧除去，但仍有少量的溶解氧残留在水中。加入特定的化学物质可进一步降低或彻底除去水中的残留氧，此特定的化学物质称为除氧剂。利用除氧剂除氧的方法称为化学除氧。化学除氧的基本原理在于利用氧的强氧化性与具有还原性的物质发生氧化还原反应，常用的化学除氧技术有钢屑除氧、亚硫酸钠除氧、联氨（肼）除氧、肟类化合物（主要是二甲基酮肟、甲乙酮肟、乙醛肟）除氧等。

12.4 重点行业(锅炉)水处理技术

12.4.1 锅炉水系统的问题

锅炉是一种产生蒸汽的设备。它通过煤、油或天然气等燃料在炉膛内燃烧释放出热能，再通过传热技术把热能传递给水，使水变为水蒸气，蒸汽直接供给工业生产中所需热能，或是通过蒸汽动力机械转换为机械能，或通过汽轮机发电转换为电能。

锅炉本体水气系统主要存在腐蚀、结垢及蒸汽携带三大问题。

就腐蚀而言，在锅炉本体中主要存在锅炉碱脆(碳钢在 NaOH 水溶液中产生的应力腐蚀破裂)、锅炉氢脆(氢扩散到金属内部使金属产生的脆性断裂)以及腐蚀疲劳(金属在腐蚀介质和交变应力同时作用下产生的破坏)。在锅炉给水和凝结水系统中主要存在溶解氧腐蚀和游离二氧化碳腐蚀。

就结垢而言，锅炉垢体是许多化合物组成的混合物。碳酸盐水垢的主要成分是钙、镁的碳酸盐，并以碳酸钙为主(50%以上)。由于锅炉水碱性较强且处于沸腾状态，析出的碳酸钙常常形成松软的水渣，可以随锅炉排污除去。硫酸盐水垢的主要成分是硫酸钙，这种水垢致密结实，主要在锅炉本体和省煤器中生成。硅酸盐垢体成分复杂，除含硅酸钙、硅酸镁之外，还含有二氧化硅，这种水垢最坚硬、致密，通常在锅炉受热强度最大的部位上生成。除此之外，因锅炉金属遭受腐蚀或给水含铁量过高等因素的影响，还可产生氧化铁垢等。

水垢的形成，对锅炉安全、经济的运行危害很大。水垢的热导率低是水垢危害性大的主要原因。水垢的形成，降低了锅炉和热交换设备的传热效率，增加了热损失。结垢部位的金属壁因温度过高，引起金属强度下降，在蒸汽压力的作用下，容易发生鼓包、穿孔和破裂，甚至引起锅炉的爆管事故。当垢体在金属表面覆盖不均匀时，还会导致局部腐蚀，使得结垢、腐蚀相互促进。

锅炉的蒸汽携带问题是指锅炉蒸汽将炉水中的杂质带入蒸汽中，从而影响蒸汽的品质，该问题主要是针对电站中、高压以上的锅炉而言的。蒸汽中有害杂质的携带会对蒸汽使用设备的安全运行带来隐患。

12.4.2 锅炉水系统运行的控制

为使上述锅炉水系统的三大问题得以有效控制，保证锅炉水系统的安全运行，需要采用相关的处理方法。锅炉水处理一般分为炉外给水处理和炉内锅水处理。

炉外给水处理的目的是保证补给锅炉合格的软化水、软化脱碱或除盐水。炉外给水处理方法本章已有论述，在此仅介绍炉内锅水处理。炉内锅水处理的目的是促使结垢物质生成松散的水渣，而不在受热金属表面形成坚硬的水垢，炉内处理一般采用投加化学药剂的方法。

12.4.2.1 氢氧化钠

氢氧化钠俗称火碱，烧碱或苛性钠。添加氢氧化钠的作用在于能有效地消除给水中的碳酸盐硬度，保持锅水的碱度，防止锅炉腐蚀。加入 NaOH 时可发生如下反应:

$$Ca(HCO_3)_2 + 2NaOH \longrightarrow CaCO_3\downarrow + Na_2CO_3 + 2H_2O$$

$$Mg(HCO_3)_2 + 4NaOH \longrightarrow Mg(OH)_2\downarrow + 2Na_2CO_3 + 2H_2O$$
$$MgSO_4 + 2NaOH \longrightarrow Mg(OH)_2\downarrow + Na_2SO_4$$
$$MgCl_2 + 2NaOH \longrightarrow Mg(OH)_2\downarrow + 2NaCl$$

从上述反应可以看出，只有非碳酸盐硬度才消耗碱剂，而碳酸盐硬度与氢氧化钠作用后，除生成 $CaCO_3$、$Mg(OH)_2$沉淀，防止一些物质在金属表面沉淀外，还同时生成了等量的 Na_2CO_3，防止一些物质在金属表面上结生水垢。

锅水中存在大量的 $CaCO_3$质点，与大量的 OH^-互相吸附而使 $CaCO_3$质点带负电荷，这样可以阻止 $CaCO_3$质点向带有同性电荷的锅炉金属表面附着，从而防止 $CaCO_3$水垢的结生。

12.4.2.2 碳酸钠

碳酸钠俗称纯碱和苏打。工业用的无水碳酸钠是白色的粉末，易溶于水，水溶液呈强碱性。加入 Na_2CO_3的主要作用有如下几点。

① 能有效地消除给水中的钙硬度。其主要化学反应为

$$CaSO_4 + Na_2CO_3 \longrightarrow CaCO_3\downarrow + Na_2SO_4$$
$$CaCl_2 + Na_2CO_3 \longrightarrow CaCO_3\downarrow + 2NaCl$$

② 在锅炉内碳酸钠可以部分地水解为 NaOH，因此具有氢氧化钠的作用。

$$Na_2CO_3 + H_2O \xrightarrow{\text{压力、温度}} 2NaOH + CO_2\uparrow$$

碳酸钠水解率是随锅炉压力增高而增大的。当压力超过 5.0MPa 时，碳酸钠全部水解，因此高压锅炉中的钙离子不能用碳酸钠来消除。

③ 能消除给水中的镁硬度。其化学反应如下：

$$MgSO_4 + Na_2CO_3 \longrightarrow MgCO_3 + Na_2SO_4$$
$$MgCl_2 + Na_2CO_3 \longrightarrow MgCO_3 + 2NaCl$$

生成的 $MgCO_3$可以水解成为 $Mg(OH)_2$沉淀，即

$$MgCO_3 + H_2O \longrightarrow Mg(OH)_2\downarrow + CO_2\uparrow$$

④ 保持锅水的碱度。即加入碳酸钠后，增加碳酸根浓度，使钙离子生成 $CaCO_3$水渣，而不易结成 $CaSO_4$水垢。

采用单一的纯碱处理时，也可以近似地取得同时投加 NaOH 和 Na_2CO_3的效果。

12.4.2.3 磷酸钠

磷酸三钠亦称磷酸钠，为白色晶体，在干燥的空气中能风化，加热至100℃时会失去结晶水而成为无水物，溶于水，水溶液呈碱性。磷酸钠的主要作用为

（1）沉淀给水中的钙和镁盐

$$3CaSO_4 + 2Na_3PO_4 \longrightarrow Ca_3(PO_4)_2\downarrow + 3Na_2SO_4$$
$$3CaCl_2 + 2Na_3PO_4 \longrightarrow Ca_3(PO_4)_2\downarrow + 6NaCl$$
$$3MgSO_4 + 2Na_3PO_4 \longrightarrow Mg_3(PO_4)_2\downarrow + 3Na_2SO_4$$
$$3MgCl_2 + 2NaOH \longrightarrow Mg_3(PO_4)_2\downarrow + 6NaCl$$

（2）增加泥垢的流动性

磷酸三钠与给水中 Ca^{2+}、Mg^{2+}生成的沉淀 $Ca_3(PO_4)_2$和 $Mg_3(PO_4)_2$是具有高度分散的胶体颗粒，在锅水中能作为结晶晶核，使 $CaCO_3$和 $Mg(OH)_2$在其周围析出，不易在金属表面附着，生成了流动性较强的泥垢。

在锅水存在一定碱度的条件下，Na_3PO_4和NaOH一起，能使钙硬度生成一种流动性很强的泥垢(羟灰石)，其反应如下：

$$10Ca(HCO_3)_2 + 6Na_3PO_4 + 2NaOH \longrightarrow Ca_{10}(O)(PO_4)_6 + 10Na_2CO_3 + 11H_2O + 10CO_2$$

$Mg_3(PO_4)_2$水渣比较黏，易结成再生水垢，但锅水中含有Na_2SiO_3时，即能生成流动性较强的蛇纹石泥垢。其反应如下：

$$Mg_3(PO_4)_2 + 6Na_2SiO_3 + 6H_2O \longrightarrow 3MgO \cdot 2SiO_2 \cdot H_2O + 2Na_3PO_4 + 6NaOH$$

(3) 使硫酸盐和碳酸盐等老水垢疏松脱落

特别是清除没有经过水处理而结生的老水垢尤为显著，主要是因为磷酸钙比硫酸钙和碳酸钙更容易生成。

12.4.2.4　阻垢剂

结垢是水中微溶盐结晶沉淀的结果。按结晶动力学的观点，结晶的过程首先是生成晶核，形成少量的微晶粒，然后这种微小的晶体在溶液中由于布朗运动而不断地碰撞(也和金属器壁不断的碰撞)，碰撞的结果就提供了晶体生长的机会，使小晶体长成大晶体，也就是说形成了覆盖传热面的垢层，如图12.13所示。

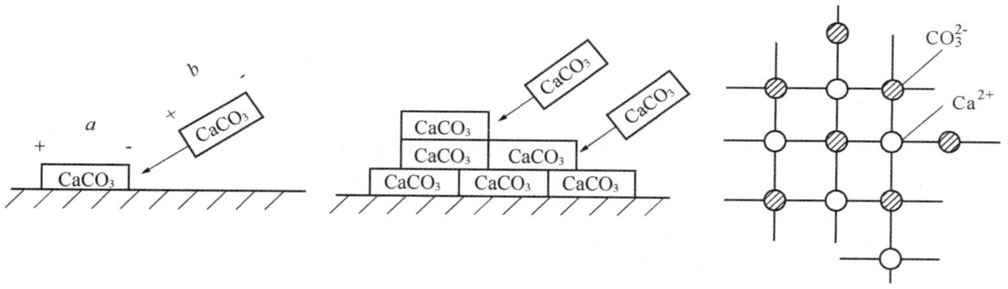

图12.13　$CaCO_3$结晶过程示意图

从碳酸钙的结晶过程看，如能投加某些药剂，破坏其结晶增长，就可以达到控制水垢形成的目的。这类投加的药剂有阻止垢体在金属表面形成和长厚的阻垢作用和保持水中固体颗粒处于微小粒径状态的分散作用，所以此药剂称为阻垢剂。目前使用的阻垢剂主要有有机聚磷酸盐(如乙二胺四亚甲基膦酸、氨基三亚甲基膦酸等)和有机聚羧酸盐(如聚丙烯酸钠、水解聚马来酸酐等)。

有机膦酸阻垢机理比较复杂，目前大致有以下两种说法。

① 开尔文效应　有机聚磷酸盐在水中能解离出氢离子，本身形成带负电荷的阴离子，该阴离子不仅能与锅水中的Ca^{2+}和Mg^{2+}形成稳定的螯合物，而且还能和已形成的$CaCO_3$晶体中的Ca^{2+}形成稳定的螯合物，从而使大的$CaCO_3$晶体变小，而$CaCO_3$的小晶体被此螯合物包围后，使其难于发生有效碰撞长大。而小颗粒的$CaCO_3$结晶在水中溶解性较大，从而提高了晶体颗粒溶解性的效应在结晶学上称为开尔文效应。

② 晶格歪曲作用　碳酸钙垢是结晶体，由带正电荷的Ca^{2+}与带负电荷的CO_3^{2-}相碰撞才能彼此结合，并按一定的方向生长。在水中加入有机膦酸盐时，它们会吸附到碳酸钙晶体的活性增长点上与Ca^{2+}螯合，抑制了晶体按一定方向生长，因此晶格歪曲。同时，部分吸附在晶体上的化合物随着晶体的增长而被卷入晶格中，使$CaCO_3$晶格发生错位，在垢层形成一些空洞，分子与分子之间的相互作用减小，使垢体变软。乙二胺四亚甲基膦酸(EDTMP)对晶体成长的歪曲作用如图12.14所示。

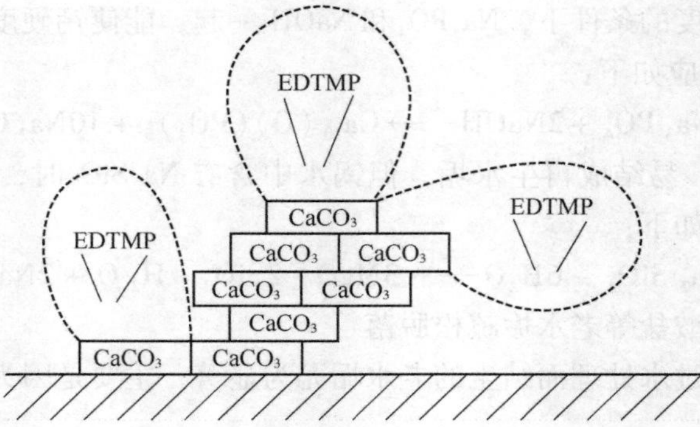

图 12.14 EDTMP 对晶体成长的歪曲作用示意图

有机聚羧酸盐的阻垢和分散机理也有多种说法，归纳起来有增溶作用、晶格畸变作用和静电斥力作用，其中增溶作用和晶格畸变作用与有机膦相似。静电斥力作用则是因为聚羧酸在水中电离成阴离子后有强烈的吸附性，会吸附在水中的杂质离子上，使其表面带有相同的负电荷而产生排斥作用，呈分散状态悬浮于水中，如图 12.15 所示。

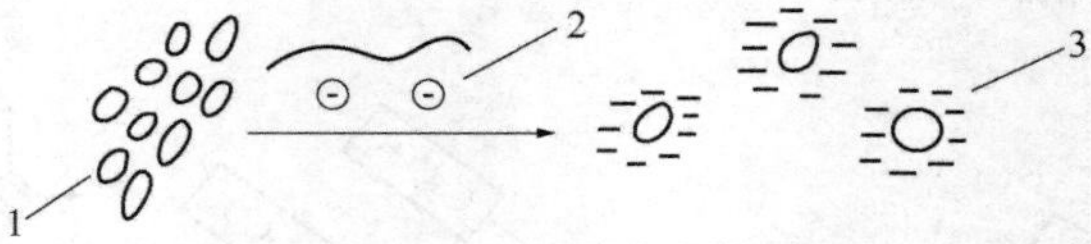

图 12.15 阴离子阻垢分散剂的分散作用示意图

1—杂质；2—阴离子阻垢分散剂；3—被分散在水中的杂质

12.4.3 锅炉水处理工程实例

南宁糖业股份有限公司制糖造纸厂的锅炉原水为邕江河水，原水的预处理系统如图 12.16 所示。该系统中水的预处理主要由水力循环澄清池和无阀滤池完成。原水在进入水力循环池前，用流量为 $80L \cdot h^{-1}$、排出压力为 0.4MPa 的隔膜式计量泵把溶解后的聚合氯化铝（混凝剂，含 Al_2O_3 为 30%）液体打入原水管内和原水一起混合后送入循环池内去接触和反应。从水力循环池出来的水，进入到无阀滤池内去过滤，把水中更微小颗粒进一步过滤掉。在无阀滤池未能滤出的原水中微小的悬浮物，进到双层滤料机械过滤器，使水质进一步得到净化。

从双层滤料机械过滤器出来的水，进入除盐水系统，如图 12.17 所示。除盐水系统采用逆流再生式阳床（强酸性凝胶型阳离子交换树脂，产品型号 001×7）和阴床（强碱性凝胶型阴离子交换树脂，产品型号 201×7）。原水经过阳树脂时，水中的阳离子，如 Ca^{2+}、Mg^{2+}、K^+、Na^+ 等被交换剂所吸附，出水呈酸性。酸性水中（$pH < 4.5$）碳酸可以全部分解为 H_2O 和 CO_2。CO_2 在除 CO_2 器内，用除碳鼓风机鼓风除去。阳床出水进入阴床。经过阴、阳床交换后，水中的各种盐类基本被除掉，变成除盐水。

在锅内水质控制方面，该厂为防止锅内钙镁离子生成水垢、消除给水带入的残余硬度，采用柱塞式活塞泵向炉水中加入磷酸三钠（$Na_3PO_4 \cdot 12H_2O$），以维持足够的 PO_4^{3-} 浓度。

采用上述工艺，该厂水质得到了有效控制，锅炉的使用寿命得到了延长。

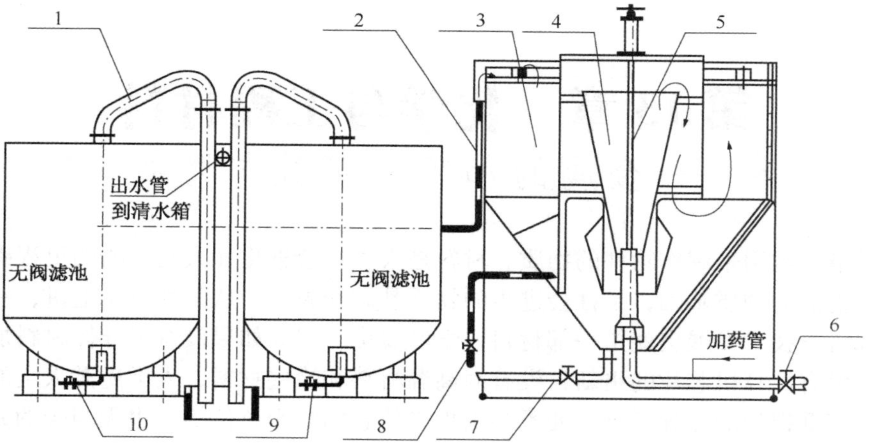

图 12.16　原水预处理系统简图

1—虹吸管；2—循环池出水管；3—循环池；4—反应筒；
5—进水调节装置；6—工业原水进水阀；7、9、10—排空阀；8—排泥浆阀

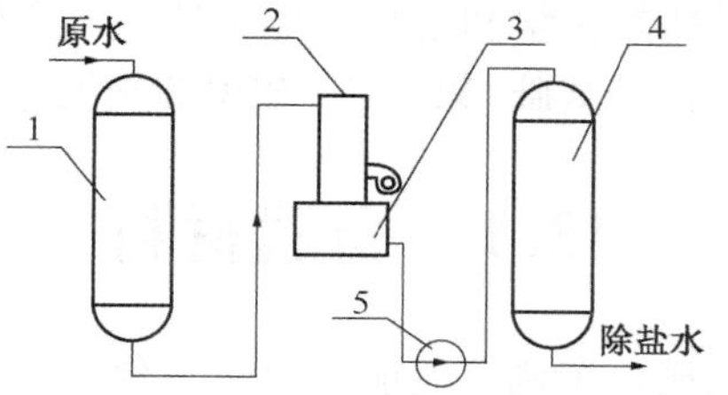

图 12.17　除盐水系统

1—阳床；2—脱碳器；3—中间水箱；4—阴床；5—中间水泵

第 13 章　化学与工程材料
——金属的加工、腐蚀与防护

材料是指人类用来制作物件的物质。材料是人类社会进化和人类文明的里程碑，是人类赖以生产和生活的物质基础，是社会进步的物质基础和先导。从某种意义上讲，一部文类文明史、一部科学技术发展史就是一部材料科学发展史。因为如果没有半导体材料加工技术的日新月异就没有计算机芯片的更新；没有耐高温材料和涂层材料，人类遨游太空的梦想就无法实现；没有低损耗的光导纤维，便不会出现光信息的长距离传输，也无当今的光通信，更无“信息公路”可言了；找不到价格低、寿命长、光电转化率高的光电转换材料，太阳能也就无法利用，人们只能“望洋兴叹”……。可见，从民用到现代工程技术，从普通工业到尖端科技都会涉及材料的选择、加工和保护。因此本章在简要阐述电解原理的基础上，结合电化学基础知识着重介绍金属材料的化学和电化学加工技术、金属材料的腐蚀与防护。

本章是氧化还原反应与电化学基础(第 7 章)知识的拓展和实际应用。

13.1　金属材料

工程材料主要是指用于机械、车辆、船舶、建筑、化工、能源、仪器仪表、航空航天等工程领域的材料。工程材料按材料的化学成分、结合键的特点可将工程材料分为金属材料、高分子材料、陶瓷材料和复合材料四大类。

金属是指以金属键结合为主，具有良好的导电性、导热性、延展性、金属光泽和一定强度和塑性的物质，而由金属元素或以金属元素为主组成的具有金属特性的工程材料则称为金属材料。金属材料包括纯金属和合金两类，是目前使用量最大、用途最广的工程材料。在人类已发现的 112 种元素中，金属元素达 90 种(不包括半金属)，但纯金属由于其强度、硬度一般都较低，而且冶炼困难，价格较高，因此在工业使用上受到很大限制。目前在工业上应用最为广泛的是合金材料。合金材料是指由两种或两种以上的金属或金属与非金属组成的材料，如黄铜是由铜和锌两种金属组成的合金。与组成合金的纯金属相比，合金具有更好的力学性能，还可通过调整组成元素之间的比例得到一系列性能不同的合金，从而满足工业生产上不同性能的要求。

金属材料，尤其是钢铁材料在国民经济建设的各个方面都有重要的作用，它们的发现和应用，开创了人类物质文明的新纪元，加速了人类社会发展的历史进程。可以毫不夸张地说，离开了金属材料的“钢筋铁骨”，世界将变得面目全非。

金属材料也可以分为黑色金属和有色金属。黑色金属是指铁、铬、锰，而有色金属指除铁、铬、锰(黑色金属)之外的其他金属，如铜、锌、铝等。

13.1.1　有色金属

有色金属大体上可以分为如图 13.1 所示的重有色金属、轻有色金属、贵金属、稀有金属和半金属等。其中，重金属的密度较大，一般在 6600kg · m^{-3} 以上，轻金属的密度都在

$4g \cdot cm^{-3}$以下，且化学性质活泼，而贵金属的共同特点则是化学性质稳定，密度大($10 \sim 22g \cdot cm^{-3}$)，熔点较高。

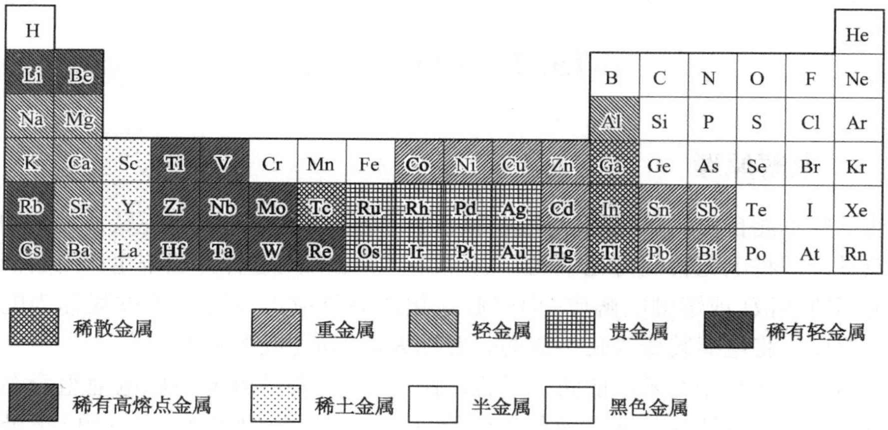

图 13.1　有色金属在元素周期表中的位置

稀有金属的命名并不是因为它们在地壳中丰度低，而是因为某些稀有金属在地壳中存储比较分散或发现较晚和冶炼较困难，因而生产和应用较晚，给人以稀有的概念，因此被称为稀有金属而沿用至今，但实际上有些稀有金属在地壳中的丰度也很高。稀有金属可以分为轻稀有金属、稀有高熔点金属、稀土金属和稀散金属。

半金属又称准金属或类金属，其性质介于金属和非金属之间。它们共同的特点是呈现金属光泽，在化学反应中都不能形成正离子，具有一种或几种同质异构体。许多半金属是典型的半导体。

与黑色金属相比，有色金属具有许多优良的性能，如镁、铝、钛等金属及其合金，由于具有相对密度小、比强度高的特点，在飞机、汽车、船舶制造等工业上应用十分广泛。有色金属已成为国民经济和国防所必需的材料，许多有色金属特别是稀有金属已成为国家重要的战略金属。虽然有色金属的年消耗量仅占金属材料的5%，但任何工业部门都离不开有色金属材料，尤其是空间技术、原子能、计算机和电子等新兴工业领域。

我国是世界上最早进行有色金属冶炼和使用的国家之一，曾创造了灿烂的青铜文化。目前，我国的有色金属产量仅次于美国位居世界第二位，其中 Zn、Sn、Sb 和 W 的产量已经稳居世界第一位，而且我国也是世界上最大的稀土金属生产和出口国。常用的有色金属有铝及铝合金、铜及铜合金、钛及钛合金、镍及镍合金等。

13.1.2　黑色金属

黑色金属包括铁、铬和锰及其的合金，应用最为广泛的是钢铁材料。钢铁材料实质为钢和生铁的统称，他们的基本成分都是铁，其差别仅在于含碳量的不同，当碳含量小于2.11%时称为钢，反之称为铁，也就是说钢和生铁是“孪生兄弟”。

钢铁材料的种类很多，有塑性很好强度较低的低碳钢，有强韧性很好的中碳钢、有硬而耐磨的高碳钢、也有塑性很差但消震、铸造性很好的铸铁等等。如果对其加入合金元素进行合金化，则会使性能产生明显变化，如可得到耐腐蚀的不锈钢、耐高温的耐热钢、耐低温的低温钢、削铁如泥的“高速钢”和具有导磁性的磁钢等等。

钢铁是现代工业、农业、国防和科技不可缺少的重要材料。钢铁材料占金属材料的

95%，但自20世纪后半叶以来，由于其他材料的迅速崛起和发展，金属材料的地位有所下降，但钢铁材料产业绝对不是“夕阳工业”。

13.2　电解技术

13.2.1　电解原理

若遇使某些不能自发的氧化还原反应得以进行或使原电池的反应逆转，就必须向体系提供一定的能量，即将电能转变为化学能。电解工业就是利用这种方法来生产电解产品的。使电流通过电解质溶液（或熔融电解质）而引起氧化还原反应得以进行的过程称为电解，这种通过氧化还原反应将电能转变为化学能的装置称为电解池（或电解槽）。

原电池与电解池是相互矛盾的两个过程。图13.2是将电解池与原电池组合在一起的示意图，可以用来比较电解池与原电池的工作原理。电解池与原电池（或电源）正极相连的一极为阳极，电解池与原电池负极相连的一极为阴极。也就是说，电解池与原电池的连接规则是阳极接正极，阴极接负极，原电池的负极发生的是氧化反应，原电池的正极发生的是还原反应。而电解池恰恰相反，电解池的阴极发生的是还原反应，而电解池的阳极发生的是氧化反应。原电池与电解池比较可归纳如表13.1所示。

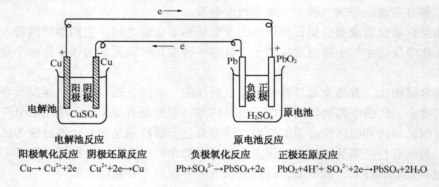

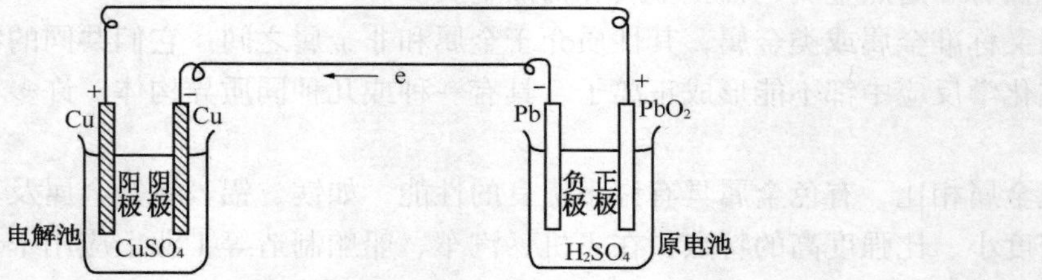

电解池反应

阳极氧化反应　$Cu \rightarrow Cu^{2+}+2e$

阴极还原反应　$Cu^{2+}+2e \rightarrow Cu$

原电池反应

负极氧化反应　$Pb+SO_4^{2-} \rightarrow PbSO_4+2e$

正极还原反应　$PbO_2+4H^{+}+SO_4^{2-}+2e \rightarrow PbSO_4+2H_2O$

图13.2　电解池与原电池的关系

表13.1　原电池与电解池的对比

项目	原电池		电解池	
电子流动方向	由负极流向正极		由阳极流向阴极	
电极名称	负极	正极	阳极	阴极
电极特点	电子流出的极	电子流入的极	与电源负极连接	与电源正极连接
电极反应	氧化反应	还原反应	还原反应	氧化反应
装置作用	化学能转变为电能，自发进行		电能转变为化学能，需在外电流作用下被迫进行	

在电解池中，电子一方面从电源的负极沿导线进入电解池的阴极；另一方面，电子又离开电解池的阳极沿导线流回电源的正极。这样阴极上电子过剩，阳极上电子缺少；电解液（或熔融液）中的正离子移向阴极，在阴极上得到电子进行还原反应；负离子移向阳极，在阳极上给出电子进行氧化反应。在电解池的两极反应中，正离子得到电子及负离子给出电子

的过程都叫放电。

在水溶液中电解时，除了电解质的正、负离子以外，还有水离解出来的 H^+ 和 OH^- 离子。所以每个电极上至少有两种离子可能放电，究竟哪一种离子先放电取决于它们的析出电势。析出电势与标准电极电势、离子浓度以及电解产物在所使用电极上的超电势等因素有关。

13.2.2 分解电压与超电势

电解时，当外电源对电解池两极施加电压高于一定数值时，电流才能通过电解液使电解得以顺利进行。能使电解顺利进行所必须的最低电压称为分解电压。电解时两极上的电解产物实际上又组成一个原电池，该电池的电动势与外加电压方向相反，要使反应顺利进行，外加电压必须克服这一电动势，这个电压是理论分解电压(即电池的电动势)，可以由 Nernst 公式来计算。而实际上的分解电压要高于理论分解电压，它可以由实验测定。

电解池的理论分解电压是在无净电流通过时可逆电池的电动势，而电解池和原电池在工作时，实际上都有净电流流过。由于净电流的通过打破了电极的平衡，电极成为非平衡(不可逆)电极。若无净电流流过时，电极的电极电势为 E_r，有电流流过时不可逆电极的电极电势为 E_{ir}，则超电势 η 可表示为

$$\eta = E_{ir} - E_r \tag{13-1}$$

电极电势偏离平衡电极电势的现象在电化学中统称为“极化”。所以，超电势的大小可用来度量一个电极的极化程度。电极极化规律为:

① 阳极极化后电极电势升高，所以

$$\eta_{阳} = E_{ir} - E_r \quad E_{ir} = E_r + \eta_{阳} \tag{13-2}$$

② 阴极极化后电极电势降低，所以

$$\eta_{阴} = E_r - E_{ir} \quad E_{ir} = E_r - \eta_{阴} \tag{13-3}$$

由电极极化规律可知，电解池的分解电压必须高于理论分解电压；而原电池的实际工作电压必然小于它的开路电压(即电动势)。

一般说来，除 Fe，Co，Ni 等少数金属离子以外，通常金属离子在阴极上析出时极化程度都很小。相比之下，气体在电极上析出时超电势较大，而 H_2，O_2 超电势则更大。因而，气体的超电势是不容忽视的。

13.2.3 电解产物的判断规律

(1) 阴极产物

电解池中氧化态物质一般是金属正离子和 H^+。由于金属离子的浓度较大，且金属的超电压较小，因此金属的实际析出电势可近似地用其标准电极电势来估计。H^+ 的浓度较小、超电压较大，这两个因素对氢气的析出都有很大影响。

若金属离子具有较大的标准电极电势值，则金属离子首先在阴极放电析出，如 $Ag^+ > Cu^{2+} > Ni^{2+} > Fe^{2+} \cdots$。若溶液中只有标准电极电势值很低的金属离子，如 Al^{3+}、Mg^{2+}、Na^+、K^+ 等，这时 H^+ 离子在阴极上放电。

(2) 阳极产物

电解池中还原态物质除负离子和 OH^- 外，有时还有可溶性阳极(如 Fe，Cu 等)。对于一般金属及 S^{2-}、I^-、Br^-、Cl^- 等负离子，阳极产物的实际析出电势可近似地用其标准

电极电势来估计。而 OH^- 浓度较小，且氧的超电压较大，这两个因素对氧气的析出都有很大影响。

若阳极材料为一般金属(除 Au、Pt 外的可溶性阳极)，如 Fe、Cu、Ag，则放电(溶解)次序是 Ag、Cu、Fe；若阳极为惰性电极(如铂、石墨)，溶液中存在简单负离子如 I^-、Br^-、Cl^-，则放电次序：I^-、Br^-、Cl^-；若阳极为惰性电极，且溶液中不存在简单负离子，只存在如 SO_4^{2-} 这类难被氧化的复杂离子，则 OH^- 离子在阳极放电产生氧气。

13.3　金属材料的化学与电化学加工

13.3.1　化学镀

化学镀是指使用合适的还原剂，使镀液中的金属离子还原成金属而沉积在镀件表面上的一种镀覆工艺。选用不同的还原剂可获得 Ni、Cu、Au、Ag、Pd 等各种镀层。与电镀相比，化学镀的优点是不需要外加电源，仅利用溶液中的还原剂即可将金属离子还原为金属并沉积在基体表面上形成镀层。化学镀不仅可在不规则的表面上沉积镀层，也可进行局部施镀，而且操作方便、工艺简单、镀层均匀、孔隙率小、外观良好，因此化学镀现已广泛用作钢、铜、铝、塑料、陶瓷等许多材料的电镀打底、装饰和防护等。

化学镀是一个自催化氧化还原反应的连续过程。为使金属的沉积过程只发生在镀件上，而不发生在溶液中，一般都要先对镀件表面进行预处理，使表面转化为具有催化活性的表面，从而能对表面上还原剂与金属离子的反应起到催化作用。当需要表面进行镀覆的材料是 Fe、Cu 时，因其本身具有催化性能，化学镀覆预处理工艺较为简单。然而，当需要表面进行镀覆的材料是诸如塑料、石头、纸张、陶瓷、玻璃、棉布等非金属材料时，由于其本身不具有催化性能，化学镀覆前必须进行敏化、活化处理，使其形成能引发化学镀的高活性表面。下面以在 ABS 工程塑料表面进行化学镀镍为例来说明化学镀的原理和步骤。

(1) 表面处理　利用有机溶剂、碱液清除镀件表面污垢，用酸与强氧化剂作用使表面粗化，以增大接触面积与亲水性，再投入敏化剂($SnCl_2$或 $TiCl_3$溶液)中以吸附一层易氧化的还原性物质(如 $SnCl_2$)，然后浸入含有氧化剂($AgNO_3$、$PdCl_2$、$AuCl_3$等)的溶液中使敏化剂被氧化，在镀件表面形成一层有催化活性的金属膜，这一步骤称为活化。实践证明，Ag、Au、Pd 等都是化学镀中良好的催化剂，活化处理的反应为

$$Sn^{2+} + 2Ag^+ \rightleftharpoons Sn^{4+} + 2Ag$$

析出的金属微粒具有催化活性，它既是化学镀的催化剂，又是结晶的核心。

(2) 镀覆金属层　将经上述处理过的镀件置于含 Ni^{2+}、还原剂、配合剂、缓冲剂和稳定剂的镀液中，使其发生催化还原而连续沉积出金属。常用的化学镀镍液由硫酸镍、次磷酸钠、柠檬酸钠、氯化铵和少数稳定剂组成。首先，在加热的条件下，催化表面附近的次磷酸盐被氧化为亚磷酸盐并放出原子氢，原子氢被催化剂部分吸附。一部分吸附的活性氢原子(电子供给体)与吸附的 Ni^{2+} 相互作用生成 Ni，而另一部分还原吸附在催化表面上的 HPO_3^{2-} 生成 P，P 进入镀层，从而形成 Ni - P 合金。过程的相关反应为：

$$H_2PO_2^- + H_2O \xrightleftharpoons[\triangle]{\text{催化}} HPO_3^- + H^+ + 2[H]$$

$$Ni^{2+} + 2[H] \rightleftharpoons Ni + 2H^+$$

$$HPO_3^{2-} + 3[H] \rightleftharpoons H_2O + P + OH^-$$

化学镀形成的镀层一般较薄，厚度约为0.05～0.2μm，尚不能满足防腐要求，因此必须再采取电镀方法进行加厚。

13.3.2 电镀

电镀是在含有某种金属离子的电解液中，将被镀工件作为阴极，通以一定波形的低压直流电，使金属离子得到电子不断在阴极沉积为金属的加工过程。电镀的目的是在基材表面镀上金属镀层，以改变基材的表面性质或尺寸，增强金属的抗腐蚀性(镀层金属多采用耐腐蚀的金属)和硬度、防止磨耗、提高导电性、润滑性、耐热性和表面美观。电镀时，镀层金属或其他不溶性材料做阳极，待镀的工件做阴极，镀层金属的阳离子在待镀工件表面被还原形成镀层。为排除其它阳离子的干扰，并使镀层均匀、牢固，需用含镀层金属阳离子的溶液做电镀液，以保持镀层金属阳离子浓度不变。

13.3.2.1 金属电镀

电镀单金属方面，有镀铬、镀铜、镀镉、镀锡、镀铅、镀铁、镀银、镀金等。电镀合金方面有：电镀铜基、锌基、镉基、铟基、铅基、锡基、镍基、钴基和钯镍合金等。复合电镀方面有：镍基复合电镀、锌基复合电镀、银基复合电镀和金刚石镶嵌复合电镀等。

铬是一种微带天蓝色的银白色金属。虽然铬的电极电势很小，但它有很强的钝化性能，在大气中能很快被钝化而显示出贵金属的特性，所以铁零件镀铬层是阴极镀层。铬镀层很稳定，能长期保持其光泽，即使在碱、硝酸、硫化物、碳酸盐以及有机酸等腐蚀介质中也非常稳定。同时，铬层硬度高，耐磨性好，反光能力强，有较好的耐热性，在500℃以下光泽和硬度均无明显变化。因此，镀铬层广泛用作防护－装饰镀层体系的外表层和机能镀层。

镀铜层呈粉红色，质柔软，具有良好的延展性、导电性和导热性，易于抛光，经适当的化学处理可得古铜色、铜绿色、黑色和本色等装饰色彩。但镀铜易与二氧化碳或氯化物作用，表面生成一层碱式碳酸铜或氯化铜膜层而失去光泽。因此，作为装饰性的镀铜层需在表面涂覆有机覆盖层。

13.3.3.2 塑料电镀

塑料因硬度低、无金属光泽、无导电性而使其在某些领域的应用受到限制。塑料电镀不仅可改善塑料表面的物理、化学性能及外观，而且能部分代替金属材料，并以注塑成型代替机械加工，可提高生产效率、降低成本和扩大应用范围。最初的塑料电镀制品主要用于汽车工业(如汽车门把手)，但随着研究的深入，塑料电镀制品已大量用于办公设备、通信设备和电子电器等领域。目前，塑料电镀工艺已实现工业化

可电镀的塑料较多，如ABS、聚丙烯、尼龙、玻璃纤维增强环氧树脂和氟塑料等。其中，ABS电镀塑料应用最多，这是因为ABS与镀层的结合力较好。此外，玻璃纤维增强环氧树脂印制板孔金属化，也能得到结合力较高的镀层。但是，聚四氟乙烯等塑料的电镀则必须对表面进行特殊处理，改善表面性能。

塑料是不良导体，镀前必须经复杂的处理。塑料湿法电镀工艺的基本流程为：除油→(预处理)→浸蚀→中和→(表面清洗)→添加催化剂→活化→非电解电镀→电镀。塑料件经化学镀后，可根据不同需要电镀其他镀层。

经化学镀的塑料件可进行光亮镀铜，也可先镀铜后镀光亮铜，然后电镀镍、铬。为提高铜、镍、铬体系的抗蚀性和经济效益，铜、镍、铬体系可采用组合的形式，以双层镍或三层

镍代替单层镍，以微孔铬或微裂纹铬代替一般铬。

镀金层色泽夺目、装饰性强。仿金镀层主要采用铜合金，有铜锌、铜锡、铜锌锡及其它金属盐类组合的合金。这些合金镀层具有金子般的色泽，但镀层易氧化变色。因此，仿金镀层镀后需进行钝化和涂覆有机涂料等处理，以防变色并提高其耐磨性和抗蚀性。

13.3.3 电铸

电铸是用导电的模具作阴极，用电铸的金属作阳极，用电铸材料的金属盐溶液作为电铸液，镀液中金属离子在电场作用下，在阴极模具表面还原析出，并直接成型的一种电化学加工方法。电铸的基本原理和工艺过程实际上与电镀是相似的。二者的根本区别是镀层的厚度不同。电铸镀层厚度约为0.05～5mm，比一般电镀层(0.01～0.05mm)厚得多。镀层一厚，镀层与基体间的黏着力就明显降低，易于剥落。电镀要求镀层薄而致密，以达到保护、防腐和装饰作用。电铸则要求在阴极模具表面有较厚的沉积。这样，镀层本身强度高，而与模具的黏着力较小，能把镀层完整地剥离。电铸得到的电铸件与原模凸凹相反，其原理如图13.3所示。

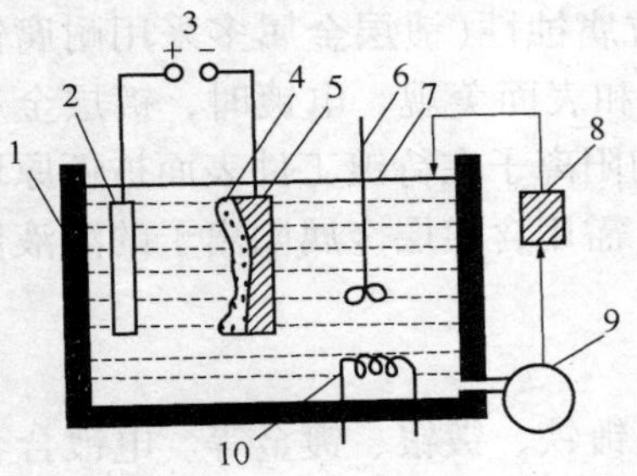

图13.3　电铸原理图

1—电铸槽；2—阳极；3—直流电源；4—电铸层；5—原模(阴极)；6—搅拌器；7—电铸液；8—过滤器；9—泵；10—加热器

对于机械加工困难或费用太高的部件，或制品形状复杂并且尺寸精度要求很高、需精密地重现微细表面模纹时，用电铸方法比较适宜。所以电铸常用于复制模具、工艺品和加工高精度空心零件、薄壁零件及导管。如果阴极表面粗糙度小，电铸还可制作镜面。

电铸所用原模均需事先进行表面处理。如是金属材料，一般须经钝化处理；如是非金属材料，则可用化学镀、涂石墨等作导电化处理。

13.3.4 电解加工

电解加工是利用金属在电解液中发生电化学阳极溶解的原理将工件加工成形的一种特种加工方法，其工作装置如图13.4所示。

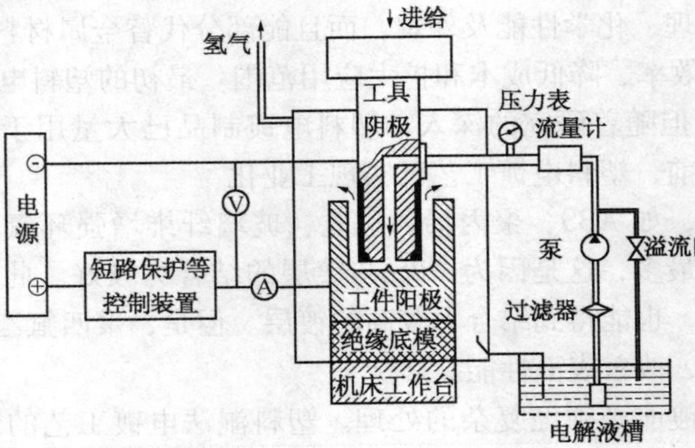

图13.4　电解加工示意图

电解加工时，将工件接直流电源的正极为阳极，按所需形状制成的工具接直流电源的负极为阴极，两极间保持很小的间隙(0.1～1mm)，使高速流动的电解液从中通过，以输送电解液和及时带走电解产物。加工开始时，阳极表面每个铁原子在外电源的作用下释放出两个电子，成为正的二价铁离子而溶解进入电解液中。溶入电解液中的 Fe^{2+} 又与 OH^- 离子化合生成 $Fe(OH)_2$，由于其在水溶液中的溶解度很小，故生成沉淀而离开反应系统。$Fe(OH)_2$ 沉淀为絮状物，随着电解液的流动而被带走。$Fe(OH)_2$又逐渐为电解液中及空气中的氧氧化为 $Fe(OH)_3$，$Fe(OH)_3$为黄褐色沉淀(铁锈)。在阴极上正的氢离子被吸附并从电源得到电子而析出氢气。由于工件与模具具有不同的形状，因此，工件的不同部位有着不同的电流密度。阴极和阳极之间距离最近的地方，电阻最小，电流密度最大，所以在此处溶解最快。随着工件表面金属材料的不断溶解，工具阴极不断地向工件进给，溶解的电解产物不断地被电解液冲走，阴极和阳极各部位之间的距离差别逐渐缩小，直到间隙相等，电流密度均匀，此时工件表面形状与模件的工作表面完全吻合。

电解加工中所用的电解液不仅作为导电介质传递电流，而且在电场的作用下进行化学反应，同时电解液也要及时地把加工间隙内产生的电解产物和热量带走。因此，电解液应具有较低的分散能力、较高的导电率、较低的粘度，以保证良好的导电性、流动性、溶解性和起到降温作用。此外，由于电解加工电解液的用量甚大(每 1000A 加工电流需 3 ~ 5 m^3 电解液)，因此要求它安全、无毒、价廉、稳定。常用的电解液有 NaCl、$NaNO_3$、$NaClO_3$ 的中性盐溶液、酸性盐溶液和碱性盐溶液，其中质量分数为 14% ~18% 的 NaCl 溶液，适用于大多数黑色金属或合金的电解加工。

电解加工能一次性加工出形状复杂的型面、型腔、异形孔；可以加工一般机制工艺难以加工的高硬度、高韧性、高强度材料，如硬质合金、淬火钢、耐热合金、钛合金等而且生产率高，加工后零件表面质量好，阴极工具在理论上不损耗，可长期使用。因此，电解加工的范围很广。

13.3.5 电解抛光

化学抛光与电解抛光都是一种依靠优先溶解材料表面微小凸凹中的凸出部位的作用，使材料表面平滑和光泽化的加工方法。不同的只是化学抛光是依靠纯化学作用与微电池的腐蚀作用，而电解抛光则是借助外电源的电解作用。电解抛光通过对电压、电流等易控制的量，对抛光实行质量控制。当电流密度过小时，金属表面会产生腐蚀现象，且生产效率低；当电流密度过大时，会发生氢氧根离子或含氧的阴离子的放电现象，且有气态氧析出，从而降低了电流效率。电解抛光的缺点是需要用电，设备较复杂，且对复杂零件因电流分布不易均匀而难以抛匀。下面以电解抛光为例简述其抛光原理。

电解抛光的基本原理与电解加工相同，但电解抛光的阴极是固定的，极间距离大(1.5 ~200 mm)，去除金属量少。抛光时将工件作阳极，选择在溶液中不溶解且电阻小的材料(如铜、石墨、不锈钢等)作阴极。电解抛光液视工件材料不同而异。用得最多的为磷酸、硫酸、铬酸，常称“三酸”抛光液。钢铁件电解抛光两极的主要反应为

阳极：$Fe(s) \rightleftharpoons Fe^{2+}(aq) + 2e$

阴极：$Cr_2O_7^{2-} + 14H^+ + 6e \rightleftharpoons 2Cr^{3+} + 7H_2O \qquad 2H^+ + 2e \rightleftharpoons H_2$

电解抛光的特点是：①抛光的表面不会产生变质层，无附加应力，并可去除或减小原有的应力层；②对难以用机械抛光的硬质材料、软质材料以及薄壁、形状复杂、细小的零件和制品都能加工；③抛光时间短，而且可以多件同时抛光，生产效率高；④电解抛光所能达到的表面粗糙度与原始表面粗糙度有关，一般可提高两级。

受电解液通用性差、使用寿命短和强腐蚀性等因素的影响，电解抛光主要用于表面粗糙度小的金属制品和零件，如反射镜、不锈钢餐具、装饰品、注射针、弹簧、叶片和不锈钢管等，还可用于某些模具(如胶木模和玻璃模等)和金相磨片的抛光。

13.3.6 化学刻蚀和电刻蚀

腐蚀会给人类带来损失，但也可被人类利用。工程技术中常利用化学腐蚀和电化学腐蚀的原理进行材料加工。

化学蚀刻(又称化学剥落或化学铣切)就是利用腐蚀原理进行金属定域"切削"的加工方法。零件经去油除锈后，常用氯丁橡胶或聚乙烯醇等溶液涂在不需要腐蚀部分的表面，固化后形成耐蚀胶膜的高分子包覆层。再用特殊的刻划刀将准备腐蚀加工处的耐蚀层去除，浸入刻蚀液中，将未包覆部分腐蚀掉，以达到挖槽、开孔等定域加工之目的，其原理如图5－5所示。按照零件要求(腐蚀程度)和金属在蚀刻液中的腐蚀速率确定腐蚀时间。蚀刻液要定期检查、及时调整。腐蚀加工完毕，就可去掉防蚀层。化学蚀刻不仅适合于难切削的不锈钢、钛合金、铜合金等，而且可广泛应用于印刷电路的铜布线腐蚀和半导体器件与集成电路制造中的精细加工，如刻铝引线、照相制版工艺的铬版腐蚀、Si、Ge等的腐蚀。蚀刻液随加工材料而定，可查有关手册。

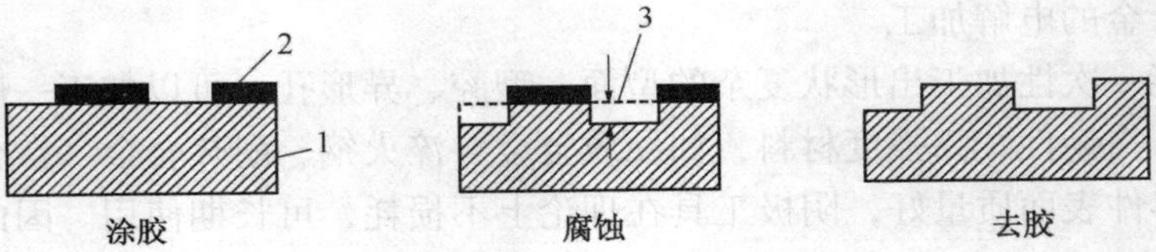

图13.5　化学蚀刻原理示意图

1—被加工零件；2—耐蚀焦膜；3—腐蚀深度

电刻蚀是应用电化学阳极溶解的原理在金属表面蚀刻出所需图形或文字的加工方法。由于电刻蚀所去除的金属量较少，因而无需用高速流动的电解液来冲走由工件上溶解出的产物。加工时，阴极固定不动。电刻蚀有以下四种加工方法。

(1) 按要刻的图形或文字，用金属材料加工出凸模作为阴极，被加工的金属工件作为阳极，两者一起放入电解液中。接通电源后，被加工件的表面就会溶解出与凸模上相同的图形或文字。

(2) 将导电纸(或金属箔)裁剪或用刀刻出所需加工的图形或文字，然后粘贴在绝缘板材上，并设法将图形中各个不相连的线条用导线在绝缘板背面相连，作为阴极。该方法适于图形简单，精度要求不高的工件。

(3) 对于图形复杂的工件，可采用制印刷电路板的技术，即在双面敷铜板的一面形成所需加工的正的图形，并设法将图形中各孤立线条与敷铜板的另一面相连，作为阴极。该法不适于加工精细且不相连的图形。

(4) 在待加工的金属表面涂一层感光胶，再将要刻的图形或文字制成负的照相底片覆在感光胶上，采用光刻技术将要刻除的部分暴露出来。这时阳极仍是待加工的工件，而阴极可用金属平板制成。

13.3.7 电解精炼

电解精炼是利用不同元素阳极溶解或阴极析出的难易程度而提纯金属的技术。电解时用欲精炼的粗金属作阳极，用含有该金属离子的溶液作电解液，纯金属作阴极，控制一定电位，使溶解电位比欲精炼金属正的杂质存留在阳极或沉积在阳极泥中，使溶解电位比精炼金属负的杂质溶入溶液，但不在阴极沉淀，使欲精炼的金属在阴极上沉淀而得到精炼。电解精炼可以得到纯度很高的金属，因此，常被用于有色金属的精炼。下面以精炼铜为例说明电解精炼的原理和工艺。

铜火法精炼的产品是含铜 99.0% ~99.6% 的粗铜，粗铜中常含有的杂质为铁、锡、铅、钴、镍、银、金、铂、砷、锑、铋、氧、硫、硒、碲、硅等。粗铜中杂质含量低，一般方法难以除去。电解精炼时用纯铜薄片作阴极，把阴、阳极放在电解槽中，用硫酸、硫酸铜水溶液作电解液，如图 13.6 所示。

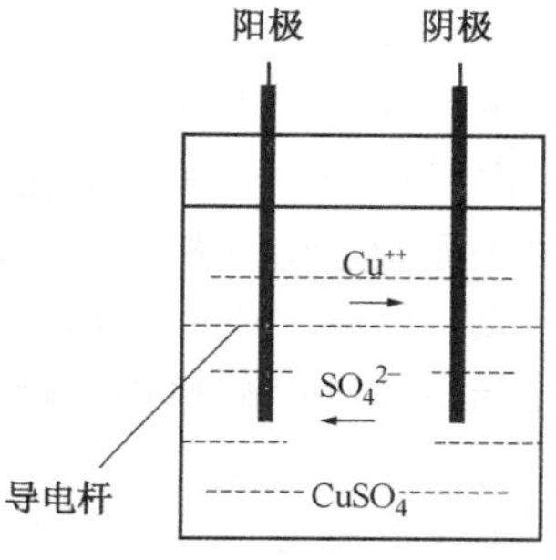

图 13.6　铜电解精炼过程示意图

在直流电的作用下，比铜电极电势小的杂质元素（铁、锡、铅、钴、镍等）在阳极溶解，以二价离子进入电解液，其中 Pb^{2+}、Sn^{2+} 生成难溶的氧化物而转入阳极泥，而其余则在电液中积累，待电解液净化过程中去除；比铜电位正的元素（如银、金、铂族元素），在电解过程中几乎全部进入到阳极泥中，待电极泥清除时除去；电位与铜接近但较铜小的杂质（如砷、锑、铋），由于其含量很低，一般很难在阴极析出，而是溶解成离子进入溶液，在溶液中大部分水解成固态氧化物，一部分则在电解液中积累。砷、锑、铋离子的积累对电铜的危害程度要远大于其他杂质，尤其锑，电解液中 Sb 含量超过 $0.6 g \cdot L^{-1}$ 达 $0.8\ g \cdot L^{-1}$ 以上后，极易形成飘浮阳极泥，从而附着在阴极上部，使阴极晶体长大；硫、硒、碲、硅等杂质在精炼过程中或在阳极上形成程度不同的松散外壳或从阳极表面脱落进入电极泥。而铜从阳极溶解下来进入溶液，溶液中的铜则在阴极上析出，其反应为

$$阳极：Cu - 2e \rightleftharpoons Cu^{2+}$$

$$阴极：Cu^{2+} + 2e \rightleftharpoons Cu$$

这样，阴极上析出的金属铜纯度很高，称为阴极铜或电铜。

可见，金属的电化学技工技术或利用电化学反应过程中的阳极溶解（电解加工、电化学抛光）来进行加工，或利用电化学反应过程中的阴极沉积（电镀、电铸等）来进行加工。除此之外，也可利用电化学加工与其它加工方法相结合的电化学复合加工工艺进行加工，如电解磨削电解作用和机械磨削相结合的加工过程。导电磨削时，工件接在直流电源的阳极上，导电的砂轮接在阴极上，两者保持一定的接触压力，并将电解液引入加工区。当接通电源后，工件的金属表面发生阳极溶解并形成很薄的氧化膜，其硬度比工件低得多，容易被高速旋转的砂轮磨粒刮除，随即又形成新的氧化膜，又被砂轮磨去。如此进行，直至达到加工要求为止。

13.4　金属的腐蚀与防护

金属腐蚀是指金属在环境（空气、酸碱溶液）作用下，发生氧化还原反应而遭到破坏的现象。金属腐蚀按机理可分为化学腐蚀和电化学腐蚀。

13.4.1 化学腐蚀

化学腐蚀是指材料与非导电性介质直接发生纯化学作用而引起的材料破坏，一般发生在在高温或非电解质环境中。在化学腐蚀过程中，电子的传递是在材料与介质之间直接进行的，没有电流产生。

（1）高温氧化

金属在高温下和其周围环境中的氧作用，生成金属氧化物的过程称为金属的高温氧化。在高温气体中，金属的氧化最初是化学反应，但氧化膜的成长过程则属于电化学机理。因为金属表面膜已由气相变为既能电子导电，又能离子导电的半导体氧化膜。

除氧气外，CO_2、H_2O、SO_2也可引起高温氧化。其中，水蒸气具有特别强的氧化作用，如在燃烧气体中耐热钢的耐氧化性之所以恶化，主要是水蒸气和燃烧气体共存所致。

（2）高温硫化

金属在高温下与含硫介质（如 H_2S、SO_2、Na_2SO_4、有机硫化物等）作用，生成硫化物的过程，称为金属的高温硫化。广义上讲，物质失去电子化合价升高的过程都称为氧化，即硫化也是广义的氧化。但硫化比氧化更显著，这是因为硫化速度一般比氧化速度高一至两个数量级；生成的硫化物具有特殊的性质，不稳定、容积比大，膜易剥离、晶格缺陷多，熔点和沸点低，易生成不定价的各种硫化物。此类硫化物与氧化物、硫酸盐及金属等易生成低熔点共晶。因此耐高温硫化的材料不多。

在炼油、石油化工、火力发电、煤气化及各种燃料炉中经常遇到硫化腐蚀。

钢铁和低合金钢在300℃以上、不锈钢在600～700℃以上时将发生硫化。钢铁硫化膜的生长规律遵从抛物线规律，硫化物内层主要是FeS，外层用 FeI－yS 表示。铁铬合金硫化物外层 I 是 FeI－yS，外层 II 是尖晶石硫化物 $FeCr_2S_4$，内层是多孔的 Fe 和 Cr 的硫化物。如果铁铬合金中，Cr 的百分含量大于生成连续的 $FeCr_2S_4$层中的 Cr 含量，硫化速度将显著下降。

加氢、催化重整装置等系统中经常发生高温 H_2-H_2S 腐蚀。钢在 H_2+H_2S 环境中，表面仍然生成 FeS 膜层。如果这层膜比较致密，可以阻碍钢表面对氢的吸收和扩散，从而抑制"氢腐蚀"。另一方面，同温高压氢与 H_2S 同时存在时，原子氢向表面 FeS 膜中渗透，使 FeS 膜变得比较疏松多孔，容易破裂剥落。此时 H_2S 则与膜下方暴露出来的钢表面继续反应，即 H_2加速了 H_2S 腐蚀（高温硫化）的速度。

（3）渗碳和脱碳

钢的渗碳是由于高温下某些碳化物（如 CO、烃类）与钢铁接触时发生分解而生成游离碳，破坏氧化膜，渗入钢内生成碳化物的结果。气体中有少量氧存在时，由于渗碳而形成蚀坑。腐蚀生成物是丝状的细片或粉末状的氧化物、碳化物和石墨等，在气体流速大的地方，腐蚀后生成物易被冲刷掉而形成强烈侵蚀。渗碳会造成金属出现裂纹、蠕变断裂、热疲劳和热冲击。在650℃以下出现脆性断裂、金属粉化、壁厚减薄，使金属机械性能降低。

钢的脱碳是由钢中的渗碳体在高温下与气体介质作用所产生的结果，过程中发生的主要反应为

$$Fe_3C+O_2 = 3Fe+CO_2$$

$$Fe_3C+H_2O = 3Fe+CO+H_2$$

$$Fe_3C+2H_2 = 3Fe+CH_4$$

反应结果导致表面层的渗碳体减少，而碳便从邻近的尚未反应的金属层逐渐扩散到反应区，

于是有一定厚度的金属层因缺碳而变成为铁素体。表面脱碳造成钢铁表面硬度和疲劳极限降低。金属内部的脱碳(氢腐蚀)引起金属的机械性能下降，进而造成氢致裂纹或氢鼓泡。

（4）环烷酸腐蚀

环烷酸是原油中烃类氧化物的通称，用分子式 $C_nH_{2n-1}COOH$ 表示。环烷酸主要集中于 230～290℃和 350～400℃两段馏分油中。环烷酸腐蚀的反应式如下：

$$2RCOOH + Fe = Fe(RCOO)_2 + H_2$$

$$2RCOOH + FeS = Fe(RCOO)_2 + H_2S$$

$Fe(RCOO)_2$可溶于油相中。

随着原油酸值的增大、流速的增快，腐蚀加重。尤其在金属粗糙不平的表面和湍流区环烷酸的腐蚀更严重。环烷酸腐蚀形态呈沟漕状。

13.4.2 电化学腐蚀

13.4.2.1 电化学腐蚀的类型

形成微电池通过电化学反应实现的腐蚀称为电化学腐蚀。电化学腐蚀可分为析氢腐蚀、吸氧腐蚀和浓差腐蚀。

当铁基构件暴露于潮湿的大气中时，由于表面的吸附作用，会在钢铁表面形成一层极薄的水膜，这层水化膜被空气中的酸性气体 CO_2、SO_2等所饱和，使水膜变成酸性，溶液中有氢离子存在。而钢铁的主要成分是 Fe，内含少量 Fe_3C，Fe_3C 不如铁的性质活泼，这样在钢铁的微观结构上就形成了 Fe、Fe_3C 浸没于酸性溶液中的微小原电池(简称微电池)，如图 13.7 所示。

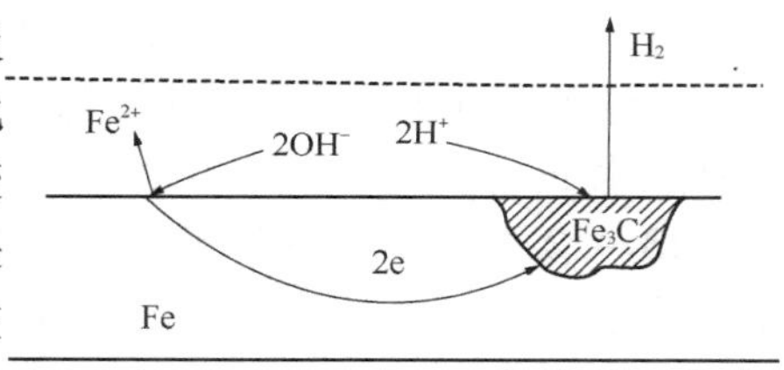

图 13.7　Fe 的析氢腐蚀

在 $Fe-Fe_3C$ 的微电池中提供电子的极为阳极(Fe 极)，接受电子的极为阴极(Fe_3C 极)，阴阳极间的电化学反应为

阳极(Fe)：$$Fe - 2e = Fe^{2+}$$

$$Fe^{2+} + 2H_2O = Fe(OH)_2 + 2H^+$$

阴极(Fe_3C)：$$2H^+ + 2e = H_2\uparrow$$

总反应：$$Fe + 2H_2O = Fe(OH)_2 + H_2\uparrow$$

$Fe(OH)_2$发生进一步氧化生成 $Fe(OH)_3$，$Fe(OH)_3$脱水形成红褐色铁锈 Fe_2O_3。由于 Fe_2O_3结构疏松，不能阻止铁锈下面的 Fe 与 Fe_3C 继续形成微电池，因而铁的腐蚀还要持续进行。此腐蚀过程由于有氢气的放出，所以称之为析氢腐蚀。

在中性或或者弱酸性介质中发生“吸收”氧气的电化学腐蚀称为吸氧腐蚀，其反应式为

阳极(Fe)：$$Fe - 2e = Fe^{2+}$$

阴极(Fe_3C)：$$O_2 + 2H_2O + 4e = 4OH^-$$

总反应：

$$2Fe + O_2 + 2H_2O = 2Fe(OH)_2$$

$$4Fe(OH)_2 + O_2 + 2H_2O = 4Fe(OH)_3$$

与析氢腐蚀类似，吸氧腐蚀生成的 $Fe(OH)_2$被氧所氧化，生成 $Fe(OH)_3$脱水生成 Fe_2O_3 铁锈。钢铁制品在大气中的腐蚀主要是吸氧腐蚀。图 13.8 是铁的电化学腐蚀示意图。

由于金属表面氧气分布不均引起的腐蚀称为浓差腐蚀。如铁柱一段没入水中，一段露于

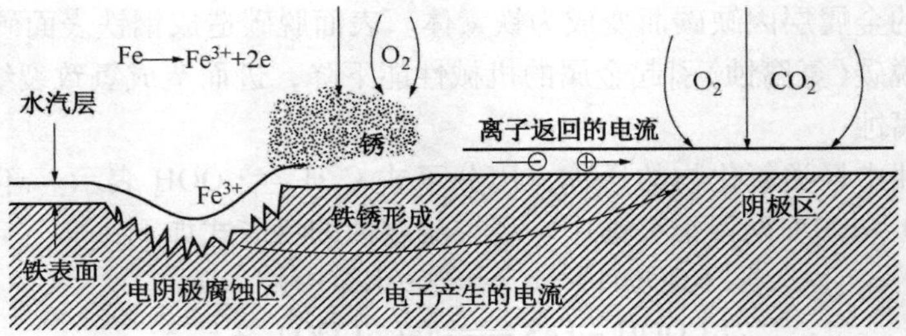

图 13.8　铁的电化学腐蚀示意图

空气中，由于水面上一段氧的浓度大，水下一段氧的浓度小，造成铁柱两段间氧的分压不同。因为根据能斯特方程，氧气分压越大，$E(O_2/OH^-)$值越大，氧的氧化能力越强；反之，氧气分压越小，$E(O_2/OH^-)$值越低，氧的氧化能力降低。此时，由于氧的氧化能力不同而引起的腐蚀反应为

水下段(阳极)：$Fe-2e \xlongequal{} Fe^{2+}$

水上段(阴极)：$O_2+2H_2O+4e \xlongequal{} 4OH^-$

总反应式：　$2Fe+O_2+2H_2O \xlongequal{} 2Fe(OH)_2$

近水面处：$4Fe(OH)_2+O_2+2H_2O \xlongequal{} 4Fe(OH)_3$

在浓差腐蚀中，腐蚀严重的部位发生在与空气接触较多的水面处，但形成的腐蚀麻坑则出现在水下一段。

13.4.2.2　电位 - pH 图

许多氧化还原反应与溶液的 pH 值有关。电对的电极电势与 pH 值间关系曲线称为电势 - pH 图(电位 - pH 图)。电位 - pH 图通常以电极电势 E 为纵坐标，以 pH 为横坐标。从电位 - pH 图上可以直接看出反应自发进行的可能性或者反应进行所需要的条件。

(1) 电势 - pH 图的类型

电势 - pH 图一般分为三种类型，如图 13.9 所示。图 13.9(a)表示的是电对的电极电势与溶液 pH 有关的一种类型；图 13.9(b)表示的是电对的电极电势与溶液 pH 值无关的一种类型，如 F_2/F^-、Na^+/Na 等电对的电势 - pH 图为平行于 pH 轴的直线；图 13.7(c)表示该反应无电子得失，不是氧化还原反应，但反应中有 H^+（或 OH^-）参与，如 $Fe^{3+}+3OH^- \xlongequal{} Fe(OH)_3\downarrow$，它的电势 - pH 图是平行于 E 轴的直线，其 pH 值可由 $c(Fe^{3+})$和 $K_{sp}^{\ominus}$计算，与电极电势无关。

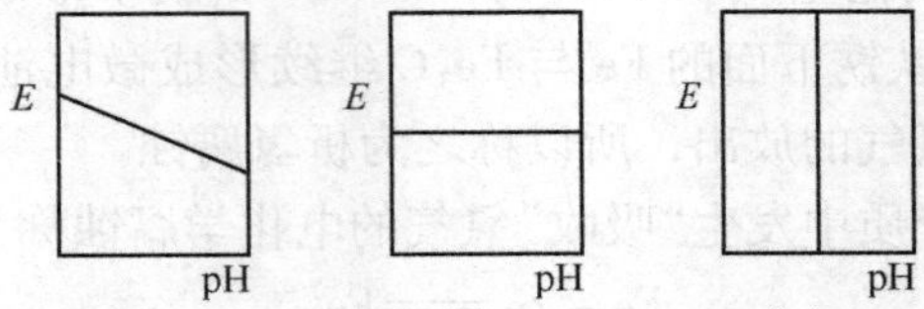

图 13.9　电势 - pH 图的三种类型

电势随 pH 的变化关系可通过能斯特公式得到。如 MnO_4^-/Mn^{2+} 电对的电极反应为：

$$MnO_4^-(aq)+8H^+(aq)+5e \rightleftharpoons Mn^{2+}(aq)+4H_2O(l) \qquad E^{\ominus}=1.507\ V$$

当 $c(MnO_4^-)=c(Mn^{2+})=1\ mol\cdot L^{-1}$时，

$$E(MnO_4^-/Mn^{2+}) = E^{\ominus}(MnO_4^-/Mn^{2+}) + \frac{0.0592}{5}\lg[c(H^+)]^8$$

$$=1.508-0.09472pH$$

在不同 pH 条件可计算得到相应的电极电势，并以此作图可得到 MnO_4^-/Mn^{2+} 电对的电势 - pH 图，如图 13.10 所示。用类似的方法还可以作出其他电对的电势 - pH 图。

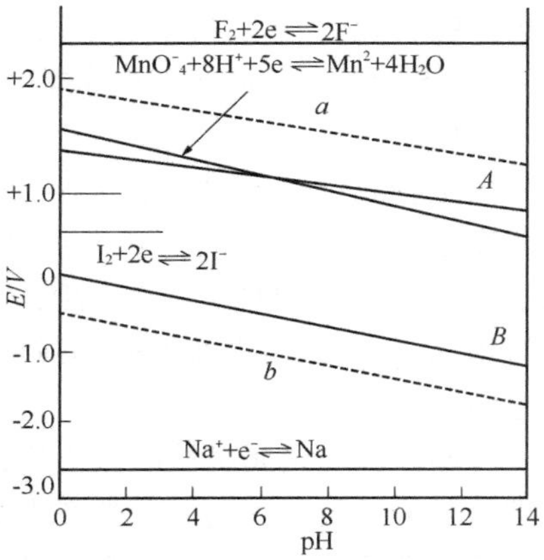

图 13.10　一些电对的电势 - pH 的关系

（2）电势 - pH 图的应用

由于大多数反应是在水溶液中进行，溶剂（水）本身可以作为氧化剂，也可作为还原剂。根据水的电势 - pH 图，可以确定水稳定存在的区域。

当水作为氧化剂析出 H_2 时，电对的电势 - pH 关系为：

$$2H^+(aq) + 2e \rightleftharpoons H_2(g) \quad E^\ominus = 0$$

$$E(H^+/H_2) = E^\ominus(H^+/H_2) + \frac{0.0592}{2}\lg\frac{[c(H^+)/c^\ominus]^2}{p(H_2)/p^\ominus}$$

设 $p(H_2) = p^\ominus$，则

$$E(H^+/H_2) = \frac{0.0592}{2}\lg\{[c(H^+)/c^\ominus]^2\} = -0.0592\text{pH}$$

当水作还原剂析出 O_2 时，电对的电势 - pH 关系为（设 $p(O_2) = p^\ominus$），则

$$O_2(g) + 4H^+(aq) + 4e \rightleftharpoons 2H_2O(l) \quad E^\ominus = 1.229\ \text{V}$$

$$E(O_2/H_2O) = E^\ominus(O_2/H_2O) + \frac{0.0592}{4}\lg\{[c(H^+)/c^\ominus]^4\} = 1.229 - 0.0592\text{pH}$$

根据这两个方程式，可以作出水的电势 - pH 图，见图 13.8。*A* 线表示水作为还原剂时的电势 - pH 图，*B* 线表示水作为氧化剂时的电势 - pH 图。由于反应速率和超电势的影响，*a* 线和 *b* 线分别向外扩展 0.5V 左右，即为 *a* 线和 *b* 线。若在水溶液中有一个强氧化剂，其电极电势高于 *a* 线，水就可以被氧化放出氧气，例如：

$$F_2(g) + 2e \rightleftharpoons 2F^-(aq) \quad E^\ominus = 2.866\text{V}$$

则水被氧化

$$2F_2(g) + 2H_2O(l) = 4HF(aq) + O_2(g)$$

若在水溶液中有一个还原剂，其电极电势低于 *b* 线，水就可以被还原而放出氢气，如

$$Na^+(aq) + e \rightleftharpoons Na(s) \quad E^\ominus = -2.71\text{V}$$

则

$$2Na(s) + 2H_2O(l) = 2Na^+(aq) + 2OH^-(aq) + H_2(g)$$

若水溶液中的氧化剂的 $E^\ominus$ 低于 *a* 线，或者还原剂的 $E^\ominus$ 高于 *b* 线，则水既不被氧化，也不被还原。例如氧化剂 $FeCl_3$ 或者还原剂 KI，它们在水溶液中均能稳定存在。也就是说，凡是电势 - pH 图坐落在 *a* 线和 *b* 线之间的氧化剂或还原剂，都不会与水起反应。*a* 线和 *b* 线之间的区域称为水的稳定区域。而 *a* 线和 *b* 线之外的区域称为水的不稳定区域。高锰酸钾在水中能稳定存在，虽然 MnO_4^-/Mn^{2+} 的电势 - pH 图与 *A* 线相交，但是在 *a* 线以下，所以恰好坐落在水的实际稳定区域内。

由电势 - pH 图很容易判断一种物质在水溶液中稳定存在的 pH 范围。

13.4.3　微生物腐蚀

微生物的腐蚀，最早源于 Garrett 提出的归于细菌代谢产物的铅电缆腐蚀。随后 Gaines

提出了铁、硫细菌参与水管腐蚀的证据，但是真正引起科技界重视的是在 1934 年 Von wlzoge kuhr 和 Van der vluglt 等提出的硫酸盐还原菌(SRB)参与金属腐蚀阴极去极化理论之后才开始的。

微生物腐蚀是一种电化学腐蚀，所不同的是介质中因腐蚀微生物的繁衍和新陈代谢而改变了与之相接触的材料介面的某些理化性质，如放在海水中的金属板数小时之后表面上便会形成一层粘滑的生物膜，微生物在生物膜内的活动便引起了金属与水溶液介面间溶解氧、pH、有机及无机物质的改变，形成了电化学理论中最基本的氧浓差和其他浓差电池。

自然界影响金属腐蚀的微生物种类繁多。美国腐蚀工程师学会(NACE)将影响金属腐蚀的细菌分为 4 类，不同的菌类产生腐蚀的机理各不相同。

硫酸盐还原菌(SRB)是微生物中对腐蚀影响最大、人们研究最多的厌氧腐蚀诱发的根源。根据电化学反应原理，铁和钢在接近自然条件和无氧环境中的腐蚀率应该是很低的，但大量的典型事例特别是埋地钢管和海水中结构件的腐蚀率要高出一般厌氧腐蚀好多倍的事实，证明这主要是由于 SRB 和它们活动产生的硫化物所致。现被公认的腐蚀机理认为埋地铸铁管的点蚀是由于 SRB 的活动通过氢化酶由金属表面去氢，其反应如下：

阳极反应　$4Fe = 4Fe^{2+} + 8e$

水的电离　$8H_2O = 8H^+ + 8OH^-$

阴极反应　$8H^+ + 8e = 8H$

阴极去极化　$SO_4^{2-} + 8H = S^{2-} + 4H_2O$

腐蚀产物　$Fe^{2+} + S^{2-} = FeS$　　$3Fe^{2+} + 6OH^- = 3Fe(OH)_2$

总反应　$4Fe + SO_4^{2-} + 4H_2O = 3Fe(OH)_2 + FeS + 2OH^-$

这种理论被认为是经典的去极化理论，由 SRB 活动产生的硫化氢、硫化亚铁和细菌氢化酶保证了阴极反应所需要的氢，也决定了阴极去极化及金属腐蚀的速度。由于硫化物在金属表面的沉积相对地增加了阴极涵盖面积，有利于氢的还原，也加速了金属的局部腐蚀。

好氧菌为铁氧化菌、硫化菌和铁细菌等，通过硫细菌产生的硫酸可以发生好氧腐蚀。硫酸是通过各种无机硫化物的氧化而产生的，这些细菌可在硫酸浓度达到 10 ~ 12% 时尚能存活，这些条件下铁和低碳钢可遭受到严重的腐蚀。另一方面，在好氧条件下金属表面细菌繁衍而形成一个高低不平不规则的生物膜(由微生物黏液、固体粒子、腐蚀产物及微生物代谢产物所组成)，该生物膜逐渐长大并结瘤。由于微生物的活动使生物膜内的环境发生了变化，使金属表面形成阴极区和阳极区，导致了点蚀和局部腐蚀的形成。

铁氧化菌可在含氧量极低(< 0.5 ppm)的环境中进行分裂，因此在河水、湖水、地下水及土壤中常有存在，其与金属腐蚀的关系主要为铁氧化菌能将二价的铁离子氧化成三价的铁离子

$$4FeCO_3 + O_2 + 6H_2O = 4Fe(OH)_3 + 4CO_2$$

$Fe(OH)_3$沉积在金属表面，形成了稳定的被覆层，构成了氧浓差电池。

均匀腐蚀意味着金属表面的阴极区与阳极区是不可分的，而局部腐蚀表明宏观上的阴极与阳极区是物理可分的。由于微生物尺寸和其活动范围均很小，因此微生物腐蚀对均匀腐蚀没有影响。生物膜主要由细菌细胞、细菌粘液、水、无机物等构成。生物膜影响许多物质的传递，特别是从溶液到金属的溶解氧，因此在生物膜界面下的氧因生物活动而逐渐耗尽，于是厌氧菌找到了适应的生存环境，同时也形成了金属局部腐蚀的环境。因此微生物主要参与

局部腐蚀。

晶间腐蚀是沿着金属或合金的晶粒边界的择优腐蚀，这些区域是在冶金或加工过程中形成的一些杂质较多的敏感区。而微生物喜欢在焊缝处和热影响区中生活和繁殖，因此微生物也可引起晶间腐蚀。

13.4.4 腐蚀速率

腐蚀速率又称腐蚀率，通常表示的是单位时间腐蚀程度的平均值。金属材料的腐蚀速度常用金属腐蚀速度的重量指标、深度指标和电流指标表示。

金属腐蚀速度重量指标是把金属因腐蚀而发生的重量变化，换算成相当于单位金属面积与单位时间内的质量变化的数值来表示腐蚀速度的。金属腐蚀速度重量指标可分为失重法和增重法两种，常用的单位是毫克·分米$^{-1}$·日$^{-1}$($mg \cdot dm^{-1} \cdot d^{-1}$)，简写为mdd；有时也用克·米$^{-1}$·时$^{-1}$($g \cdot m^{-1} \cdot h^{-1}$)或克·米$^{-1}$·日$^{-1}$($g \cdot m^{-1} \cdot d^{-1}$)来表示。金属腐蚀速度重量指标用公式可表示为

$$v^{-} = \frac{m_0 - m_1}{A \times t} \tag{13-4}$$

$$v^{+} = \frac{m_2 - m_0}{A \times t} \tag{13-5}$$

式(13-4)、式(13-5)中，m_0为金属试件初始重，g；m_1为清除腐蚀产物后金属试件重量，g；m_2为带有腐蚀产物金属试件重，g；v^{-}和v^{+}分别为失重和增重指标，$g \cdot m^{-2} \cdot h^{-1}$；$A$为金属试件表面积，$m^2$；$t$为腐蚀进行的时间，h。

金属腐蚀速度的深度指标是把金属的厚度因腐蚀而减少的量，以线量单位表示，并换算成相当于单位时间的数值，常用单位时间内的腐蚀深度来表示腐蚀速度。常用的单位是毫米·年$^{-1}$($mm \cdot a^{-1}$)，在欧美常用的单位是密耳·年$^{-1}$($mil \cdot a^{-1}$, mpy)，即毫英寸·年$^{-1}$(1密耳 = 10英寸；1mpy = 0.0254 $mm \cdot a^{-1}$)。金属腐蚀速度的深度指标用公式表示为：

$$v_L = \frac{L}{t} = \frac{m_0 - m_1}{\rho \times A} \times \frac{1}{t} = \frac{v^{-}}{\rho} \tag{13-6}$$

式(13-6)中，v_L为厚度指标$mm \cdot a^{-1}$；v^{-}为失重指标，$g \cdot m^{-2} \cdot h^{-1}$，$\rho$为金属密度，$g \cdot cm^{-3}$。

金属腐蚀速度的电流指标是以金属电化学腐蚀过程的阳极电流密度的大小来衡量金属的电化学腐蚀速度的程度。常用的单位是微安·厘米$^{-1}$($\mu A \cdot cm^{-1}$)。根据法拉第定律，通过电极的电量与发生电极反应的物质的量之间存在一定的关系：

$$Q = nF\xi \tag{13-7}$$

式(13-7)中，Q为通过电极的电量，C；n为电极反应转移电子数；ξ为电极反应的反应进度，mol；F为法拉第常数，1F≈96500C。由于

$$Q = nF\xi = nF\frac{m_0 - m_1}{M} = I \times t = i \times t \times A$$

则

$$i = \frac{Q}{t \times A} = \frac{nF}{M}\frac{m_0 - m_1}{A \times t} = nF\frac{v^{-}}{M} \tag{13-8}$$

式(13－8)中，i 为腐蚀电流密度；n 为反应物质得失电子数；M 为反应物质摩尔质量，$g \cdot mol^{-1}$。

13.4.5 金属腐蚀的防护

金属的防护方法很多，常用的方法有形成合金、涂覆保护层、添加缓蚀剂和电化学保护等。

（1）组成合金

组成合金就是向本来不耐蚀的纯金属或合金中加入热力学稳定性高的金属元素，制成合金，从而提高合金整体的耐蚀性，如在铜中加入金，铬钢中加入镍等，又如能耐硝酸腐蚀的含 Cr18% 不锈钢就是铬与铁的合金。这种方法不仅可以改变金属的耐蚀性，而且可以改变金属的使用性能。

（2）涂覆保护层

化学腐蚀是由于介质参与了铁的氧化反应。因此在可能的情况下，应设法使金属制品与介质隔离，在金属表面覆以非金属材料涂层，如涂漆、搪瓷、铁皮镀锡(马口铁)、铁皮镀锌(白口铁)及塑料膜等都可起到对铁皮的保护作用，使金属与大气隔离，提高耐蚀性。对不易涂层的器件如武器、弹簧等可采用发黑的方法进行处理。发黑(又称烧蓝或发蓝)通常是借碱性的氧化溶液的氧化作用在钢铁制件的表面形成一层蓝黑色或深蓝色磁性氧化铁薄膜，以达到对钢铁制件的抗蚀作用。其具体做法是：先将钢铁等制件表面的油污、氧化皮去净，然后将制件装入铁丝吊篮内，浸入到氢氧化钠、亚硝酸钠的碱性氧化性溶液中，制件表面因氧化而发黑，取出钢铁制件，洗净、涂油即可。

（3）电化学保护

通过外加阳极将被保护的金属作为阴极而保护起来的方法称为电化学保护法。根据外加阳极的不同，电化学保护法又分为牺牲阳极保护与外加电源法两种。

牺牲阳极保护法是将较活泼的金属或合金连接在被保护的金属设备上形成原电池。这时活泼金属作为电池的阳极而被腐蚀，被保护金属为阴极而得到保护。常用的牺牲阳极材料有 Mg、Al、Zn 及其合金。牺牲阳极法常用于蒸气锅炉的内壁、海船的外壳和海底设备，如轮船底壳上加一块比底壳活泼的金属，用这些活泼金属复盖船体 1%～5% 的表面积，分散的活泼金属与铁壳在海水电解质溶液中构成微电池(活泼金属作为微电池的阴极)。此时，微电池所发生的反应是：

阴极(活泼金属如镁)：$Mg - 2e = Mg^{2+}$

阳极(船体)：$O_2 + 2H_2O + 4e = 4OH^-$

外加电源法就是将被保护金属与另一附加电极作为电解池的两个极。外加直流电源的负极接被保护金属(阴极)，另用一废钢铁作正极。在外接电源的作用下，外接电源的负极代替阴极提供电子，达到保护阴极的目的。这种保护法广泛用于防止土壤、海水及河水中金属设备的腐蚀。

（4）添加缓蚀剂法

在腐蚀性介质中，通过加入少量能减少腐蚀速度的物质来防止腐蚀的方法称为缓蚀剂法，所加的物质称为缓蚀剂。缓蚀剂的种类繁多，常见的分类如图 13.11 所示。

无机缓蚀剂的作用主要是在金属表面形成氧化膜或难溶物质，而有机缓蚀剂的缓蚀作用机理复杂，目前还不是很清楚，最简单的一种机理认为缓蚀剂吸附在金属表面上，阻碍了氧化剂得电子，从而减慢了腐蚀。

采用缓蚀剂法防止腐蚀具有用量少、方法简单、不改变金属构件的性质和生产工艺、成本低廉、适用性强的优点，但缓蚀剂适用的腐蚀介质有限，对像钻井平台、码头等防止海水腐蚀及桥梁防止大气腐蚀等开放系统是比较困难的。

（5）正确选用材料，合理设计金属结构

正确选用材料就是要在保证材料使用性能的前提下，选用那些在具体工矿条件下不易被腐蚀的材料，即根据环境选择材料。如哈氏合金用于稀盐酸，钛用于热的强氧化性溶液，这种“材料－环境”搭配使用效果良好。

金属结构应力求简单，以便于采取防腐措施、有利维修；设计时应防止积水，避免腐蚀电位不同的金属连接，要尽量避免或减少弯管的使用，以防止磨损腐蚀的发生。

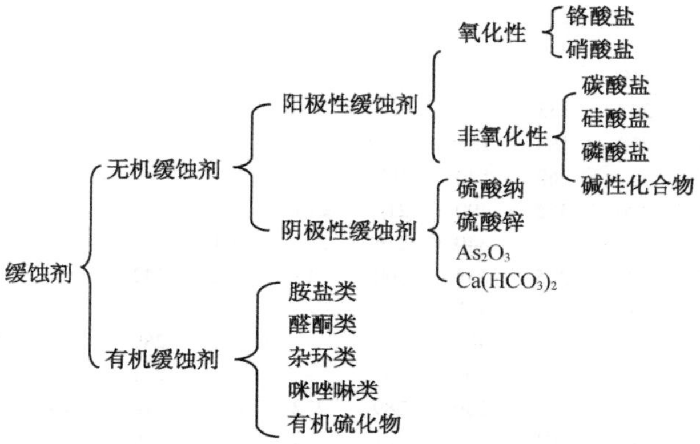

图 13.11　缓蚀剂的分类

参　考　文　献

[1] 大连理工大学无机化学教研室．无机化学(第五版)．北京：高等教育出版社，2007.

[2] 冯辉霞．无机及分析化学．武汉：华中科技大学出版社，2008.

[3] 周莹．无机化学．长沙：中南大学出版社，2005.

[4] 周本省．工业水处理技术(第二版)．北京：化学工业出版社，2002.

[5] 郑书忠．工业水处理技术及化学品．北京：化学工业出版社，2010.

[6] 刘小平，傅晓萍．除盐水制备技术进展．工业水处理，2008，28(4)：6－9.

[7] 韦正业．糖厂锅炉水处理及水质控制．广西轻工业，2005，88(3)：21－25.

[8] 许瑛，周宇帆，刘鹏．工科化学概论．北京：化学工业出版社，2007.

[9] 贡长生．工业化学．武汉：华中科技大学出版社，2008.

[10] 周祖新．工程化学．北京：化学工业出版社，2009.

[11] 贾朝霞．工程化学．北京：化学工业出版，2009.

[12] 徐甲强．工程化学．北京：科学出版社，2009.

[13] 陈吉书．无机化学．南京：南京大学出版社，2003.

[14] 同济大学普通化学及无机化学教研室编著．普通化学．上海：同济大学出版社，2001.

[15] 曲保中，朱炳林，周伟红．新大学化学．北京：科学出版社，2002.

[16] 杨明．电化学加工技术的原理与应用．机械，2011，38：81－83.

[17] 邹宗柏．工程化学导论(第二版)．南京：东南大学出版社，2002.

附　录

附表 1　一些化学键的键能(298.15K)

$kJ \cdot mol^{-1}$

项目		H	C	N	O	F	Si	P	S	Cl	Ge	As	Se	Br	I
单键	H	436													
	C	415	331												
	N	389	293	159											
	O	462	343	201	138										
	F	565	486	272	184	155									
	Si	320	281	–	368	540	197								
	P	318	264	300	352	490	214	214							
	S	364	289	247	–	340	226	230	264						
	Cl	431	327	201	205	252	360	318	272	243					
	Ge	289	243	–	–	465	–	–	–	239	163				
	As	274	–	–	–	465	–	–	–	289	–	178			
	Se	314	247	–	–	306	–	–	–	251	–	–	193		
	Br	368	276	243	–	239	289	272	214	218	276	239	226	193	
	I	197	239	201	201	–	241	214	–	209	214	180	–	180	151
双键	C＝C 620　C＝N 615　C＝O 708　N＝N 419　O＝O 498　S＝O 420														
叁键	C≡C 812　C≡N 879　C≡O 1072　N≡N 945　S≡S 423　S≡C 578														

注：本表数据摘自 Steudel R，Chemistry of the Non－metals（1977）。

附表 2　一些弱酸、弱碱的标准解离常数(298.15K)

物质	解离平衡	$K_a^{\ominus}$ 或 $K_b^{\ominus}$
$CH_3COOH(HAc)$	$CH_3COOH + H_2O \rightleftharpoons CH_3COO^- + H_3O^+$	1.75×10^{-5}
H_2S	$H_2S + H_2O \rightleftharpoons HS^- + H_3O^+$	1.0×10^{-7} ($K_{a1}^{\ominus}$)
	$HS^- + H_2O \rightleftharpoons S^{2-} + H_3O^+$	1.3×10^{-13} ($K_{a2}^{\ominus}$)
HF	$HF^- + H_2O \rightleftharpoons F^- + H_3O^+$	6.3×10^{-4}
HCN	$HCN + H_2O \rightleftharpoons CN^- + H_3O^+$	6.2×10^{-10}
HCOOH	$HCOOH + H_2O \rightleftharpoons HCOO^- + H_3O^+$	1.8×10^{-4}
HSO_4^-	$HSO_4^- + H_2O \rightleftharpoons SO_4^{2-} + H_3O^+$	1.0×10^{-2} ($K_{a2}^{\ominus}$)
H_2SO_3	$H_2SO_3 + H_2O \rightleftharpoons HSO_3^- + H_3O^+$	1.4×10^{-2} ($K_{a1}^{\ominus}$)
	$HSO_3^- + H_2O \rightleftharpoons SO_3^{2-} + H_3O^+$	6.3×10^{-8} ($K_{a2}^{\ominus}$)
H_2CO_3	$H_2CO_3 + H_2O \rightleftharpoons HCO_3^- + H_3O^+$	4.2×10^{-7} ($K_{a1}^{\ominus}$)
	$HCO_3^- + H_2O \rightleftharpoons CO_3^{2-} + H_3O^+$	5.6×10^{-11} ($K_{a2}^{\ominus}$)
H_3PO_4	$H_3PO_4 + H_2O \rightleftharpoons H_2PO_4^- + H_3O^+$	6.9×10^{-3} ($K_{a1}^{\ominus}$)
	$H_2PO_4^- + H_2O \rightleftharpoons HPO_4^{2-} + H_3O^+$	6.3×10^{-8} ($K_{a2}^{\ominus}$)
	$HPO_4^{2-} + H_2O \rightleftharpoons PO_4^{3-} + H_3O^+$	4.4×10^{-13} ($K_{a3}^{\ominus}$)
HNO_2	$HNO_2 + H_2O \rightleftharpoons NO_2^- + H_3O^+$	5.6×10^{-4}
$NH_3 \cdot H_2O$	$NH_3 + H_2O \rightleftharpoons NH_4^+ + OH^-$	1.75×10^{-5}

附表 3　一些物质的标准热力学函数值(298.15K)

物质	$\Delta_f H_m^\ominus$ / kJ · mol^{-1}	$\Delta_f G_m^\ominus$ / kJ · mol^{-1}	$S_m^\ominus$ / J · mol^{-1} · K^{-1}
H_2(g)	0	0	131
Li(s)	0	0	29
Li_2O(s)	-598	-561	38
LiCl(s)	-409	-384	59
Na(s)	0	0	51
Na_2O(s)	-414	-375	75
NaOH(s)	-425	-379	64
NaCl(s)	-411	-384	72
K(s)	0	0	65
KOH(s)	-425	-379	79
KCl(s)	-437	-409	83
Mg(s)	0	0	33
MgO(s)	-602	-569	27
$Mg(OH)_2$(s)	-925	-834	63
$MgCl_2$(s)	-641	-592	90
$MgCO_3$(s)	-1096	-1012	66
Ca(s)	0	0	42
CaO(s)	-635	-603	38
$Ca(OH)_2$(s)	-986	-898	83
$CaSO_4$(s)	-1434	-1322	107
$CaCO_3$(方解石)	-1207	-1129	93
Ba(s)	0	0	63
$BaCl_2$(s)	-859	-810	124
$BaSO_4$(s)	-1473	-1362	132
H_3BO_3(s)	-1095	-970	90
BN(s)	-254	-228	15
BF_3(g)	-1136	-1119	254
Al(s)	0	0	28
$Al(OH)_3$(无定形)	-1276	-	-
Al_2O_3(s, 刚玉)	-1676	-1582	51
C(石墨)	0	0	6
C(金刚石)	2	3	2
CO(g)	-111	-137	198
CO_2(g)	-394	-394	214
Si(s)	0	0	19

续表

物质	$\Delta_f H_m^\ominus$ / kJ · mol^{-1}	$\Delta_f G_m^\ominus$ / kJ · mol^{-1}	$S_m^\ominus$ / J · mol^{-1} · K^{-1}
SiO_2(石英)	−911	−856	41
SiC(s，β)	−65	−63	17
Sn(s，白)	0	0	51
Sn(s，灰)	−2	0.1	44
SnO_2(s)	−578	−516	49
Pb(s)	0	0	65
PbO(s，红)	−219.24	−189.31	67.8
PbO(s，黄)	−217.86	−188.47	69.4
PbS(s)	−100	−99	91
N_2(g)	0	0	192
NO(g)	90	87	211
NO_2(g)	33	51	240
NH_3(aq)	−80.29	−26.57	111.29
NH_3(g)	−46	−16	193
P(s，白)	0	0	41
P(s，红)	−18	−12	23
P_4O_{10}(s)	−2984	−2700	229
PCl_3(g)	−306.35	−286.25	311.4
O_2(g)	0	0	205
O_3(g)	143	163	239
H_2O(l)	−286	−237	70
H_2O(g)	−242	−229	189
H_2O_2(l)	−188	−120	110
S(s，斜方)	0	0	32
S(s，单斜)	0.3	0.1	33
SO_2(g)	−297	−300	248
SO_3(g)	−396	−371	257
H_2S(g)	−21	−34	206
F_2(g)	0	0	203
HF(g)	−273	−275	−174
Cl_2(g)	0	0	223
HCl(g)	−92	−95	187
Br_2(l)	0	0	152
Br_2(g)	31	3	245
HBr(g)	−36	−53	199
I_2(s)	0	0	116
I_2(g)	62	19	261

续表

物质	$\Delta_f H_m^\ominus$ / kJ · mol^{-1}	$\Delta_f G_m^\ominus$ / kJ · mol^{-1}	$S_m^\ominus$ / J · mol^{-1} · K^{-1}
HI(g)	26	2	207
Ti(s)	0	0	31
TiO_2(s, 金红石)	-944	-890	51
V(s)	0	0	29
V_2O_5(s)	-1551	-1420	131
Cr(s)	0	0	24
Cr_2O_3(s)	-1140	-1058	81
Mn(s, α)	0	0	32
MnO_2(s)	-520	-465	53
Fe(s)	0	0	27
$Fe(OH)_2$(s)	-569	-487	88
$Fe(OH)_3$(s)	-823	-697	107
Fe_3O_4(s)	-1118	-1015	146
Cu(s)	0	0	33
$Cu(OH)_2$(s)	-450	-373	108
CuO(s)	-157	-130	43
$CuSO_4$(s)	-771	-662	109
Ag(s)	0	0	43
Ag_2S(s, α)	-33	-41	144
AgCl(s)	-127	-110	96
AgBr(s)	-100	-97	107
AgI(s)	-62	-66	115
Zn(s)	0	0	42
Hg(l)	0	0	76
Hg(g)	61	32	175
Hg_2Cl_2(s)	-265	-211	192
CH_4(g)	-74	-50	186
C_2H_6(g)	-84	-32	230
C_2H_6(l)	48.99	124.35	173.26
C_2H_4(g)	52	68	220
C_2H_2(g)	228	211	201
CH_3OH(l)	-238.57	-166.15	126.8
C_2H_5OH(l)	-276.98	-174.03	160.67
C_6H_5COOH(s)	-385.05	-245.27	167.57
$C_{12}H_{22}O_{11}$(s)	-2225.5	-1544.6	360.2

附表4　一些难溶电解质的溶度积常数(298.15K)

化合物	$K_{sp}^{\ominus}$	化合物	$K_{sp}^{\ominus}$
AgBr	5.35×10^{-13}	$CuCrO_4$	3.6×10^{-6}
Ag_2CO_3	8.46×10^{-12}	CuI	1.27×10^{-12}
$Ag_2C_2O_4$	5.40×10^{-12}	CuOH	1.0×10^{-14}
AgCl	1.77×10^{-10}	$Cu(OH)_2$	2.2×10^{-20}
Ag_2CrO_4	1.12×10^{-12}	Cu_2S	2.5×10^{-48}
$Ag_2Cr_2O_7$	2.0×10^{-7}	CuS	6.3×10^{-36}
$AgIO_3$	3.17×10^{-8}	$FeCO_3$	3.2×10^{-11}
AgI	8.52×10^{-17}	$Fe(OH)_2$	4.87×10^{-17}
Ag_3PO_4	8.89×10^{-17}	$FeC_2O_4 \cdot 2H_2O$	3.2×10^{-7}
Ag_2SO_4	1.2×10^{-5}	$Fe(OH)_3$	2.79×10^{-39}
Ag_2S	6.3×10^{-50}	$FePO_4$	4×10^{-27}
$Al(OH)_3$(无定型)	1.3×10^{-33}	FeS	6.3×10^{-18}
$BaCO_3$	2.58×10^{-9}	Hg_2I_2	5.2×10^{-29}
$BaCrO_4$	1.17×10^{-10}	Hg_2SO_4	6.5×10^{-7}
BaC_2O_4	1.6×10^{-7}	Hg_2S	1.0×10^{-47}
$Ba_3(PO_4)_2$	3.4×10^{-23}	HgS(红)	4.0×10^{-53}
$BaSO_4$	1.08×10^{-10}	HgS(黑)	1.6×10^{-52}
$BaSO_3$	5.0×10^{-10}	$MgCO_3$	6.82×10^{-6}
BaS_2O_3	1.6×10^{-5}	MgF_2	5.16×10^{-11}
$CdCO_3$	1.0×10^{-12}	$Mg(OH)_2$	5.61×10^{-12}
$Cd(OH)_2$	2.5×10^{-14}	$MnCO_3$	2.24×10^{-11}
CdS	8.0×10^{-27}	$Mn(OH)_2$	1.9×10^{-13}
$CaCO_3$	3.36×10^{-9}	$NiCO_3$	1.42×10^{-7}
$CaC_2O_4 \cdot H_2O$	2.32×10^{-9}	$Ni(OH)_2$(新析出)	2.0×10^{-15}
$CaCrO_4$	7.1×10^{-4}	$PbBr_2$	6.6×10^{-6}
CaF_2	3.45×10^{-11}	$PbCO_3$	7.4×10^{-14}
$Ca(OH)_2$	5.02×10^{-6}	PbC_2O_4	4.8×10^{-10}
$CaHPO_4$	1.0×10^{-7}	$PbCl_2$	1.7×10^{-5}
$Ca_3(PO_4)_2$	2.07×10^{-33}	$PbCrO_4$	2.8×10^{-13}
$CaSO_4$	4.93×10^{-5}	PbI_2	9.8×10^{-9}
$Cr(OH)_3$	6.3×10^{-31}	$Pb_3(PO_4)_2$	8.0×10^{-40}
$CoCO_3$	1.4×10^{-13}	$PbSO_4$	2.53×10^{-8}
$Co(OH)_2$(新析出)	1.6×10^{-15}	PbS	8.0×10^{-28}
$Co(OH)_3$	1.6×10^{-44}	$Sn(OH)_2$	5.45×10^{-27}
α－CoS	4.0×10^{-21}	$Sn(OH)_4$	1.0×10^{-56}
β－CoS	2.0×10^{-25}	SnS	1.0×10^{-25}
CuBr	6.27×10^{-9}	$ZnCO_3$	1.46×10^{-10}
CuCl	1.72×10^{-7}	ZnC_2O_4	2.7×10^{-8}
$CuCO_3$	1.4×10^{-10}	$Zn(OH)_2$	3.0×10^{-17}

附表 5　一些电对在水溶液中的标准电极电势（298.15K）

电　对	电对平衡式 氧化态 + ne ⇌ 还原态	$E^{\ominus}/V$
K^+/K	$K^+(aq) + e \rightleftharpoons K(s)$	−2.94
Ca^{2+}/Ca	$Ca^{2+}(aq) + 2e \rightleftharpoons Ca(s)$	−2.87
Na^+/Na	$Na^+(aq) + e \rightleftharpoons Na(s)$	−2.71
Mg^{2+}/Mg	$Mg^{2+}(aq) + 2e \rightleftharpoons Mg(s)$	−2.36
Al^{3+}/Al	$Al^{3+}(aq) + 3e \rightleftharpoons Al(s)$	−1.68
Mn^{2+}/Mn	$Mn^{2+}(aq) + 2e \rightleftharpoons Mn(s)$	−1.18
Zn^{2+}/Zn	$Zn^{2+}(aq) + 2e \rightleftharpoons Zn(s)$	−0.76
Cr^{3+}/Cr	$Cr^{3+}(aq) + 3e \rightleftharpoons Cr(s)$	−0.74
$Fe(OH)_3/Fe(OH)_2$	$Fe(OH)_3(s) + e \rightleftharpoons Fe(OH)_2(s) + OH^-(aq)$	−0.56
S/S^{2-}	$S(s) + 2e \rightleftharpoons S^{2-}(aq)$	−0.45
Cd^{2+}/Cd	$Cd^{2+}(aq) + 2e \rightleftharpoons Cd(s)$	−0.40
$PbSO_4/Pb$	$PbSO_4(s) + 2e \rightleftharpoons Pb(s) + SO_4^{2-}(aq)$	−0.36
Co^{2+}/Co	$Co^{2+}(aq) + 2e \rightleftharpoons Co(s)$	−0.28
Ni^{2+}/Ni	$Ni^{2+}(aq) + 2e \rightleftharpoons Ni(s)$	−0.24
AgI/Ag	$AgI(s) + e \rightleftharpoons Ag(s) + I^-(aq)$	−0.15
Sn^{2+}/Sn	$Sn^{2+}(aq) + 2e \rightleftharpoons Sn(s)$	−0.14
Pb^{2+}/Pb	$Pb^{2+}(aq) + 2e \rightleftharpoons Pb(s)$	−0.13
H^+/H_2	$2H^+(aq) + 2e \rightleftharpoons H_2(g)$	0.0
$AgBr/Ag$	$AgBr(s) + e \rightleftharpoons Ag(s) + Br^-(aq)$	0.07
Sn^{4+}/Sn^{2+}	$Sn^{4+}(aq) + 2e \rightleftharpoons Sn^{2+}(aq)$	0.15
Cu^{2+}/Cu^+	$Cu^{2+}(aq) + e \rightleftharpoons Cu^+(aq)$	0.16
$AgCl/Ag$	$AgCl(s) + e \rightleftharpoons Ag(s) + Cl^-(aq)$	0.22
Hg_2Cl_2/Hg	$Hg_2Cl_2(s) + 2e \rightleftharpoons 2Hg(l) + 2Cl^-(aq)$	0.27
Cu^{2+}/Cu	$Cu^{2+}(aq) + 2e \rightleftharpoons Cu(s)$	0.34
O_2/OH^-	$O_2(g) + 2H_2O(l) + 4e \rightleftharpoons 4OH^-(aq)$	0.40
Cu^+/Cu	$Cu^+(aq) + e \rightleftharpoons Cu(s)$	0.52
I_2/I^-	$I_2(s) + 2e \rightleftharpoons 2I^-(aq)$	0.54
MnO_4^-/MnO_4^{2-}	$MnO_4^-(aq) + e \rightleftharpoons MnO_4^{2-}(aq)$	0.56
MnO_4^-/MnO_2	$MnO_4^-(aq) + 2H_2O(l) + 3e \rightleftharpoons MnO_2(s) + 4OH^-(aq)$	0.59
O_2/H_2O_2	$O_2(g) + 2H^+(aq) + 2e \rightleftharpoons H_2O_2(aq)$	0.70
Fe^{3+}/Fe^{2+}	$Fe^{3+}(aq) + e \rightleftharpoons Fe^{2+}(aq)$	0.77
Ag^+/Ag	$Ag^+(aq) + e \rightleftharpoons Ag(s)$	0.80
ClO^-/Cl^-	$ClO^-(aq) + H_2O(l) + 2e \rightleftharpoons Cl^-(aq) + 2OH^-(aq)$	0.81
Br_2/Br^-	$Br_2(l) + 2e \rightleftharpoons 2Br^-(aq)$	1.08

电　对	电对平衡式 氧化态 + ne ⇌ 还原态	$E^{\ominus}$/V
MnO_2/Mn^{2+}	$MnO_2(s)+4H^+(aq)+2e \rightleftharpoons Mn^{2+}(aq)+2H_2O(l)$	1.23
O_2/H_2O	$O_2(g)+4H^+(aq)+4e \rightleftharpoons 2H_2O(l)$	1.23
$Cr_2O_7^{2-}/Cr^{3+}$	$Cr_2O_7^{2-}(aq)+14H^+(aq)+6e \rightleftharpoons 2Cr^{3+}(aq)+7H_2O(l)$	1.36
Cl_2/Cl^-	$Cl_2(g)+2e \rightleftharpoons 2Cl^-(aq)$	1.36
PbO_2/Pb^{2+}	$PbO_2(s)+4H^+(aq)+2e \rightleftharpoons Pb^{2+}(aq)+2H_2O(l)$	1.46
MnO_4^-/Mn^{2+}	$MnO_4^-(aq)+8H^+(aq)+5e \rightleftharpoons Mn^{2+}+4H_2O(l)$	1.51
$HBrO/Br_2$	$2HBrO(aq)+2H^+(aq)+2e \rightleftharpoons Br_2(l)+2H_2O(l)$	1.60
$HClO/Cl_2$	$2HClO(aq)+2H^+(aq)+2e \rightleftharpoons Cl_2(g)+2H_2O(l)$	1.63
H_2O_2/H_2O	$H_2O_2(aq)+2H^+(aq)+2e \rightleftharpoons 2H_2O(l)$	1.76
$S_2O_8^{2-}/SO_4^{2-}$	$S_2O_8^{2-}(aq)+2e \rightleftharpoons 2SO_4^{2-}(aq)$	2.010

附表 6　一些常见配离子的稳定常数和不稳定常数

配离子	$K_f^{\ominus}$	$\lg K_f^{\ominus}$	$K_d^{\ominus}$	$\lg K_d^{\ominus}$
$[AgBr_2]^-$	2.14×10^{7}	7.33	4.67×10^{-8}	-7.33
$[Ag(CN)_2]^-$	1.26×10^{21}	21.1	7.94×10^{-22}	-21.1
$[AgCl_2]^-$	1.10×10^{5}	5.04	9.09×10^{-6}	-5.04
$[AgI_2]^-$	5.5×10^{11}	11.74	1.82×10^{-12}	-11.74
$[Ag(NH_3)_2]^+$	1.12×10^{7}	7.05	8.93×10^{-8}	-7.05
$[Ag(S_2O_3)_2]^{3-}$	2.89×10^{13}	13.46	3.46×10^{-14}	-13.46
$[Co(NH_3)_6]^{2+}$	1.29×10^{5}	5.11	7.75×10^{-6}	-5.11
$[Cu(CN)_2]^-$	1×10^{24}	24.0	1×10^{-24}	-24.0
$[Cu(NH_3)_2]^+$	7.24×10^{10}	10.86	1.38×10^{-11}	-10.86
$[Cu(NH_3)_4]^{2+}$	2.09×10^{13}	13.32	4.78×10^{-14}	-13.32
$[Cu(P_2O_7)_2]^{6-}$	1×10^{9}	9.0	1×10^{-9}	-9.0
$[Cu(SCN)_2]^-$	1.52×10^{5}	5.18	6.58×10^{-6}	-5.18
$[Fe(CN)_6]^{3-}$	1×10^{42}	42.0	1×10^{-42}	-42.0
$[HgBr_4]^{2-}$	1×10^{21}	21.0	1×10^{-21}	-21.0
$[Hg(CN)_4]^{2-}$	2.51×10^{41}	41.4	3.98×10^{-42}	-41.4
$[HgCl_4]^{2-}$	1.17×10^{15}	15.07	8.55×10^{-16}	-15.07
$[HgI_4]^{2-}$	6.76×10^{29}	29.83	1.48×10^{-30}	-29.83
$[Ni(NH_3)_6]^{2+}$	5.50×10^{8}	8.74	1.82×10^{-9}	-8.74
$[Ni(en)_3]^{2+}$	2.14×10^{18}	18.33	4.67×10^{-19}	-18.33
$[Zn(CN)_4]^{2-}$	5.0×10^{16}	16.7	2.0×10^{-17}	-16.7
$[Zn(NH_3)_4]^{2+}$	2.87×10^{9}	9.46	3.48×10^{-10}	-9.46
$[Zn(en)_2]^{2+}$	6.76×10^{10}	10.83	1.48×10^{-11}	-10.83